라다크,
일처럼
여행처럼

KBS 김재원 아나운서가 히말라야에서 만난 삶의 민낯

라다크,
일처럼
여행처럼

글·사진 **김재원**

푸르메

어느 시인의 말처럼 한 사람이 온다는 것은 실은 어마어마한 일이다.
그 사람의 일생이 오기 때문이란다.
한 사람의 글을 읽는 것도 실은 엄청난 일이다.
그 사람의 과거와 현재와 미래가 담겨 있기 때문이다.
설령 그 책이 보름간의 여행 후에 쓴 기행문일지라도 크게 다르지 않다.

contents

서울을 떠나다

해발고도 45m

허기진 여행자

1

2014년 대한민국의 봄은 우울했다. 방송국의 초여름은 시끄러웠다. 대한민국 국민이면서 방송국 직원인 나는 머리가 복잡했다. 세상에 대한 아픔과 분노가 몸과 마음을 파고들었다. 두 달 내내 그들의 아픔을 어루만지는 말 한마디라도 보태고자 스튜디오에서 몸부림쳤지만, 나의 작은 외침은 기껏해야 내 마음을 위로할 뿐이었다. 방송인이라는 무거운 이름을 갖고도 나는 아픈 세상 앞에서 아무것도 할 수 없었다. 분노 탓인지, 무기력감 때문인지 여행자의 허기가 느껴졌다. 나는 부끄럽게도 아픈 사람들을 뒤로 한 채 내 고픈 배만 움켜쥐고 있었다.

우연히 들른 교양국장 방에서 나는 눈이 휘둥그레졌다. 교양국 프로그램 상황판에 적힌 〈세상을 품다〉. 갑자기 세상을 품고 싶어졌다.

"국장님, 저 여기 좀 보내주시면 안 될까요?"

"어? 세품? 갈 수 있겠어? 내 고향은 어떡하고?"

"저, 그냥 휴가 대신 갈게요."

"그래? 우리야 좋지. 예산도 절감하고. 근데 힘들 텐데."

담당 팀장 C선배에게 연락이 왔다. 목소리가 유난히 크게 들렸다.

"재원, 진짜 갈 수 있겠어?"

"그럼요, 선배님, 어디든 좋아요."

"어, 그래. 알았다. 언제 한번 5층에 올라와."

교양국은 KBS 신관 5층에 있다. 입사 이후 1년간 춘천에서 지역순환 근무를 마친 후로는 줄곧 교양국에서 일했다. 외주제작국이나 예능국 일도 할 법했지만 이상하게도 교양국에서만 끊이지 않고 일을 이어갔다. 〈아침마당 토요이벤트〉 8년, 〈세상은 넓다〉 5년, 〈6시 내 고향〉 3년, 〈아침마당〉 5년, 다시 〈6시 내 고향〉 2년째, 휴직하고 캐나다에 3년 다녀온 기간을 제외하곤 교양국에서 줄곧 일일 프로그램을 맡아왔다. 교양국에서 보낸 20년 동안 KBS 신관 5층을 드나든 횟수도 줄잡아 수천 번이다. 그 5층에서 나는 다른 일탈을 꿈꾸고 있다. 회사를 벗어나 세상을 품기 위한 일탈을. 더 나아가 도시 삶의 굴레를 벗어나는 탈옥을.

나의 여름 프로젝트는 녹록하지 않았다. 목적지를 정하는 것은 직업을 정하는 것만큼 어려웠다. 내가 원하는 곳은 방송에 적합하지 않았고, 설령 맞아도 현지 일정이 맞지 않았다. 말레이시아에서 집짓기 봉사를 한다고 했다가, 중국 커커시리에 가자고 했다가, 아프리카 오지 레이스에 가면 어떠냐고 했다가……, 추진과 취소를 손바닥 뒤집듯 반복했다. 결국 내 귀에 들린 소리는 프로그램이 없어진다는 소식이었다. 심지어 회사는 사장 퇴진 파업에 들어갔다.

2

해외여행의 아쉬움을 달랠 때는 여행 책을 읽는다. 내게는 여행 책을 제대로 읽는 색다른 비법이 있다. 체육관에서 고정식 자전거를 타고 읽는 것이다. 등줄기로 땀이 흥건할 때 비로소 내가 글로 읽고 사진으로 보는 여행지를 직접 걷는 느낌을 받는다. 여행지를 걸으며 등줄기에 흐르는 땀을 느끼는 그 기분이 바로 내가 맞고 싶은 여름이다. 그날도 자전거에서 여행 작가 유성용의 《여행 생활자》를 읽고 있었다. 스리랑카에서 인도로 넘어가는 여정에 땀을 흘리며 동참하고 있었다. 그때 옆 자전거에 누군가 앉았다. 나 홀로 여행에 심취해 옆에서 걷는 여행자에게는 관심도 없었다. 실제로 난 걸을 때 옆 사람 얼굴 잘 안 본다.

"재원, 아직도 유효해?"

"네? 어, C선배 오셨네. 뭐가 유효해?"

"세 품 다시 살아났어."

"오잉? 정말요? 그럼요. 아직 유효하지."

2014년 나의 여름을 책임지기로 한 신은 나의 뜨거운 여름을 결코 함부로 버리지 않았다. 한 번 주춤했던 여행 자동차는 다시 속도를 냈다. 제작진은 내게 동반여행을 제안했다. 그들이 선택한 동반자는 단짝 동료인 H아나운서. 입사 이후 줄곧 함께 친구처럼, 형제처럼 생활해온 가장 가까운 동료였지만, 정작 그와 여행을 떠나본 적은 없었다. 마침 그도 지독한 허기를 느끼고 있었다. H는 흔쾌히 우리의 여름 프로젝트를 수락했다. 선배의 마지막 제안이 들어왔다.

"라다크* 어때?"

"인도요?"

"어, 아는구나. 히말라야 끝자락이고, 작은 티베트로 불리지. 거기서 산악자전거 트래킹하자. 유목민 마을도 가고, 혼자 보내긴 좀 위험한데, H하고 같이 가면 좋지. 어때?"

---

*Ladakh. 히말라야 산맥의 북서부와 라다크 산맥 사이에 위치한 인도 잠무 카슈미르 주州에 있는 지역으로, 가장 큰 도시는 레Leh이다. 험한 산악과 깊은 골짜기, 높은 고원으로 이루어진 이 지역은 춥고 건조하여 주민 대다수가 유목민이다. 주민은 대부분이 티베트계 라마교도이며, 촌락이나 인구가 매우 적어 예부터 국경은 명확히 확정되어 있지 않다. 중국은 티베트 쪽으로 돌출된 북동부를 중국 령이라고 주장하면서, 이곳을 통과하여 티베트에서 신장웨이우얼[新疆維吾爾] 자치구에 이르는 도로를 건설하였다. 인도와 중국은 1962년에 무력충돌을 빚었고, 곧 휴전이 되었으나, 국경 분쟁은 아직도 해결되지 않고 있다. 불교, 힌두교, 이슬람교가 주된 종교이나 약간의 모라비안Moravian도 있다. 양 · 야크를 방목하고 사과 · 살구 · 보리 · 밀도 재배한다.

"이젠 괜찮겠냐고 물어보지도 마세요. 그냥 보내면 간다니까. 좋아요. 아주 좋아. 듣고 보니 일타 삼피네요. 인도, 히말라야, 티베트 다 느끼고 올 수 있겠네요. 최고야."

《오래된 미래》. 라다크를 한마디로 표현하는 책 제목이다. 헬레나 호지가 인도 북부 끝에 있는 라다크에 다녀와서 쓴 책이다. 그녀는 1975년 이후 현대화를 맞이하는 라다크의 변화를 아쉬워했다. 그들의 삶은 우리가 희망하는 미래의 모습이고, 그 미래는 이미 오래전부터 있었다. 책을 읽으면서 아이와 늘 함께하고 공감하는 양육법이 마음에 들었다. 그들에게 교육이라는 단어는 없다. 삶이 교육이다. 그들에게는 늘 중재자가 있다. 문제가 있을라치면 주변에서 누군가가 중재를 자처한다. 자연스레 문제는 해결된다. 공동체가 얼마나 중요한지 그들은 누구보다 잘 알고 있다. 내 생각과 일치한다. 아무리 세월이 흐르고, 아무리 바뀌었다 한들 그들은 여전히 라다크 사람들이다. 유럽 여행객들이 자신을 찾기 위해 떠나는 신성한 곳, 우리는 이 여름, 라다크로 간다.

3

"우리 라다크 가요."

우여곡절 끝에 김재원과 H, 두 사람의 라다크 출장이 결정되고 아나운서실 부장과 몇 사람에게 라다크 프로젝트를 알렸다. 대부분의 아나운서들이 두 남자의 인도 여행을 알게 되는 데는 마흔여덟 시간도 채 안 걸렸다. 아나운서실의 소통 아니 소문 속도는 거의 LTE급이다.

"미친 거 아녜요? 거길 왜 가? 그 두 양반 노망든 거 아냐?"

"좋겠다. 근데 좀 힘들겠다. 으흐흐. 난 같이 가긴 싫어."

"와우, 좋으시겠어요, 선배님. 저도 다음에 어떻게 좀 안 될까요?"

첫 번째 반응을 겉으로 표현한 후배는 물론 친한 후배다. 속마음 투

표까지 하면 꽤 득표율이 높을 것이다. 두 번째 반응은 대부분 공감하는 전형적인 반응이다. 물론 같이 가기 싫다는 문장은 '괄호 열고 닫고'가 필요하다. 속마음 말풍선에 들어갈 문장이다. 세 번째 반응은 우리와 같은 성향을 지닌, 회사 돈으로 비행기 타고 일처럼 여행처럼 어딘가로 떠나고 싶어하는 독특한 DNA 보유자들의 반응이다. 원활한 인력수급을 위해서 C선배가 그들의 명단을 받고 싶어할 것이 분명하다.

4

'평범한 루느'가 카카오톡에 방을 열었다. 누구지, 싶을 때 그녀가 세품 팀 막내작가라는 사실을 알아차렸다.

'리얼체험, 세상을 품다 라다크 편 카톡방입니다.'

'김재원입니다. 열심히 하겠습니다.(꾸벅)' 하고 옆에 활짝 웃는 오리 이모티콘을 날렸다.

'잘 부탁드립니다. ㅎㅎ'

'저도 잘 부탁합니다.'

라다크가 현실로 다가왔다. 바로 카톡방 이름을 'Ladakh 2014'로 바꾸었다. 그때 잡지 인터뷰를 계기로 가끔 말씀을 주고받는 조하문 목사님의 카톡 메시지가 들어왔음이 액정에 떴다. 마치 지금 이 순간을 노린 것 같은 글귀였다.

'내 안에 그리스도의 영이 함께 계시면 가끔 우린 홀로 있고 싶어집니다. 분주함 속에서는 나의 내면에 자리하고 계신 그분을 느낄 수 없습니다. 한적한 곳에서 마음을 침묵하고 잔잔한 음악이나 좋은 책과 함께한다면 내적 기쁨과 그 깊이가 더할 것입니다. 여행지라면 더욱 좋겠지요. 마음을, 마음을 침묵하십시오.'

5

한강시민공원만 보면 우리는 정말 선진국이다. 일곱 살부터 한강변에 살았던 나는 한강 둔치의 변화를 잘 안다. 깔끔하고 여유 있고 정서적으로 변한 한강변의 정취는 어쩌면 나의 마흔여덟 나이를 말해주는 또 다른 지표다. 퍽 오랜만이다. 주말에 자전거로 한강 둔치를 달리다니 말이다. 예전에는 자전거를 꽤 탔다. 출퇴근도 즐겨 했다. 작년 가을 집 앞에 묶어놨던 자전거를 자물쇠까지 통째로 잃어버린 후로는 통 못 탔다.

최근 용강동 주민센터에서 공용자전거를 저렴하게 빌려주는 풀뿌리 지자체다운 일을 시작했다. 토요일은 동네 이발소에서 자전거를 빌려주고 받는 일을 대신한다. 시간당 1천 원, 하루 종일 5천 원에 자전거를 빌렸다. 출발시각만 적고 돈은 다녀와서 내기로 했다. 싱그러운 바람은 둔치에 들어서기 전 동네에서도 느낄 수 있었다.

오늘의 자전거 타기는 라다크 프로젝트 훈련의 일환이다. 자전거 탄지 좀 된 터라 히말라야 산악자전거에 그냥 덤비기가 약간 겁이 났다. 큰일 났다. 한 30분 탔을까 싶은데 엉덩이가 실룩거려 자꾸 신경이 쓰인다. 엉덩이에 방석이라도 깔아야 할 판이다. 구리까지 25킬로미터 남짓이니 충분히 다녀올 만하다. 왕복 50킬로미터는 타야 훈련이 되겠지. 오만 가지 생각이 바람 따라 타고 들었다. 내심 생각을 줄이고 싶었는데, 쉽지 않았다.

한 시간이 훌쩍 지났다. 풍경이 갑자기 낯설었다. 한강이 좁아졌다. 여기가 어디야, 싶을 때 길이 끝났다. 이미 자전거도로를 벗어나 있었다. 표지판이 눈에 들어왔다. 동대문? 용두동? 청계천? 아뿔싸 길을 잘못 들었구나. 라다크에서 잃을 길을 미리 잃었다. 그곳에서는 잃어버린 길을 쉽게 찾지 못할 것이다. 설령 찾지 못해도 상관은 없다. 길을 잃고 헤매는 길이 원래 가려던 길보다 더 좋은 길일 수 있다. 가지 않은 길은 환상과 예상으로 높은 점수를 주는 길이고, 내가 들어선 길은 경험과 느낌으로 현실적인 점수를 주는 길이다. 가지 않은 길에 대한 아쉬움보다 내가 간 길이 주는 기쁨을 만끽하리라. 인생도 마찬가지다. 과대평가를 받고 있는 가지 않는 길에 얽매이지 않으리라. 이제 내가 가는 길은 인도 라다크다.

6

출장을 닷새 앞두고 라다크 팀이 모였다. 모두 모이기는 처음이다. 아나운서 둘, 피디 셋, 즉 카메라 석 대가 라다크로 떠난다. 작가 둘과 FD 한 명은 마음만 따라간다. P선배가 대장이다. 나와 H보다 두 기수 위 선배 피디다. 영상에 조예가 깊다. Y피디는 외주제작사 사장이다. P선배와 20년째 같이 일해 친분이 돈독하다. 그를 Y사장으로 부르기로 했다. L피디는 지난번 이집트 오지 레이스에 동행했던 〈세상을 품다〉 전담 외주제작요원이다. 그리고 나와 H가 이번 여정의 출연자다. 나는 67년생, H는 69년생, Y사장도 69년생, L피디는 외모는 우리 연배였으나 의외로 77년생. P선배의 나이가 한동안 미궁에 빠져 있었으나 선배임에도 불구하고 68년생으로 밝혀졌다. 결국 최고령자는 48세의 나였고, 평균 연령은 45세였다. 대한민국 중년 남성들의 라다크 도전기는 이미 시작됐다.

준비물을 챙겼다. 짐을 최대한 줄였다. 외모에 관심 많은 H에게 필요한 것은 내게는 그다지 필요 없다. 이도 안 닦을 판에 뭐가 더 필요할까. 씹는 칫솔을 사겠다는 H의 열정이 심히 걱정된다. 약이 관건이다. 의사 친구가 비아그라를 보내주겠단다. 심혈관 확장이 절대적으로 필요한 고산에서의 방책이다. 정유정 씨가 《히말라야 환상 방황》에서 왜 이렇게 고산증 예방 이야기를 많이 썼는지 이해가 됐다. 당사자보다 주변의 걱정이 큰 몫을 한다. 내 앞에는 걱정과 두려움이 히말라야 산맥처럼 자리 잡고 있었다. 다행히 하늘에는 설렘이라는 구름이 하얗게 떠 있었다.

7

늦은 오후 비행기라 하루가 고스란히 남았다. 마음이 분주할 것 같아 아무 일을 잡지 않았었다. 토요일에도 꾸역꾸역 일어나 학교에 가는 고3 아들을 데려다주면서 인사를 아꼈다. 사랑한다고 말하면 왠지 더 이야기할 기회가 없을 듯싶었다. 떠나기 직전에 문자로 챙기기로 했다. 세월호 사고 이후 가족 간의 짧은 이별이 영원한 이별이 될 것 같은 불길한 느낌을 지울 수 없다. 인사를 아끼려다 나중에 아들이 이 순간을 후회할까 싶기도 했다. 조용하던 아들이 내리기 직전 한 마디를 던진다.

"위험하진 않아?"

"그럼."

아들의 젖은 목소리에서 그새 아버지 걱정할 나이가 되었구나 싶었다.

아내는 입시설명회를 간다고 일찍 집을 나선단다. 이미 점심상을 거하게 차려놓았다. 고추장찌개와 계란말이, 김치전, 견과류 멸치볶음이 출국 전 밥반찬으로 제격이다. 먼저 발을 떼며 평상시와 다르지 않은 인사를 하는 그녀의 배려가 느껴졌다. 위층에 장인장모가 계실 때는 출장을 가도 괜찮았는데 하필 며칠 전에 이사를 가셨다. 난 자리가 느껴졌다. 엘리베이터에서 손을 흔드는 그녀의 웃음이 제법 긴 잔상으로 남았다.

이제 짐을 다시 한 번 걸러 내고, 무게를 줄여보련다. 아내의 거한 밥상을 늦은 점심으로 먹고 회사로 가련다. 후배 K가 마침 근무라며 가는 길에 데려간단다. 고맙다. 하지만 그의 응원도 두고 가리라. 여행의 진정한 순간은 출국 전이다. 그 순간이 여행의 수위를 좌우한다. 나는 이제 간다. 라다크로.

8

김주영 작가에게 글쓰기는 반성문을 쓰는 과정이란다. 나는 글쓰기로 나의 여행을 성찰하기로 했다. 성찰 없는 여행을 하기엔 이제 나이가 너무 많다. 그렇다고 성찰을 목적으로 삼기에는 여행이 너무 진지해질 것이다. 아무 기대 없이 떠나는 여행은 이렇게도 힘든 거였다. 또 강한 허기가 느껴진다.

레에 머물다
해발고도 3,500m

시작은 결코 반이 아니다

9

여행은 걱정의 연속이다. 걱정을 현실로 바꾸지 않고 풍선처럼 터뜨려 나가는 것이 여행이다. 줄이고 줄인 짐이 20킬로그램을 넘지 않을까 사소한 걱정이 앞섰다. 공항에서 일단 가방 무게를 달았다. 20.77킬로그램. 해외여행 경력 25년의 야심찬 감각이다. H를 기다리며 책을 펼쳤다. 후배 S녀가 조금 전 회사에서 건네준 책이다.《걷기:두 발로 사유하는 철학》이라는 제목이 마음에 드는 글씨체로 표지에 박혀 있다. 내 여행을 이 제목처럼 더 잘 설명할 수 있을까? 서너 장쯤 넘겼을 때 전화기 진동이 느껴졌다.

"형, 나 좀 데리러 올래? 짐이 너무 많아서."

통화를 들은 L피디가 신나하며 카메라를 돌렸다. 묵직한 카트를 끌고 공항 밖으로 나섰다. 절묘하다. 드라마 장면처럼 섭외된 6003번이 미끄러져 들어온다. 맨 앞에 민소매 후드 티에, 스키니 청반바지, 하얀 로퍼에 연둣빛 스카프를 두른 그가 보였다. 히말라야로 가기 전 마지막 멋을 한껏 부렸다. 등산복을 입은 내게 비행기가 산인 줄 아느냐며 있는 대로 타박이다. 카메라는 돌아가고 출장은 시작됐다. 일처럼, 여행처럼.

10

지난 목요일, 사전 인터뷰 날. H가 〈6시 내 고향〉 분장실로 들어왔고, 카메라가 따라 들어왔다. 준비가 잘 되느냐, 걱정은 안 되냐, 카메라 앞에서 어색한 너스레를 떨었다. '저거 봐라. 벌써 저렇게 어색하게 짜고 들면 리얼 느낌이 안 나잖아', 생각했지만 표현은 안 했다. 옆에 있던 여자 MC가 거든다. 엄청난 돈을 들여 운동한 명품 근육의 H선배와 걸어서 출퇴근하며 다진 생활 근력의 김재원 선배의 대결이 기대된단다.

카메라가 스튜디오까지 따라 들어왔다. 왜 가느냐는 질문에 하늘의 뜻을 알아야 하는 나이, 널모레 쉰. 아직 뜻도 세우지 못했지만 하늘 가까이 올라가 그 뜻을 좀 알아보련다고 답했다. 시계로부터의 해방도 덧붙였다. 시간이 인생을 주관하는 삶을 벗어나, 흐름에 맡기는 삶을 살고 싶다고 제법 멋지게 말했다. '아, 그리고요. 이래저래 마음이 어수선한데, 마음침묵도 좀 해야죠. 묵언수행 시간도 좀 주세요.' 실컷 떠들면서 침묵이란다. 안 봐도 불 보듯 훤한 여행이다. 단언컨대 오늘 촬영 내용은 통편집된다. 내기합시다.

11

면세점의 유혹을 물리치고 일찌감치 34번 게이트에 살림을 차렸다. 게이트 앞은 이미 인도다. 인도의 사람 풍광이 그대로 펼쳐졌다. 그들은 대부분 의자에 누워 있다. 떠남은 결국 멈춤을 전제로 한다. 삶을 잠시 멈추지 않으면 떠남은 없다. 적어도 방향 정도는 바꾸어줘야 한다. 멈춤은 공간적 기회비용을 지불하고 새로운 기회로 떠남을 제공한다. 나는 7월의 뒤 보름 동안 한국을 포기하고 인도를 선택했다. KBS와 집을 포기하고 라다크를 선택했다. 수많은 동료와 가족을 대신해서 네 명의 남자를 골랐다. 마이크 대신 자전거를 선택했다. 나는 이 떠남으로 멈추지 않으면 결코 잡을 수 없는 '그것'을 얻을 것이다. 내 안에 잠든 '그것'을 깨워서 일으켜 세울 것이다. 한국에서는 결코 깨어나지 않았을, 어쩌면 평생 잠들어 있었을 '그것'은 내 삶을 바꿀지도 모른다. 적어도 나를 자세히 들여다보는 현미경 역할은 해주리라.

솔직히 나는 굳이 나를 보고 싶지는 않다. 분명 실망할 것이다. 진실은 늘 잔인하다. 끊임없이 '나'이기 위해 노력한 시간들. 정체성을 찾고자 고민했던 밤들. 남들이 보는 그럴듯한 나를 만들기 위해 짜냈던 생각들. 그것을 멈춘다면 어떻게 될까? 완전히 멈출 수는 없지만 의도적인 노력을 포기할 수는 있다. 보름이라도 라다크의 먼지로 살다 온다면 얼마나 좋을까?

열두 시간 후면 3,500 고지 레(Leh, 라다크의 주도州都)에 도착한다. 그저 숨만 편히 쉴 수 있기를, 가장 소박한, 절실한 바람을 가져본다. 모든 욕심을 내려놓을 때 나의 바람은 최소한의 크기로 꼭 필요한 만큼 주어질 것이다. 지난 25년간 여행은 나에게 날개를 주었다. 어떤 날개는 오랫동안 하늘을 날게 했고, 어떤 날개는 여행이 끝남과 동시에 어깨죽지 밑으로 모습을 감췄다. 이번에 만드는 날개는 내가 살아보지 못한 다른 세상을 만나게 할 것이다. 내가 살던 세상으로 돌아와도, 같은 세상을 다르게 살게 할 것이다.

밴쿠버에 살던 시절, 갈매기의 통통한 날개와 가느다란 두 다리를 보며 날개보다 다리가 좋다고 생각했다. 다리는 다리대로, 날개는 날개대로 필요하다. 라다크가 만들어준 새 날개는 조금은 다른 삶을 허락할 것이다. 이 글은 책이 낳은 책의 아들이 아니다. 연필의 배설물도 아니다. 산과 길과 땀이 만들어낸 자연과 생각의 합작품이기를 소망한다. 땀 흥건한 삶을 번역한 문장이길 조심스레 바란다.

12

7시간 50분 비행은 애매한 지루함을 준다. 책 《걷기》를 펼쳐 들었다. 영화에 집중하던 H가 알약 반 알을 내밀었다.

"웬 책이야? 밤새 비행하고 아침부터 촬영인데 어떻게 버티려고? 수면 유도제나 드셔."

수면제의 거부감을 뒤로하고 밤새고 맞는 첫 촬영의 부담을 내세워 잘 갈라진 알약을 식사 때 남긴 물로 꿀꺽 삼켰다. 깨끗한 영혼에게는 수면제가 잘 든다더니 거짓말처럼 책 첫 장을 펼친 채 잠들었다. 피자 들고 다니는 승무원이 의자 밖으로 삐져나온 어깨를 치는 바람에 깼다. 잠은 밥을 이길 수 없다는 삶의 철학을 받아들여 피자를 먹고 여전히 자는 H 앞에 놓인 피자마저 먹어버렸다. 내릴 때가 됐겠다 싶어 수첩을 펼쳐 밥과 잠, 두 마리 토끼를 잡은 비행의 성공을 축하했다.

13

델리공항에 들어서자 미국 냄새가 밀려들었다. 코가 기억하는 21년 전 처음 미국에 도착했을 때 맡은 냄새. 여긴 인도가 아닌가. 미리 대사관에서 인도 비자를 받아 오지 않은 것은 큰 실수였다. 엄청난 인파가 도착 비자를 신청했고, 어리숙한 인도 아저씨 두 사람이 서투른 일처리로 시간을 잡아먹었다. 당초 충분했던 5시간의 환승시간은 빠듯했다. 인생의 유비무환 항목에 인도 비자를 추가했다.

14

레로 향하는 한 시간 반의 비행은 숫자보다 짧았다. 3,500 고지, 라다크 왕국의 옛 수도, 레의 공기는 생각보다 찼다. 숨 쉬기가 답답할까 숨하게 걱정했지만 코와 심장은 아직 편안했다. 미국 냄새 대신 시외버스 터미널 같은 공항이 주는 정겨운 불편이 느껴졌다. 공항은 무척 작았다. 우리와 비슷한 외모의 라다크 사람들과 몸뚱이만 한 배낭을 멘 유럽 여행객들이 환하게 웃으며 작은 문을 빠져나갔다. 여기 온 것만으로도 좋은 모양이다. 첫눈에 이곳에 처음 온 사람들과 몇 번 와본 사람들이 나뉘었다. 처음 온 이들은 어리둥절했고, 이미 와본 사람들은 좋아서 또 온 것이니 표정에 안 나타날 리 없다.

P선배 이름이 적힌 종이를 들고 서 있는 구릿빛 중년 남성이 보였다. 저이가 여행을 책임질 사람이구나 생각하고 또 하나의 걱정 풍선을 터뜨렸다. 편안한 인상이다. 텐진이란다. 마흔아홉 살의 하프 라다키다. 엄마가 라다크 사람이고 아버지가 인도 사람인 모양이다. 처음부터 자신에 대해 줄줄 말하는 걸 보니 오랜 경험으로 한국인에게는 신분을 초반에 노출하기로 한 모양이다. 어린 시절 동네 형 같다. 또래라 편했고, 한두 살이라도 많아 고마웠다. 가방 실린 수레부터 잡아채는 걸 보니 배려가 몸에 붙었다. 특히 그의 영어 발음은 부담이 없었다.

텐진에게 이끌려 공항 구석에서 외국인 등록을 했다. 산행을 많이 떠나는 터라 누가 들고 나는지 확인하는 모양이다. 몇 자 적다 보니 이 종이가 내 존재의 공간을 증명하는구나 싶었다. 제발 특별한 의미를 갖지 않기를 바랐다. 공항 직원이 환한 웃음으로 인사를 건넸다.

"줄래?" 약간 끝을 올리는 인사말. 안녕하냐고 묻는다.

"줄래." 이미 학습된 인사말이라 당황하지 않고 끝을 약간 내렸다.

"라다키?" 나와 흡사한 인상이 왠지 친숙해서 평소 절대 안 하는 질문을 던졌다. 카메라를 의식한 질문이기도 했다.

"라다키." 더 환하게 웃으며 화답했다.

몇 걸음 안 걸어 건물을 벗어났다. 빗줄기가 떨어진다. 걱정과 염려가 비로 바뀐 것 같다. 장대비도 폭우도 아닌 가랑비라 고마울 뿐이다. 걱정과 염려가 가랑비 만큼이면 좋겠다. 의외로 여러 번 오는 사람이 많아 보였다. 그토록 매력적일까? 사자머리 남자가 나만큼 큰 배낭을 메고 환하게 웃으며 인사를 건넨다. 다섯 번째란다. 그를 다섯 번씩 오게 하는 라다크의 매력이 궁금해졌다. 숨이 가쁘다. 카메라를 애써 외면하며 심호흡을 크게 했다. 확실히 산소가 부족하다. 큰 호흡을 하니 좀 편안하다. 앞으로 얼마나 많은 심호흡을 해야 하려나.

여행지의 첫 느낌은 그 여행을 좌우한다. 어느 여행인들 설렘이 없을까마는 이번 여행은 두려움도 동반한다. 걱정과 염려로 포장된 두려움이다. 고산지대, 자전거 트래킹, 촬영이라는 여행의 조건 탓이다. 그 두려움을 이용하는 수밖에 없다. 여행지의 첫 느낌은 다른 여행객의 영향을 받기 쉽다. 심지어 배낭여행에서 괜찮아 보이는 여행자를 따라가며 그의 여행 일정을 탐한 적도 있다. 여행자의 표정은 여행의 자신감이기 때문에 잘만 따라가면 십중팔구 그 일정은 성공이다. 라다크의 첫인상은 활기 넘치는 유럽 여행객의 표정이 대변한다. 분명 다시 온 사람들이다. 나는 이제 레에 던져졌다. 시작은 결코 반이 아니다. 시작은 이미 끝을 전제로 한다. 나는 이제 무조건 끝까지 가야 한다.

무위도식은 고문이더라

15

10분쯤 차를 타고 '카라코람 호텔'에 도착했다. 정갈한 느낌이 레의 산세에 왠지 잘 어울렸다. 화려하지도 초라하지도 않았다. 텐진이 황색 나무창틀 문양은 라다크 식 전통가옥 형태란다. 짐을 부리기도 전에 로비 한편에 먹을거리가 보였다. 먹는 게 남는 것이라는 원초적인 문장이 아니어도 우리는 흰 접시를 들고 줄을 서야 했다.

아침식사는 꿀맛이었다. 그들의 오믈렛은 우리나라 노점 토스트 가게에서 식빵 사이에 넣는 계란 부침이다. 살포시 숨은 작은 고추 조각에 예상치 못한 매운 공격을 당했지만 이국 땅에서 고국의 노점을 느끼기에 충분했다. 옛날 다방에서나 보던 찻잔에 담긴 황토빛깔 밀크티가 주는 달달함이 비행기에서 밤을 지새운 여독을 풀어줬다.

205호에 짐을 대충 두고 현지 여행사의 브리핑을 받았다. 그녀의 이름은 앙모. 현지 여행사 부장이다. 여행사의 2인자였다. 구릿빛 피부에 야무진 입매, 반투명 뿔테 안경, 단아한 키, 홀렁홀렁한 노란색 동남아 원피스를 걸친 그녀는 얼핏 사감선생님 같았다. 구체적인 일정은 P선배와 협의할 부분이고, 심지어 출연자에게는 비밀도 있어서 브리핑은 간단했다. 힘든 여정이고, 안전을 위해 최대한 지원할 것이며, 첫날 80킬로미터를 간다. P선배의 눈짓에 따라 그녀는 말을 아꼈다. 고도 적응을 위해 3,500미터의 레에서 사흘을 머물기로 했다. 엄청난 배려였다. 아무것도 하지 말란다. 물을 많이 먹고 쉬란다. 쉰다는 것은 무엇일까?

16

쉼이 이렇게 힘든 줄 미처 몰랐다. 나는 그동안 '무위無爲'의 기쁨을 모르고 지냈다. 여행지에서 '무위'는 용서할 수 없는 게으름과 태만, 직무유기였다. 하나라도 더 보는 것이 여행자의 의무다. 험한 골짜기로 출장을 가도 일정이 끝나면 쏜살같이 튀어 나가 골목이라도 누비고 다니며 낯선 느낌을 충분히 누렸다. 가족여행에서도 지친 아내와 아이는 쉴지언정 나는 동네 구멍가게라도 들러야 했다. 지난해 가을, 미국 동포방송사 교육차 뉴욕 출장을 갔을 때도 일과만 마치면 맨해튼으로 나갔다. 숙소가 있던 플러싱에서 맨해튼까지는 뉴욕의 용광로로 불리는 지하철 7호선으로 45분 정도 걸렸다. 나는 매일 저녁 그 길을 오가며 브로드웨이 특수를 누렸다. 뮤지컬 네 편과, 연극 한 편이 성적표였다.

아무리 고산지대라고 해도 호텔방의 무위는 사치를 뛰어넘었다. 물론 몇 걸음만 걸어도 숨이 차올랐고, 고개를 까딱 잘못 돌리면 어지러움이 느껴졌다. 약간의 메스꺼움과 구토증세도 결코 남의 것은 아니다. 피디 3인방도 출연자의 고산증 적응을 위한 배려로 오늘만큼은 카메라를 돌리지 않기로 엄청난 결단을 내려주었다. 걱정과 염려의 빗줄기를 뿌리던 아침의 레는 화려한 해를 띄웠다. 눈부시게 파란 하늘을 호텔 창문을 통해서만 바라봐야 하는 아쉬움은 생각보다 컸다. 내내 침대에 누워 꼼지락거리던 H는 어느덧 새근새근 잠들었다. 저게 쉬는 건데 나는 좀이 쑤셔서 몸을 비틀고 있으니 누가 정상인지 모르겠다.

17

앙모 부장은 간단한 호텔 식사를 권했다. 매운 것도, 고기도, 과식도 금물이란다. 무위에 지친 우리는 반기를 들었다. 호기심의 DNA가 펄펄 끓는 우리는 바깥 식당으로 데리고 갈 것을 요청했고, 실랑이 끝에 외식의 권리를 얻어냈다.

텐진이 데려간 식당은 '서머 하베스트', 인도 식당이다. 늦은 시간에도 인도 사람들은 여유 있는 점심을 즐기고 있었다. 오지랖 넓은 H가 메뉴판을 들었고, 다른 제작진은 알아서 하라는 듯 무심했다. 인도 특유의 밀가루 구운 빵, 난과 커리를 주문했다. 고기와 매운 것을 피하라는 앙모 부장의 권유를 최대한 존중해 채소 커리를 시켰다. 정말 착한 대한민국의 40대 후반 남성들이다. 식사는 꽤 괜찮았다. 정확히 말하면 우리는 무척 잘 먹었다. 난을 추가 주문해서 커리를 마치 핥은 것처럼 먹어버렸다. 우리의 식사 여정은 앞으로 지극히 수월하거나 아니면 무척 험난할 것을 예고했다. 아무거나 잘 먹거나, 혹은 늘 모자라거나 할 것이다. 레에서의 첫 외식은 가히 성공이었다.

마음 같아서는 레 시내를 한 바퀴 둘러보고 싶었지만 군소리 없이 호텔방으로 돌아왔다. 배까지 부른데 누워 있자니 더더욱 몸이 근질근질했다. H는 외모관리 본능이 발달한지라 샤워를 선택했다. '밥 먹자마자 무슨 샤워야? 어차피 앞으로는 거의 못할 텐데.' 혼잣말을 되뇌다 H의 침대 옆 작은 탁자에 놓인 노란 표지의 책을 발견했다. 《한 달쯤, 라다크》. 얼른 펼쳐 들고 침대에 누웠다. 라다크가 좋아서 여러 번 라다크를 찾던 한국의 두 처자가 급기야 레에 카페를 열고 살았다는 이야기다. 내가 이 책을 읽는 곳이 라다크라는 사실을 자꾸 되뇌었지만 침대 위에 누운 채 고작 1미터 창문 크기의 라다크 하늘로 만족할 수는 없었다.

주섬주섬 책과 물을 챙겨 방을 나섰다. 한 층 올라서니 제법 괜찮은 옥상이 나왔다. 어린 시절 우리 동네 3층집 옥상이다. 철근 끝이 삐죽

삐져나와 있고, 긴 빨랫줄에 옷가지가 널려 있으며, 키 큰 철근 위에 양말이 신겨 있다. 덥지 않은 감촉이 새파란 하늘빛으로 조각구름을 머금은 채 나를 환영한다. 옥상에는 고맙게도 편의점 빨간색 플라스틱 의자가 오른쪽 팔걸이 없이 살포시 앉아 있다. 하늘은 눈부시게 파랬고, 멀리 보이는 설산은 가슴 시리도록 아름다웠다. 빨간 의자는 더러웠지만 주저하지 않았다. 그 의자는 고맙다는 듯이 나를 편안하게 받아들였다. 그 순간 나의 라다크 하늘 보며 멍 때리기가 시작됐다.

18

저녁 역시 식당행을 주장했다. 티베트 음식을 먹고 싶다고 했다. 텐진은 신나서 레 시내에 위치한 '히말라야 카페' 옥상 좌석으로 우리를 안내했다. 스카이라운지가 따로 없었다. 티베트 식당에 인도 커리가 없는 것은 아니다. 텐진과 H가 주문을 시작했다. 난과 커리를 기본으로 티베트 국수인 뚝바와 수제비 비슷한 텐뚝을 주문했다. 밥과 콜라로 입맛을 부추겼고, 텐진이 두부 커리라고 주장하는 사히 파사니를 주문했다. 점심이 가벼워서인지 본능적으로 주문이 많았다. 잠시 후 뷔페 부럽지 않은 음식이 나오고 역시 반응은 최고였다. 우리 일행은 인도 체질이었다. 딱히 만족감을 말로 표현하지는 않았지만 야무지게 비운 그릇들과 뿌듯한 표정은 성공한 주문을 말했다. 사히 파사니는 치즈를 건더기로 한 하얀 커리다. 묘한 매력이 있었다. 국수인 뚝바와 수제비인 텐뚝은 고향 음식의 향취를 불러왔다.

야외 식당에 부는 선선한 바람은 라다크의 여유다. 어둠으로 옷 입은 산 그림자는 이곳이 히말라야 자락임을 깨닫게 했다. 3,500 고지에 적응하고자 종일 무위의 고통을 견뎠지만 오히려 호흡은 답답해졌고 머리는 멍해졌다. 뭔가 편하지 않았다. 내 몸의 가장 약한 부위로 고산증상이 나타난다더니, 왼쪽 콧구멍 연골이 휘었고, 피곤하면 편두통이 생기는 나는 왼쪽 눈 아래와 코가 멍멍하고 얼얼했다. L피디는 치통이 심해졌단다. 볼이 확연히 부었다. 앞으로 나아질 것이라는 기대보다는 시간이 흐를수록 고산에 있음을 절감하겠구나 하는 불안이 엄습했다. 순간 자전거로 2백 킬로미터를 달려야 한다는 부담이 불안과 손을 잡았다.

텐진은 맑은 사람이었다. 첫날부터 우리에게 많은 것을 알려주려 했고, 배려하는 마음 씀씀이도 느껴졌다. 음식 하나도 친절하게 설명해주었고, 사람마다 음식에 대한 반응을 물었다. 워낙 유쾌한 사람인 듯했다. 혼자 말하고 혼자 웃고 다시 혼자 말하고 우리에게 묻는 친절한 스피치가 계속됐다. 영어를 꽤 잘한다. 25년 가이드 생활에서 얻은 건 영어밖에 없단다. 라다크 왕국의 수도 레 이야기를 들려주었다. 낮에 읽은 노란 라다크 책이 이해하는 데 꽤 도움이 됐다. 과거의 영화를 이야기하는 사람들은 어딘가 현재의 모습을 감추려 하지만 텐진은 그렇지 않았다. H가 물었다.

"라다크 사람들은 중국을 어떻게 생각하나요?"

순간 텐진의 표정이 바뀌었다. 꽤 긴 침묵이 흐르고 물을 한 모금 마신 그가 입을 열었다.

"안 좋아하지요."

시선은 아래를 향한 채였다. 그 한 마디로 중국에 대한 그의, 아니 그들의 입장은 정리됐다. 히말라야 카페 밖으로 보이는 레의 불빛은 선명했지만 라다크 하늘은 우리에게 별을 보여주지 않았다. 하늘은 그냥 잿빛이었다.

19

호텔에 돌아와서야 꽤 늦은 식사였다는 것을 알았다. 안팎이 조용했다. 심지어 호텔에도 시계는 없었다.

"아, 이젠 안 된다."

소파에 앉자마자 Y사장이 스마트폰을 만지작거리며 소리쳤다. 피디들은 아마도 낮에 와이파이Wi-Fi를 즐겼나 보다. 다른 데는 안 되고 오로지 로비 소파에서만 됐었는데 이제 그나마도 안 된단다. 인도에 온 이후 한 번도 전화기를 켜지 않았다. 시계도, 한국도 굳이 연결시키고 싶지 않았다. 여기서 보이지 않는 것들과 굳이 소통하고 싶지 않았다. 호텔 직원이 중계기 고장으로 와이파이가 안 된단다. 와이파이가 안 되는 기쁨. 시계 없는 기쁨과 누군가와 접속되지 않는 기쁨을 온전히 누리리라. 오늘 하루 지내고 보니 일행들이 참 맑다. 그들과의 동행이 고맙다. 비록 그들이 40대 중반의 남성이지만 말이다.

20

이슬람 경전 읽는 소리, 그러니까 아잔 소리에 잠을 깼다. 8년 전 코소보 여행에서 처음 들었던 무슬림의 기도시간을 알리는 이 소리에 청각적 이물감을 느꼈다. 노란 라다크 책에도 두 여인의 경고가 있었다. 코소보에서는 밤에는 못 들었는데, 여기서는 밤에도 울리는구나. 아니면 벌써 새벽인가? 설마 매일 밤 이럴까? 라마단 기간이라 그런가? 잠을 빼앗아 간 아잔 소리에 대한 원망이 꼬리를 물었다. 우려했던 심야의 숨쉬기는 괜찮았다.

페루에서 안데스 트래킹을 하다가 4,200 고지에서 하룻밤 머문 적이 있다. 4학년 아들은 맥을 못 추었고, 아내는 숨을 가빠했다. 나는 괜찮았다. 작은 산장 조그만 방에서 잠들었을 즈음, 나는 숨이 막혀 깼다. 새벽 2시, 숨을 쉴 수 없었다. 작은 방의 산소를 세 식구가 나눠 마시니 극도로 부족했던 모양이다. 얼른 창문을 열고 환기를 시켰다. 아내도 답답한 숨을 쉬었고, 아들아이는 괴로운 기색이 역력했다. 이렇게 이국땅에서 가족이 함께 생을 마감하는구나 싶어 후회가 물밀 듯이 밀려왔다. 얼마나 그렇게 흘렀을까? 새벽이 밝자 빛과 함께 호흡도 돌아왔다. 아침에 우리는 서둘러 낮은 곳으로 내려갔다. 3,700 지대로 내려오니 반기절 상태였던 아들아이는 언제 그랬냐는 듯이 뛰어놀았다.

안데스의 악몽이 떠올라 창문을 열고 잘 것을 주장했다. 워낙 설득력 있는 경험을 이야기한지라 H도 수긍했고, 추위를 감안해 다운재킷을 입고 잠자리에 들었다. 인도 발리우드 영화의 춤바람을 재미있게 보던 H의 웃음소리가 전날 밤 기억의 마지막 장면이다. 나는 아잔 소리에 잠을 반납했고, H는 새근새근 잘 자고 있다. 어느덧 아잔 소리는 잦아들고 동네 개 짖는 소리가 큰 울림으로 퍼져간다. 난 여기 왜 왔을까? 문득 원초적인 질문이 떠올랐다. 성찰의 단어를 찾자고 마음을 추스르다가 스르르 잠이 들었다.

다시 아잔 소리가 들려왔다. 바깥은 벌써 빛을 머금고 있었다. 문득 내일 밤이 겁이 났다. 도무지 아잔 소리를 이길 방도가 떠오르지 않았다. 더 누워 있는 게 의미 없다는 생각에 일어나 신발을 신고 옥상으로 올랐다. 새벽빛을 머금은 하늘은 처음 보는 빛깔이었다. 빨간 생각의자가 새벽안개와 함께 나를 다시 맞아주었다.

여러분은 내일 무슨 일이 일어날지 모르며 여러분의 생명이 무엇인지 알지 못합니다. 여러분은 잠깐 있다 없어지는 안개입니다. (야고보의 말)

행복 전구에 불을 켜다

21

새벽녘 라다크 하늘을 보며 보낸 시간은 꽤 길었다. 그래도 피곤하지 않은 건 아직 한국 시간으로 살고 있기 때문이리라. 3시간 30분의 시차. 2시 반에 깼다 해도 한국 시각 6시. 늘 일어나던 때다. 인체시계가 작동했나 보다. 아침식사는 같은 오믈렛, 같은 토스트였다. 제법 맛있었다. 밀크티가 묘한 중독 증세를 보일 만큼 달다. 갑자기 숙박비가 궁금해졌다. 하지만 묻지 않았다. 꼭 필요한 것 외에는 굳이 관심도 호기심도 갖지 않기로 했다. 상황에 순응하는 삶을 연습 중이니까.

슬리퍼 끌며 내려온 L피디는 얼굴이 퉁퉁 부었다. Y사장은 하얀 얼굴이 더 창백해 보인다. P선배는 검은 얼굴이 더 검어졌다. H는 밤사이 호흡 곤란으로 잠을 설쳤단다. 잘만 자더니만 언제 설쳤다는 건지 의아했지만 묻지 않았다. 걱정스러운 말투로 깨우지 그랬냐고 했더니 그 정도로 심각하지는 않았다고 했다. 하지만 죽는 줄 알았단다. 꿈과 현실이 혼동될 수도 있겠다. 3,500 고산지대니까. 어쨌든 어제 종일 치른 무위도식의 고문은 큰 효과가 없었다.

오늘은 방송 구성상 레에서 적응훈련을 하며 도시를 둘러보는 설정이다. F사에서 협찬 받은 등산복을 차려입고 길 떠날 채비를 했다. 짙은 색 계열의 넉넉한 풍을 좋아하는 나에게는 아주 딱 맞는 의상이다. 원색 계열의 딱 붙는 옷을 좋아하는 H는 입이 한 자루는 나와 있다. 일방적으로 주어진 옷이 마음에 안 든다며 그나마 오렌지색 셔츠를 골라서 민소매로 수선을 해 왔다. 하여튼 외모를 가꾸고 돋보이게 하는 데는 엄청난 열정을 갖고 있는 친구다.

첫 번째 목적지는 레 왕궁이다. 라다크 왕국의 수도인 레에는 그 시절 왕궁이 있었다. 꽤 높은 곳에 있어 가는 길이 험난할 것이다. 명색이 히말라야 자전거 트래킹을 앞둔 훈련 성격이라 동네 산책으로는 시청자의 구미를 당길 수 없었다. 거리에는 수많은 개들이 널브러져 있었다. 단체로 수면제로 먹이지 않고서는 동네의 모든 개들이 저렇게 획일적인 자세로 길바닥에 누워 자고 있기는 힘들 텐데. 어젯밤 아잔 소리와 아울러 깊이 울려 퍼지던 개 소리의 주범이라고 생각하니 쾌씸했다. 이들의 이런 야행성 습관이 일시적인 것인지, 삶이 되어버린 것인지 궁금했지만 군이 아직 친하지도 않은 텐진에게 묻지는 않았다.

다섯 살쯤 됐을까? 구릿빛 피부에 부끄러운 표정의 아이들이 교복 같은 카디건을 입고 책가방을 메고 엄마 손 잡고 잼걸음으로 학교에 간다. 조기교육인가 싶다가도 어쩌면 당연하다고 생각했다. 지난봄 KBS 파노라마에서 한겨울 추위에 얼음 강을 건너고 눈 덮인 산을 넘어 아이들을 학교에 보내는 히말라야 사람들의 엄청난 교육열을 본 적이 있다. 이 동네가 그 동네니 이들 또한 교육열은 특별함을 넘어서겠다.

그들의 몽골계 인상은 이곳이 작은 티베트로 불리는 라다크라는 점과 중국과의 국경지대라는 사실을 확인시켰다. 하지만 그들은 달랐다. 동양인의 전형적인 무표정이 아닌 서양인의 의례적인 미소를 얼굴에 머금고 있었다. 대부분 눈을 피하지 않고 마주 보며 '줄래'를 묘한 억양으로 외치고 있었다. 우리도 '줄래'로 화답했지만 그들의 독특한 억양을 하루

만에 흉내 내기에는 무리였다. 우리는 걷고 또 걸었다.

내 인생의 첫 걷기는 물론 돌 무렵이었다. 하지만 의도적인 걷기의 첫 경험은 5학년 때다. 친구 G는 나에게 함께 가자고 했다. 어딜 가냐고 물었더니 가보면 안다고 했다. 동부이촌동에 살던 나는 학교를 떠나 서쪽으로 걸었다. 이촌동의 끝인 빌라맨션과 타워맨션을 지났다. 당시 막내 이모가 타워맨션에 사셨기에 거기까지는 걸어서 와봤다. G는 고가도로 밑을 지나 한강대교로 들어섰다. 이제 군이 어딜 가냐고 묻지도 않았다. 가끔 스케이트를 타러 가던 중지도를 지나 노량진까지 걸었다. 한강대교 끝에 다다르자 인도가 없었다. G는 더 갈 것을 주장했지만 딱히 목적 없이 따라온 나는 돌아갈 것을 주장했다. 실랑이 끝에 우리는 반환점을 돌았다. 그때까지는 괜찮았는데 돌아가는 길에 중지도를 지나면서 급격히 피로가 몰려왔다. 마라톤 선수처럼 헐떡거리며 학교로 돌아왔다. 끽해야 왕복 5킬로미터쯤 됐을까? 그 첫 경험은 그 이후로 가끔 한강대교 투어를 즐기게 했다. 아마 요즘 마포대교를 걸어서 출퇴근하는 것도 그 영향이 전혀 없지는 않으리라.

레 거리는 제법 볼거리가 있었다. 화덕 빵집의 고소한 냄새는 배부른 우리의 식욕마저 자극했다. 모든 음식은 만들자마자 먹어야 한다는 만고의 진리를 깨닫게 해주듯 따스한 온기를 넘어 뜨겁기까지 한 그들의 주식은 이방인을 환영했다. 이발소 안에는 한 사람이 수염을 깎고 있었고, 다른 한 사람이 차례를 기다리고 있었다. 능숙한 솜씨의 이발사를 보니 호기심이 발동했고 며칠 못 깎은 수염도 깎을까 싶어 카메라에 얼굴을 빌려주기로 마음먹었다. 텐진을 통해 손님이 될 의사를 밝혔더니 소복한 수염으로 기다리던 손님이 뭐라고 한마디 했다. 텐진이 크게 웃으며 그가 염소수염을 왜 깎느냐고 했단다. 한바탕 크게 웃어주고 줄래를 연발하며 그냥 나왔다. 틀린 얘기는 아니다. 수염 깎는 데 얼마인지 물어볼 걸 그랬다는 아쉬움은 이발소를 나서 열 발자국쯤 뗀 다음에 들었다.

골목을 벗어나니 개울이 흐른다. 한 굽이 진 곳에 다소곳한 여인이 빨래를 한다. 이미 빤 옷들이 힘들여 짠 모양 그대로 가지런히 대야 위에 놓여 있다. 남자 운동화를 빨고 있다. 운동화를 늘 직접 빤다는 H가 신기하다며 누구 신발이냐고 물었고, 남편의 신발이라는 답이 한참을 머뭇거린 끝에 나왔다. H의 표정에 부러움이 역력했다. 과도한 질문에도 여인은 수줍은 표정으로 고개를 숙인 채 자분자분하게 답을 주었다. 순간 그녀의 행복이 궁금했다. 그때 한 남성이 다가왔다. 갑자기 표정이 굳은 그녀가 한 마디를 건넸다. 텐진이 남편이라고 소개했다. 어색한 표정으로 줄래를 외치는 그에게 H는 부러움을 드러내고 아내에 대한 온갖 찬사로 대화를 마무리했다. 부부와 인사를 하고 길을 재촉할 즈음 텐진이 말했다. 그들은 무슬림이라 남편에 대한 존경심이 상당하단다. 갑자기 걱정이 앞섰다. 이슬람 여인이 이방 남자들과 빨래터에서 남편 이야기를 하고 있었으니 혹시 오해받지 않을까 싶었다. 멀리 빨랫감을 든 아내는 몇 걸음 뒤에서 남편의 등을 따라가고 있었다.

레의 거리는 이방 여행객들이 주인이다. 과일가게에도, 빵가게에도, 호기심과 배고픔을 채우고자 돈과 먹거리를 바꾸는 서양 여행객들의 모습은 흔했다. 카메라 욕심에 우리는 일단 만나는 외국인마다 말을 걸었다. 어디서 왔느냐, 온 지 얼마나 됐느냐, 어디로 갈 계획이냐, 상투적이지만 궁금한 질문을 앞세우고 하나를 덧붙였다. 라다크에서 가장 인상적인 것이 무엇이냐? 그들이 왜 라다크에 반했는지 알고 싶었다. 산, 하늘, 사람이라는 답이 많았다. 내가 느낄 라다크가 더 궁금해졌다. 과일가게 앞에서 망고를 사는 외국인 커플에게 말을 걸었다. 남자는 프랑스에서 오고, 여자는 스위스에서 왔단다. 라다크에서 만난 것이 아닐까? 가장 인상적인 것이 무엇이냐는 물음에 눈빛을 교환하던 그들은 '사랑'이라는 답을 내놓았다. 얼레리 꼴레리.

L피디와 함께 금공예 공방을 기웃거리고 나오니 P선배와 Y사장이 없

어졌다. 곧 오겠지 하며 한참을 기다렸으나 그들은 나타나지 않았다. 그때 텐진의 전화가 울렸다. 그들은 이미 왕궁에 올라가 있단다. 내려오겠다는 그들을 길목에 앉아 기다리기로 했다. 곧 그들이 나타났다.

"그나마 텐진 전화가 되니까 만났는데, 레를 떠나면 큰일이네요. 전화도 안 터지고 무전기도 못 쓰고, 위성전화도 안 되면 만날 방법이 없겠는데요."

"무전기를 왜 못 써요? 위성전화도 가져왔잖아."

"앙모가 안 된대요. 허가받기가 힘들다네."

아침에 앙모 부장과 P선배가 심각한 얘기를 하는가 싶더니 그랬구나. 산중에서 당연히 안 터질 휴대전화를 대신해 무전기와 위성전화를 준비했건만 국경분쟁 지역이라 통신기기 사용이 녹록지 않단다. 경찰서에 허가 신청을 냈는데 결과는 미지수다. 다른 때 같으면 걱정을 잔뜩 앞세웠겠지만 내가 어찌할 수 없는 일은 미루어 두기로 한 터라 애써 털어 버렸다. 상황에 순응하는 것이 라다크에서 배워 갈 덕목이라는 것을 새삼 일깨웠다.

22

우리나라 고궁을 생각했던 선입견은 여지없이 깨졌다. 깨끗하게 보존된 왕궁은 어디에도 없었다. 라다크 왕국의 현실을 보여주는 왕 없는 왕궁만이 세월의 더께를 머금고 있었다. 무너진 건물들 사이로 허름한 옷차림의 일꾼들이 돌을 나르고 있다. 나름대로의 보수작업과 최소한의 관리는 진행 중인 모양이다.

복층으로 개방된 옥상에 작은 옥탑이 얹어져 있었다. 그 옥탑 위에 또 다른 옥탑이 있는 형국이다. 각 층 개방된 발코니마다 관광객들이 높이가 주는 쾌감을 즐기고 있었다. 빛나는 옥색 하늘과 선명한 흰색 구름, 흩날리는 오색 기도깃발은 이곳이 라다크라고 말하고 있었다. 발코니에는 각국의 미인들이 온갖 자태로 사진을 찍고 있으니 금상첨화였다. H는 미인들만 보면 일단 말부터 걸었다. 사진을 찍어주겠다는 빤한 작업성 대화로 시작하여 결국 같이 사진을 찍고 마무리했다. 옆으로 한국 청년들이 지나간다. 가벼운 인사로 그들을 격려했다.

라다크의 몰락을 보여주는 허름한 왕궁을 뒤로하고 산 정상 쪽에 보이는 곰파를 멍하니 바라보고 있었다. P선배가 뭘 하냐고 물었다.

"그냥 곰파 보고 있는데요. 저거 우리 숙소 옥상에서 보이는 데 맞죠?

"네, '체다 곰파'죠. 뭘 그렇게 보세요? 어차피 올라갈 건데."

어제만 해도 고산증세가 없었지만 오늘은 걸어서 그런지, 높은 곳에 올라와서 그런지 유난히 숨이 차다. 그런데 저 꼭대기에 있는 곰파를 오르라니. 하긴 하늘 아래 곰파인데 못 오를 리 있을까? 곰파는 티베트 불교 사원이다. 마을마다 가장 높은 곳에 있다. 왕궁보다 훨씬 높은 곳에 곰파가 있는 것을 보면 종교의 영향력을 짐작할 수 있었다.

우리 둘뿐만 아니라 카메라를 든 피디들도 고산증세로 헐떡이던 터라 점심을 먹기로 했다. 왕궁 아래 절벽 한복판에 천막 식당이 있다. '캐슬 쿠진, 넘버 원 패밀리 레스토랑 인 라다크'라는 보라색 간판이 높은 자존감을 드러냈다. 어제 검증한 메뉴를 주문했다. 레 왕궁에서 본 관광객들이 옆 테이블을 채우고 있다.

꽤 시간이 지나서 나온 음식은 같은 이름, 다른 맛이었다. 그래도 우리는 잘 먹었다. 어차피 저리 높은 체다 곰파를 올라가야 하니 속은 채워야 했다. 길 건너에서 레 왕궁에서 만난 한국 젊은이들이 손을 흔든다. 먼저 체다 곰파를 올라갔다 왔나 보다. 저들은 레에 와서 만났을 것이다. 여행자의 허기를 달래기 위해 만났다 헤어졌고 다시 헤어졌다 만나는 여행자들의 만남과 이별은 지친 여행의 활력소다. 저 청년들은 라다크 어디선가 다시 만나리라. 아니면 하늘 밑에서라도. 이제 진짜 여행이 시작됐다. 내가 행복을 느끼는 전구에 환한 불이 들어왔다.

오색 기도깃발이 꽃처럼 날리고

23

체다 곰파 가는 길은 생각보다 수월했다. 흙산 길이라 먼지가 많고 돌이 많았다. 높은 산길이라 경사를 낮추기 위해 길을 지그재그로 만들어 시간은 꽤 걸렸다. 직진으로 오르면 금세 갈 길인데 왼쪽 끝에서 오른쪽 끝을 오가며 길이 난 터라 마치 스키를 타고 내려가는 길 같다. 가만 있을 때는 못 느끼던 고산증세가 산길을 오르니 기어 나왔다. 숨이 턱 밑까지 왔다.

곰파는 제법 멋있었다. 탁 트인 경관에 레 전경이 한눈에 들어오는 걸 보니 사원 위치로는 최적이다. 도시 전체를 굽어 살피고 있으니 말이다. 꽤 많은 관광객이 바람과 하늘을 즐기고 있었다. 거대한 바위 한편에 스케치북을 들고 연필을 놀리는 청년이 눈에 들어왔다. 체코에서 왔단다. 막 그리기 시작한 터라 실력을 가늠할 수는 없었지만 연필 놀림은 예사롭지 않았다. 단지 바위의 비스듬한 면에 앉아 그리는 모습이 불안해 보였다. 그 탓에 우리는 더 불안한 자세로 그를 인터뷰했다. 레 왕궁에서 본 이스라엘 커플이 호기심 어린 눈빛으로 다가왔다.

"방송인가 봐요?"

"아, 네, 짧은 여행 다큐멘터리를 찍고 있어요."

"그럼 혹시 배우세요?"

"아뇨, 그냥 비슷해요. TV에 나오는 사람이죠."

"어머, 그렇구나. 저는 배우예요. 이스라엘에서 온. 이 남자는 사진작가죠."

이스라엘 여배우는 구릿빛 피부에 선글라스를 끼고 스카프를 둘렀다. 여배우라고 생각하고 보니 옷차림이 그렇게 보인다. 사진작가 양반은 툭 튀어나온 렌즈를 가진 검은 카메라 하나 쥐어주면 잘 어울릴 예술가 외모다. 그녀는 고향 친구라도 만난 듯 반가운 표정으로 우리를 기웃거렸다. 식당에서도 옆 테이블에서 계속 우리를 보며 이야기하더니 카메라 석 대를 보고 동종업계라는 확신을 가졌던 모양이다. 곧 그들은 바람을 뒤로하고 반대편 봉우리로 넘어갔다.

곰파 건물 꼭대기를 밟기로 했다. 정확히 말하면 P선배가 가라고 했다. 그림을 위한 당연한 요구다. 불상이 있는 방 앞에 사람들이 줄을 지어 있었다. 그 방을 지나 보니 레 왕궁과 마찬가지로 옥탑 위에 옥탑이 있다. 제일 높은 곳에 가니 나무로 얼기설기 엮은 발코니 위에 기도깃발을 잔뜩 걸어놓았다. 스카이라운지 발코니다. H가 점점 뒤처졌다.

"형, 알잖아. 나 고소공포증 있는 거, 놀이기구도 못 타는데 여기 높잖아. 난 무섭다고."

"여긴 나무로 난간 다 만들어져 있잖아. 절벽에만 못 가는 거 아냐?"

"높은 데는 무조건 못 가지. 밑을 볼 수가 없어."

"그러면 아래를 안 보면 되겠네. 하늘만 보고 와. 하늘 멋있잖아."

옥탑 발코니는 혼자 가기로 했다. 나무 난간은 하늘 위에 붕 떠 있었다. 형형색색 기도깃발 사이로 보이는 그림은 하늘 반, 레 반이다. 나무 난간을 돌아 정면으로 가니 서양인 둘이 발을 내리고 앉아 절경을 즐기고 있었다. 그 옆에 걸터앉았다. 카메라를 보고 감흥을 말했다.

"기도하러 온 사람들은 최대한 하늘 가까이 가고 싶었을 겁니다. 곰파는 우리를 하늘 가까이 데려다주네요. 내일은 위로 더 높이 가보죠, 뭐."

나무 난간 아래 발을 내리고 흔들다 보니 높이가 느껴졌다. 2000년 〈도전지구탐험대〉에서 스카이다이빙 체험을 갔었다. 다이빙을 위해 타고 올라가는 헬기는 문이 없었다. 두꺼운 국방색 천을 발처럼 내려놓은 채 헬기는 하늘로 올랐다. 고도 1만 3천 피트에서 하강 명령이 내려지자 나는 국방색 천을 들어 올린 다음 다리를 헬기 밖으로 걸쳐 앉았다. 발밑 4천 킬로미터 아래로 지구 표면이 펼쳐져 있다. 앞뒤 상황을 점검하고 '체크'를 외친 다음 엉덩이를 들어 헬기를 떠나 지구 위로 몸을 던졌다. 55초 동안 시속 2백 킬로미터의 자유낙하에 이어, 고도 5천 피트에서 낙하산을 펼쳤다. 갑작스런 반동으로 나는 다시 하늘로 솟구쳤다. '아, 이제 살았구나.'

그때 나를 찍던 L피디가 뒤쪽 바닥을 가리킨다. 손과 팔목이 보였다. H가 기어오고 있다. 나름 고소공포증을 극복하고자 온갖 몸부림을 치며 낮은 포복으로 오고 있었다.

"뭐하는 거야?"

"고소공포증이라니까, 카메라 앞에서 최선을 다하는 중이라고. 아, 말시키지 마. 무서워."

이걸 오버라고 해야 하는지, 최선을 다한다고 해야 하는지, 의문과 의혹이 앞섰지만 어쨌든 그의 코미디에 P선배는 함박웃음으로 입을 귀에 걸었다. 방송분량 확보의 사명을 다하는 그가 얼마나 예쁠지. 극복이든 설정이든 철없는 행동은 5분 넘게 계속됐다. 위험한 나무 난간을 벗어나서 아래가 보이지 않자 바지를 털고 일어섰다. 얼굴이 창백한 걸로 봐서 전혀 안 무서운 건 아닌 것 같은데, 매사에 최선을 다하는 그는 언제나 수위조절이 필요하다.

레는 사면팔방이 산이다. 올망졸망 모인 건물은 대부분 단층이다. 레의 전경을 도화지에 옮기려면 황토색 크레파스 하나면 충분하다. 레의 빛깔은 흙빛이다. 곰파 정면에서 돌아서 반대편으로 눈을 돌리고 나는 눈을 의심했다. 다른 세상이 펼쳐졌다. 초록색 크레파스가 필요했다. 쭉 쭉 뻗은 침엽수가 도시 전체를 뒤덮고 있다. 마치 초등학교 교실 뒤편 게시판에 걸린 잘 그린 그림 두 편 같았다. 같은 도시를 흙빛으로 그린 아이와 초록빛으로 그린 아이. 그 두 아이는 다른 곳을 보고 있었다.

"텐진, 여기와 저기는 왜 이렇게 다르죠?"

"음, 한 마디로 말하면, 이쪽은 오아시스죠. 물이 있으니까."

아프리카 사막에나 쓰는 단어, 오아시스. 《어린 왕자》에서 강렬한 이미지로 새겨졌던 단어, 오아시스. 그 단어가 히말라야에서 라다크 사람의 입을 통해 나왔다. 물이 있으니까. 무색무취의 물이 도시의 빛깔을 바꿔놓는 마법은 당연하지만 깨닫지 못한 비밀이었다. 내 마음이 흙빛이 아닐까 싶었다. 세월호 사건 이후 나라는 우울했고, 사장 퇴진 운동 이후 회사도 우울했다. 고3 아들이 힘겨운 싸움을 하고 있는 집도 쾌청하지는 않았다. 흙빛 마음에 초록빛 나무를 그려 넣을 수 있는 크레파스는 내게 무엇일까? 나는 라다크에서 어린 왕자의 오아시스를 간절히 그리워하고 있었다. 그때 사막여우가 말을 걸어 왔다.

"다 보셨어요? 저기도 가셔야죠?"

"어딜 또 가요? 다 올라왔는데."

P선배가 오른손에 카메라를 들고 왼손으로 가리킨 곳은 곰파의 기도 깃발 줄이 길게 연결되어 있는 곰파 저편 봉우리였다. 라다크 사람들이 룽타라고 부르는 파랑, 초록, 빨강, 노랑, 하얀색의 만국기만 한 깃발에는 알지 못하는 문자가 한가득이다. 기도문 혹은 경전이 새겨진 기도깃발은 그들의 삶이다. 바람을 타고 기도와 염원이 세계로 퍼져 나가는 바람이 깃들어 있다. 룽타는 옆 봉우리까지 1백 미터 넘게 연결되어 있다. 도대체 어떻게 저기다 걸었을까?

눈으로 보는 것보다는 가까웠다. 눈이 감지하는 거리와 다리가 경험

하는 거리가 다르다는 것은 인지부조화가 일어나고 있다는 뜻이다. 숨을 헐떡였다. 멀어 보이던 곰파 옆 봉우리는 코앞보다 조금 멀었다. 룽타 줄이 손에 잡힐 즈음부터 그 줄을 잡고 올랐다. 바람이 끌고 가는 줄은 때로는 내 팔도 끌고 갔다. 봉우리 정상에 올라 두 손으로 룽타 줄을 잡아당겼다. 팔꿈치만큼씩 룽타가 감겨올 정도로 줄은 내게 왔다. 휘영청, 강한 바람이 불자 나는 룽타 몇 장을 풀어줘야 했다. 다시 잔잔해지자 나는 다시 룽타 대여섯 장을 감아 올렸다. 상쾌했다. 머리는 바람에 날리고, 두 팔은 룽타 줄을 당기며, 나는 그렇게 봉우리 정상에 서 있었다.

"지금 바람과 줄다리기를 하고 있어요. 잘하면 제가 이기겠는데요."

바람과의 줄다리기. 바람이 내게서 룽타 몇 장을 가져가자 나는 줄을 감아올린다. 초록색 룽타와 파란색 룽타는 내 것이 되었다가 곧 다시 바람 것이 됐다. 바람은 룽타의 간절한 기도를 하늘로 올려 보냈다. 바람은 내 마음도 룽타로 만들고 있었다.

수월할 줄 알았던 미끄러져 내려오는 흙길은 어지럼증을 유발했다. 앉았다 일어설 때도 어지럽고, 높은 곳에 있다가 내려올 때도 어지러웠다. 고은 시인의 말처럼 올라갈 때 보지 못했던 그 꽃을 보고 싶었지만 올라갈 때도 내려갈 때도 꽃은 없었다. 그저 기도깃발이 있을 뿐이다. 기도깃발은 곰파가 있는 흙산의 오색 꽃이 되어 바람에 꽃잎을 날려 보내고 있었다.

24

경찰서는 어느 도시든 비슷한 분위기를 자아낸다. 위압적인 철문과 자국어 밑에 적힌 'POLICE'라는 단어가 도시 경찰의 위엄을 드러내기에 충분했다. 갖고 온 위성전화는 경찰의 허가를 받아야 했다. 앙모 부장은 경찰서 출두를 요청했다. P선배와 텐진이 경찰서에 들어간 지 한참 만에 나타났다. 차에 올라탄 그들은 아무 말이 없었다. 표정으로 결과를 예측하고 더 이상 묻지 않았다. 한낮의 태양이 여전히 뜨거웠다.

25

'산티 스투파'는 일본인들이 세운 곰파다. 라다크 사람들이 산책 삼아 찾는 곳이다. 정상에서 보는 석양이 아름다워 저녁에 인기가 많단다. 사람은 많았고, 산티 스투파의 건물은 일본인이 세웠다는 이름표를 단 것처럼 깔끔하고 단아했다. 체다 곰파의 흙길과 달리 공원처럼 정갈하게 꾸며놓았다. 경사는 가팔랐지만 오르는 길은 등산로 계단처럼 잘 정비되어 있다. 정상에 올라서 보니 체다 곰파에서 보이던 돔 모양의 깔끔한 하얀 건물이 산티 스투파였다.

어두워진 하늘로 시간을 가늠했고, 누구 하나 배고프다는 사람이 없었다. 무엇을 먹고 싶으냐는 텐진의 질문에 어안이 벙벙했다. 주관식으로 답하기에는 출제자의 의도를 파악하기 힘들었다.

"오늘은 힘들었으니까 검증된 식당으로 가죠. 어제 저녁에 갔던 데 어때요? 맛있었는데."

침묵을 못 견디는 H가 의견을 냈고, 나머지는 침묵으로 동조했다. 텐진은 왜 갔던 곳을 또 가냐고 의아해했지만 오늘 점심보다 훨씬 맛있었다는 H의 설명에 수긍했다. 곧 히말라야 카페에 도착했다.

"남의 살 먹어본 지 오래됐는데, 아직도 고기 먹으면 안 되나요?"

Y사장이 안 하던 투정 섞인 고기 타령을 했다. 그냥 먹으면 되지 않겠냐는 P선배의 허가 아래 H는 고기 칸으로 눈을 돌렸다. 소와 돼지를 먹지 않는 곳에서 선택은 닭과 양뿐이다. 텐진과의 질의응답을 통해 어제 먹은 커리와 양고기 케밥, 양고기 볶음, 탄두리 치킨, 탕수 치킨 등을 주문했다. 모든 음식은 이내 곧 사라졌다. 인도 음식이 맛있기 때문인지, 먹성이 좋기 때문인지 매 끼니마다 절대로 음식 쓰레기는 만들지 않았다.

쇼팽의 야상곡
작품번호 9번이 흐른다

26

아잔 소리가 크게 들렸다. 몸은 천근만근이다. 피곤이 깊은 잠을 재워줄 줄 알았지만 아잔 소리의 내공이 더 강했다. 첫날 밤에 산소가 모자랄까 봐 문을 열고 잤는데도 코가 말라 지난밤에는 양동이에 물을 퍼서 침대 사이에 놓고 잤다. 어찌된 일일까? H는 침대에 기댄 채 바닥에 앉아 잠들어 있다. 슬픔에 지쳐 눈물의 기도를 펼치다 지쳐 잠든 마리아 같았다. 탁자 위에 둔 생수병을 찾으니 양동이에 빠져 있다. 생수병을 건져 한 모금 마시려다가 혹시나 싶어 참았다. H를 깨우려고 손을 뻗쳤다가 겨우 잠든 것 같아 놔뒀다. 편히 재우려다 단잠 깨우고 아잔 소리에 잠 못 든다는 얘기를 들을 수는 없었다. 개 소리도 여전했다.

분명 꿈을 꾸고 있었는데 내용을 모르겠다. 자면서도 궁금했다. 아침에 기억이 나지 않는 것과는 달랐다. 장면이 바뀐다. 흑백이 컬러로 바뀌는 느낌이었다. 다시 아잔 소리가 들려오고 난 또 깼다. H가 침대에 누워 제대로 자고 있다. 화장실을 다녀왔다. H의 밤은 어땠을까? 나의 밤은 내용 모를 꿈만 선명하다. 라다크는 나에게 꿈도, 잠도 허락하지 않았다.

긴긴 타향의 밤, 나는 나를 과거로 데려갔다. 과거의 나는 현재로 오길 원했다. 우리는 과거의 어느 지점에서 만나 대화를 시작했다. 어머니가 돌아가셨다. 귓가에 쇼팽의 야상곡 9번이 흘러들었다.

상담자 : 그러면 어머니가 돌아가시기 전 이틀 동안 생각을 많이 하셨겠네요.

내담자 : 뭔가 미안한 마음을 지울 수 없었어요. 엄마가 아픈데 친구들과 놀러 가려고 했다는 것 때문에요. 물론 이미 아픈 지 오래되었고, 놀러 다니기도 하고 그랬지만 그래도 결정적일 때 친구들과 시내에 배우 사진을 사러 가기로 했었던 것 같아요. 그게 어찌나 미안하던지.

상담자 : 그랬겠네요. 누구나 엄마에 대해 후회하는 일은 있으니까요.

내담자 : 나중에 이모한테 들은 이야기인데 돌아가시기 열흘 전에 제가 감기에 걸렸었거든요. 그래서 엄마가 옮을까 봐 엄마 방에 안 들어갔었는데, 재원이가 요즘 엄마 방에 안 들어온다고, 섭섭하다고 이모한테 말씀하셨대요. 진즉 감기 걸려서 그런다고 말을 했어야 했는데. 아들들이 다 그렇다고 하지만 아무리 그래도…….

상담자 : 아직도 기억하시는 걸 보면 많이 미안하셨나 봐요.

내담자 : 근데 막상 돌아가시고 나니까…… 더 그렇죠. 아버지가 우시는 것도 처음 봤고. 그 이후로 이틀 동안 엄마 방과 제 방을 왔다 갔다 하면서 별의별 생각을 다 했죠. 그래도 끝까지 돌아가실 거란 생각을 안 한 것 같아요.

상담자 : 그럼 돌아가시던 순간이 기억나세요?

내담자 : 돌아가시기 한 시간 전쯤 목사님이랑 교회 사람들이 와 계셨는데 와서 보고 있으라고 아버지가 그러셨는데 별 변화가 없으니까 방에 가 있으라고 하시더군요. 저도. 아무 생각 없이 방에 있다가 아마 잠이 들었나 봐요. 침대에 누워 있는데 이모가 부르러 와서 방으로 갔는

데. 그때 막 돌아가셨어요.

상담자 : 아…… 이런…… 그랬군요.

내담자 : 노란 어머니 얼굴이 기억나고, 눈을 편히 못 감으셨던 것 같아요. 아버지는 울고 계셨고, 목사님이 저보고 어머니 눈을 감겨드리라고 해서 눈을 감겨드린 기억이 나고. 그리고 조금 있다가 제가 울었던 기억이 나요. 그리고 이모가 방으로 가 있으라고 했죠.

상담자 : 오래됐는데도 선명하게 기억하시네요.

내담자 : 그때도 제가 직전에 잠들었던 것이 미안했어요. 난 왜 이럴까 했던 자책감이 있었어요.

상담자 : 그랬군요. 어린 나이에도 얼마나 미안했을까 싶네요. 그래도 임종을 함께하셔서 다행이에요.

내담자 : 그렇게 생각하면 그렇죠. 그런데 제가 그 죽음을 받아들이지 못했던 것 같아요. 그 즈음에 해외토픽에 18시간 만에 살아난 사람 이야기가 나왔었거든요. 꼭 엄마도 그러실 것 같아서 돌아가신 지 18시간 될 때에 관 주변을 유심히 관찰했어요. 솔직히 그때까지 담임선생님께도 어머니가 돌아가셨다고 알리지 않았거든요.

상담자 : 인정을 안 하셨던 모양이군요.

내담자 : 꼭 그런 건 아니지만. 글쎄요. 그럴 수도 있겠군요. 결국 교회 친구들이 학교에 알리고 담임선생님도 찾아오셨었죠. 그때는 집에서 돌아가신 터라 집에서 문상객을 받았어요. 저는 계속 관만 뚫어져라 쳐다보고 있었죠. 아파트 8층이었는데 관을 내리는 것이 여의치 않아서 곤돌라에 관을 매달아서 내렸어요. 아파트 아래서 흔들리며 내려오는 관을 바라보는데 기분이 묘하더군요.

상담자 : 마음이 아팠겠네요. 어쩔 수 없는 상황이었겠지만 그래도 보고 싶지 않은 그런 모습이군요. 장례식 기억이 내내 선명하신가 봐요.

내담자 : 그러네요. 누군가에게 한 번도 말한 적은 없는 것 같은데. 장

례식 다 끝나고 하관도 다 하고 추운 산에서 무국 먹은 것까지는 기억이 나는데요. 그러곤 기억의 다음 장면은 집에 누워 있고 아버지가 제 다리를 주무르고 있는 장면이에요. 아마 돌아오는 차 안에서 잠들어 20시간을 꼬박 잤나 봐요. 잠결에 다리가 아프다고 했을 터이고 그런 제가 안쓰러우셨던 아버지가 다리를 주무르셨던 거겠죠.

상담자 : 아버지 마음은 오죽하셨을까 싶군요. 그때 어머니의 빈자리를 느꼈겠군요.

내담자 : 꼭 그렇지는 않아요. 그냥 옆방에 어머니가 계신 것 같았어요. 그 후로 사람들에게 어머니가 돌아가셨다는 이야기는 잘 안 했거든요. 이미 알고 있는 사람들과는 얘기했지만요. 제 입으로 그런 얘기를 하는 데는 꽤 시간이 걸렸죠. 교회는 워낙 다 알고 있었고. 친구나 새로 가는 학교에서 굳이 어머니가 안 계신 걸 말 안 했어요.

상담자 : 쉽게 받아들이지 못하셨던 모양이군요. 이해는 합니다.

두 다리의 힘으로
바퀴를 돌리는 탈 것

27

P선배와 앙모 부장이 심각하다. 위성전화는 사용하기 힘든 모양이다. 무전기도 마찬가지다. 우리는 서로 어떻게 연락을 할까? P선배가 어제부터 발전기를 보고 싶다고 주장했지만 아직 이루어지지 않았다. 열흘간의 산행에서 카메라 배터리 충전은 절체절명의 과업이다. 발전기에 문제가 생길 경우, 산행은 의미가 없다. 앙모 부장의 표정은 P선배가 유난을 떤다는 느낌을 충분히 나타내고 있었다.

28

텐진이 소개한 가게인지, 앙모 부장이 추천한 가게인지 텐진의 표정만으로는 판단이 어려웠다. 하루 이틀 살펴보니 그 둘은 그다지 좋은 관계가 아니었다. 필요에 따라 협력하는 비즈니스 관계다. 자전거 대여점에서 내준 자전거는 생각보다 낡았다. 주민센터에서 빌려주는 새 자전거만 타던 나에게는 꽤 낡아 보였다. 히말라야 산자락에서 타다 보면 빨리 낡을 수도 있겠다 싶었다. 대뜸 자전거 연식부터 물었더니 1년 6개월

됐단다. 16년 탄 자전거로 보였다. 페달을 돌리고, 앞뒤 브레이크를 확인하고, 페달을 돌리며 기어 변속을 확인했다. 기어 변속기는 그냥 바꾸면 안 된다. 페달을 돌릴 때만 바꿔야 한다는 사실을 잘난 척하며 H에게 알려주었다. 큰 이상은 없었다. H는 달랐다.

"색깔이 이거밖에 없나?"

"마음에 안 들어? 색깔이 뭐 중요해? 다른 건 문제 없고?"

"내가 뭐 아나? 나쁜 걸 주지는 않았겠지. 그러니까 색깔이 중요하지."

"그래도 몸에 맞아야지. 일단 타보겠다고 하자."

사장은 흔쾌히 수락했다. 숙소 근처 넓은 공터에서 제법 타는 시늉을 했다. 카메라에는 신중하게 잡혀야 하니까. 브레이크 좋고, 기어 변속 좋고, 승차감도 좋았다. 안장에 쿠션 덮개가 있어서 엉덩이의 부담이 훨씬 덜했다. 아침 나절의 고민이 떠올랐다. F사에서 협찬한 의상에 자전거 바지가 있었다. 기저귀만 한 방석을 바지에 덧댄 옷이다. 딱 달라붙어서 입고 나면 쇼트트랙 선수가 되는 게 문제였다. 내게 탁월한 재능이 있다고 해도 발레리노도 쇼트트랙 선수도 바지가 싫어서 안 할 나였기에 그 위에 반바지를 입어봤다. 맵시도 안 나고, 무지 덥고 답답했다. 한강시민공원에서 30분만 타면 엉덩이가 배기던 것을 생각하면 입어야 한다. 이럴까 저럴까 고민이었다. 이 정도 쿠션이면 일단 첫날은 버티기로 했다.

자전거는 은색이다. 정확히 말하면 회색, 더 정확히 말하면 쇠 색깔 그대로다. 딱히 모양 날 것도 없고, 옷 색깔 맞춰서 맵시도 낼 수 없는 그냥 자전거다. H의 마음에 들 이유가 없다. 자전거 대여점에 색깔 이야기를 해봤지만 예상을 빗나가지 않았다. 그들의 자전거는 결코 베네통 컬러가 아니었다. 색깔 타령을 하며 돌아오는 길, H의 관심이 노점에 있는 미모의 인도 여인에게 넘어갔다. 문신을 새기는 여인이었다.

"형, 나 이거 하면 안 될까?"

"문신을 한다고? 미치신 거 아닌가요?"

"이거 문신 아냐, 헤나야. 지워진다고."

"그래도 PD 허락을 받으셔야죠. 출연자의 몸인데. 우린 일하는 중이거든요."

텐진과의 대화로 타투가 아닌 헤나였고, 보름 정도 지속된다는 정보를 얻었다. 가격은 450루피, 우리 돈 7,500원쯤이다. 당장 할 태세인 H를 일단 말렸다.

"너는 자전거 옷을 민소매로 만들었으니 팔뚝 문신은 시청자에게 거부감을 줄 수도 있어. P선배에게 허락을 맡아야 한다니까."

하여튼 H는 나와 달라도 너무 다르다.

이방인이여,
떠나지 말아요

29

텐진의 집은 꽤 괜찮았다. 게스트 하우스에 딸린 집을 빌려 여름 넉달만 레에 머문단다. 델리 근처 작은 도시에 살지만 여름에는 레에 일이 많고 가이드 수입이 괜찮기 때문이다. 집세는 1년 치를 낸단다. 레는 6월부터 9월까지만 활기 넘친다. 다른 계절은 너무 추워서 생활 자체가 어려워 관광객의 발길이 뚝 끊긴다. 긴 건물에 문이 세 개다. 침실, 부엌, 기도실이 나란히 붙어 있다. 목적 구분은 되어 있지만 세 방이 모두 식구들이 자는 방이다.

텐진의 집을 방문한 것은 어제 P선배가 인도 요리를 가르쳐줄 사람을 소개해달라고 했기 때문이다. 텐진은 동생의 아내를 추천했다. 자신의 아내는 기념품 가게에서 일하기 때문에 바쁘고, 동생의 아내가 자기 집에서 요리를 가르쳐줄 수 있단다. 거리에서 우연히 만난 텐진의 동생은 꽤 잘생겼었다. 터울도 많아 보였다.

"텐진, 동생은 너와 많이 다르다. 잘생겼어."

"어, 엄마가 두 번 결혼했거든."

H의 짓궂은 말에 텐진은 쿨하게 받아쳤다. H는 미안해서 어쩔 줄 몰

라했다. 텐진에게 그 질문은 결코 미안한 것이 아니었다. 젊은 라다크 여인이 환한 웃음으로 이방의 다섯 남자를 맞이했다. 아주버님이 어려울 법도 한데 허물없이 지내는 걸 보니 가족 간에 사이가 좋든지, 성격이 좋든지 둘 중 하나다. 약간 수줍어하면서도 우리의 필요를 정확히 알고 있었다.

부엌에서 인도 커리 만드는 법을 알려주었다. 오늘의 요리 프로그램을 찍는 것처럼 진행놀이를 하며 요리를 배웠다. 기름을 두르고 양파를 볶고, 마늘과 생강을 넣고, 토마토를 넣고, 그들이 즐겨 먹는 곡식의 일종인 달을 넣었다. 달은 콩과 조의 중간 크기로 노란 빛깔이다. 달을 두 공기쯤 넣은 후 물을 많이 붓고 압력밥솥에 익혔다. 물을 너무 많이 붓는다 싶었다.

압력밥솥에 커리를 익히며 기다리는 동안 인터뷰는 계속됐다. 이름은 시링이었다. 시링은 의사소통이 어렵지 않을 정도로 영어가 가능했고, 꽤 친절했다. 잘 웃었다. 피디가 좋아할 캐릭터였다. 결혼한 지 한 달이 채 안 된 새댁이었다. 델리에서 시집온 도시 처녀였다. 모든 인터뷰가 그렇듯이 할 말이 없어지면 노래를 시키는 것이 한국인의 신명이다. H 역시 노래를 시켰다. 그녀는 예의상 한 번 사양하더니 반복되는 요청에 환한 미소를 지으며 입을 열었다.

"팔리시 팔리시 자나라이, 무체 초르키 무체 초르키."

"팔리시 팔리시 자라나이, 무체 초르키 무체 초르키."

곡조는 단조로웠고, 가사는 귀에 쏙 들어왔다. 노래 솜씨는 뒤로 하고, 남의 나라 카메라 앞에서 노래를 부른 그녀의 용기만으로도 높이 평가 받을 만했다. H는 큰 소리로 따라하며 움직임 큰 율동까지 곁들여 좁은 라다크 부엌을 뮤직뱅크 무대로 만들었다.

"시링, 이 가사가 무슨 뜻인가요?"

"이방인이여, 이방인이여, 떠나지 말아요. 오래 머물러요. 오래 머물러요."

노랫말마저 방송용으로 제격이다. 이방인인 우리더러 떠나지 말고 오래 머물라니. 이 상황에 더 맞는 노래는 세계 어디에도 없을 터였다. 혹시 시링이 델리에서 인도 방송국 작가가 아니었을까? 그때 압력밥솥이 피시식 소리를 내며 우리의 흥겨운 잔치에 끼어들었다. 아까 물을 너무 많이 넣었다는 생각이 떠올랐다. 분명 국물 커리가 되어 있으리라. 김을 충분히 빼준 후 밥솥 뚜껑을 열었다. 예상은 빗나갔다. 국물은 자작하니 알맞았다. 맛을 보니 우리가 거쳐 간 라다크 식당들은 다 문을 닫아야 할 정도로 입맛에 딱 맞았다.

점심 메뉴는 시링의 커리 요리였다. 시링은 우리를 위해 달 커리에 이어 채소 커리를 한 번 더 해주었다. 순서도 자상하게 일러주고 수첩에 적을 때까지 기다려주며 오늘의 요리 라다크 편 녹화를 마쳤다. 그녀는 배려의 아이콘이었다. 텐진이 음식을 손으로 먹었다. 방송을 위한 배려일까? 집에서는 손으로 먹는단다. 옆에서 시링이 묘한 웃음을 지으며 머뭇거리고 있었다.

"시링도 손으로 먹어요?"

"아뇨, 저는 숟가락으로 먹어요."

역시 방송을 아는 여자다. 화기애애한 식사가 이어졌다. 라다크에서도 확실히 집 밥이 맛있었다. 한 달 된 새댁 솜씨지만 라다크 유명식당보다 훨씬 맛있었다. 밥을 먹고 P선배는 집 안 구경을 하자고 했다. 요리 가르쳐준 것도 고마운데 남의 나라 방송에 집까지 공개하라니 가이드에게 지나친 요구다 싶어 쭈뼛거렸다. 텐진은 '와이 낫?'을 연신 외치며 우리 두 사람을 불러댔다. 이런 착한 중년 같으니라고.

부엌에서 밥을 했고, 침실에서 신문지 깔고 밥을 먹었으니 대충 다 둘러본 셈이다. 그는 기도실로 우리를 데리고 들어가 그의 신에게 예를 갖췄다. 일본 집에 사당이 있는 것처럼 이 집에도 작은 제단이 있었다. 텐진은 제단 앞에 머리를 숙여 결코 짧지 않은 기도를 올렸다.

"매일 이렇게 기도를 올리나요?"

"그럼요. 매일 아침 이곳에 와서 신과 함께 시간을 보내죠."

그는 주섬주섬 뭔가를 꺼냈다. 헝겊으로 둘러싸인 책 뭉치였다. 경전과 작은 공책이 들어 있다. 매일 어떻게 하는지 보여 달라고 하자 경전을 펼쳐 경건한 목소리로 읽어 나갔다. 매일 경전을 읽고 옮겨 적나 보다. 기독교에서 말하는 QT(Quiet Time), 경건의 시간을 갖는구나. 매일 함께한다는 신과의 교제는 무척 친밀해 보였다. 신심이 그의 평안한 표정을 만들었나 보다. 이제 됐다고 말할 수 없을 정도로 경건의 시간은 퍽 진지하게 계속됐다.

집 공개는 동서고금을 막론하고 쉽지 않다. 프로의식을 유감없이 발휘한 텐진에게 고마움을 앞세우고 앞으로 촬영일정에서 서운하게 하는 일이 있어도 용서해주리라 마음먹었다. 갈 때가 됐는데도 H가 안 보이자 또 무슨 꿍꿍이를 펼치나 싶어 들어가 봤더니 시링과 연신 손을 잡으며 작별인사를 한다. 손에는 꼬깃꼬깃 접힌 인도 지폐가 쥐여져 있었다.

'짜식, 저래서 철없다고 할 수가 없다니까.'

2천 루피가
도대체 얼마야?

30

"두 분께 각각 1천 루피씩 드릴게요. 장을 봐서 열흘간 음식을 직접 해 드시면 됩니다."

"1천 루피가 도대체 얼만가요?"

"60루피가 1달러니까, 한 1만 7천 원쯤 됩니다."

"아니 그걸로 어떻게 열흘을 살아요?"

P선배가 어느 때보다 당당하게 카메라 앞에서 눈을 껌뻑이며 우리에게 1천 루피씩 주고는 번잡한 시장 골목에 내려놓았다. 우리는 텐진을 앞세워 배 채울 궁리를 했다. 식단부터 짰다. 나는 식빵과 잼, 커리를 위한 채소, 라면 등 간편식을 주장했다. H는 애써 만든 근육을 지켜야 한다며 계란과 오트밀, 과일을 주장했다.

텐진이 데려간 슈퍼마켓은 우리 동네 마트에 버금갈 만큼 훌륭했다. 워낙 장보기에 취미가 없는 터라 그냥 후루룩 주워 담았다. 텐진은 뭐가 어디 있는지 정확히 알고 있었다. 평소에 장을 직접 보는 모양이다. 우리는 돈 개념 없이 기호에 따라 주워 담았다. 계산대 앞에 섰다. 우리 꿈은 좌절됐다. 시장조사 없이 무턱대고 2천 루피만 준 P선배의 무모함에 무릎을 끓는 순간이었다. 대충 담은 물건들은 2천 부피를 훌쩍 넘겼다. 채소도 사야 하는데, 여기서 1천 루피를 넘기면 큰 차질이 생긴다. 눈물을 머금고 깡통류를 빼고 견과류와 과자도 다 뺐다. H의 지청구에 바구니에 넣지도 못하고 왼손에 든 채 뒤춤에 감추고 다닌 햄 깡통은 미련 없이 포기했다. 결국 1,230루피에 간신히 맞췄다.

채소가게 가는 길에 애처로운 눈빛으로 나를 바라보는 노점상 할머니가 눈에 포착됐다. 직접 재배한 것으로 보이는 콩을 내놓고 있었다.

"우리 콩 살까?"

"뭐? 어떤 거?"

"저거."

"아휴, 까지도 않은 콩을 사서 뭐해. 언제 까서 해 먹어. 자전거 타고 힘들어 죽겠는데."

그렇다 싶어 포기하고 돌아서 열 걸음쯤 갔을까? 할머니 눈빛이 뇌리에서 떠나지 않았다.

"그냥 사자. 저 할머니 히말라야에서 내내 꿈에 나올 것 같아."

"그래 그럼. 콩은 형이 까는 거다."

큰 비닐봉지 하나에 60루피, 1천 원이었다. 나는 내가 콩을 좋아한다고 내내 되새겼다. 금요일 점심, 구내식당에서 짜장면을 먹을 때마다 완두콩을 듬뿍 넣어달라고 외치는 내 모습을 스스로 여러 번 확인했다. 나는 짜장면을 소스와 면을 섞지 않고 따로 먹는다. 좋아하는 국수의 식감을 충분히 느끼기 위해서다. 국수 한 입 먹고 소스를 반찬 삼아 한 입씩 먹는다. 완두콩을 먹으며 국수의 식감을 높인다. 나는 콩을 산 내 결정을 합리화시키고 있었다.

나는 안 깐 콩을 산 죄인이므로 채소가게 구매결정은 H에게 맡겼다. 계란 한 판과 토마토, 감자, 양파를 1킬로그램씩 샀다. 그렇게 많이 어디에 쓰나 싶었지만 꾹 참고 오이만 좀 사달라고 했다. 목마를 때 먹으면 좋다니까. H는 흔쾌히 수락했다. 대신에 그는 망고와 사과를 원 없이 듬뿍 샀다. 결국 품목별로 치밀하게 계산을 맞춘 끝에 우리는 180루피를 남겼다. 그 돈으로 P선배가 지도와 룽타를 사라고 했다. 그걸 왜 우리 밥값으로 사냐고 묻고 싶었지만 참았다. P선배는 눈만 껌뻑이며 특별히 설득력 있는 답변을 안 할 거라고 생각했기 때문이다.

친구에게 보낸 엽서는
과거로 간다

31

분명 P선배에게 무슨 일이 있다. 롭상 사장, 앙모 부장과 여행사 좁은
방에서 험한 표정으로 긴 회의를 한다. P선배는 마법 영어를 구사한다.
단어 나열만으로 스스럼없이 의사를 표현했고, 그들은 어려움 없이 이
해했다. 일정조율에 큰 차질이 있나 보다.

지도를 샀다. 지도가 무모한 우리 여정을 말하고 있다. 차를 타고 가
도 힘들 판에 자전거를 타겠다고 이곳에 온 우리가 철없어 보였다. 잠깐
동안 내가 마흔여덟이고, H가 마흔여섯임을 새삼 확인했다. P선배는 자
전거 트래킹에 대해 우리에게 아무 말도 하지 않았다. 어쩌면 P선배에
게도 구체적인 계획이 없을지도 모른다. 눈을 껌뻑이며 그냥 리얼 체험
으로 우리에게 세상을 품게 하자는 야심차고 위험한 그의 생각 탓인지
지도가 꽤 크게 보였다. 이 지도에는 우리가 못 보는 위험한 여정이 밑
그림으로 깔려 있을 것이다. 기도가 절로 나온다.

P선배는 기도깃발을 사기 원했다. 자전거를 타고 세계에서 두 번째로
높은 도로가 있는 5,360미터 고지의 타그랑 라에 오르면 기도깃발이 방
송분량을 채워줄 것으로 생각하나 보다. 여기서 말하는 룽타는 A5 용지

만 한 헝겊에 불교경전이 빼곡히 적힌 빨, 파, 초, 노, 백색의 오방색 깃발이다. 《히말라야 환상방황》에서 정유정 작가는 오방색 기도깃발은 타르초라 하고 룽타는 하나씩 세워 다는 큰 깃발이라고 했는데, 아마 라다크에서는 모두 룽타라고 하나 보다. 룽타는 바람의 말로 경전과 기도가 바람을 타고 세상을 퍼져 나가는 의미다.

평화시장처럼 생긴 골목으로 들어가니 비슷한 가게가 즐비했다. 텐진이 안내한 가게에는 백발노인이 있었다. 룽타는 긴 줄 한 묶음에 1백 루피, 1,700원이었다. 10미터쯤 된다. H는 뭔가 직접 쓰고 싶다면서 아무것도 없는 룽타를 원했다. 백발노인은 백지 룽타는 없고, 정유정 작가가 말하는 히말라야 룽타, 즉 하나씩 세워 달 법한 긴 흰 천을 주었다. 이거라도 좋다며 H는 20루피를 더 냈다. 텐진은 백발노인이 영험한 사람이라 우리가 히말라야에 갈 것을 알고 있으며, 그가 축복해주면 효과가 있단다. H는 얼른 백발노인에게 합장하고 영험하다는 기도를 받았다. 카메라만 돌아가면 뭐든 할 수 있는 H가 대단해 보였다.

꽤 시간을 보내고 여행사에 돌아왔지만 삼자회동은 끝날 기미가 없었다. 우리의 귀환을 안 P선배가 고개를 내밀며 우체국에 다녀오란다. 엽서를 사서 서로에게 편지를 써 한국으로 보내란다. 한국에서 그 엽서를 받고 인터뷰를 하겠단다. 좋긴 한데 남우세스러웠다. 그래도 어쩌랴. 저분은 피디시고, 나는 출연자, 더욱이 저분은 하늘 같은 선배시니. 저 머리에 히말라야 산행 계획이 없을 것 같다던 나의 추정은 틀릴 확률이 높아졌다. 텐진은 우체국 문 닫을 시간이 다 됐다며 빨리 서둘렀다.

우체국은 정겨웠다. 중년 아주머니 혼자 앉아 있었다. 텐진이 한참을 얘기하더니 늦었단다. 5분도 안 남았는데 언제 엽서를 사서 편지를 써 붙이냐는 것이다. 우체국에는 엽서 따위는 없었다. 속으로 쾌재를 부르며 우체국을 벗어나는데, L피디가 소리친다.

"우표만 사죠. 아까 지도 산 데서 엽서 팔 텐데. 우체통에 우표 붙여서

넣으면 되잖아요."

L피디가 퉁퉁 부은 얼굴로 저런 스마트한 생각을 한 걸 보면 고산증세가 심하지는 않은 모양이다. 텐진은 눈치 빠르게 얼른 우표를 사러 들어갔다. 나는 제발 서점에 엽서가 없기를 바랐다. 곧 텐진이 우리를 따라잡아 우표 두 장을 건넸다. 우표에는 마더 테레사로 추정되는 할머니 그림과 20이라는 숫자가 있다. 3백 원이다. 이 돈으로 대한민국까지 보내준단 말이지. 우리는 국내 규격봉투가 3백 원인데. 우표 값도 물가를 반영하든지, 우체국 직원 여성이 혼동했든지, 텐진이 자세히 상황을 설명 안 했든지, 셋 중에 하나다. 나는 속내를 드러내며 지금 우리가 쓴 엽서를 한국에서 받을 가능성 수치를 계속 낮추고 있다.

서점에 엽서가 있었다. 다양한 사진으로 라다크를 홍보했다. 각자 받고 싶은 엽서를 골랐다. H는 우리가 가게 될 초모리리 호수를, 나는 '집으로 돌아가는 소년'이라는 제목의 사막 산을 뛰는 소년의 그림자가 잡힌 사진엽서를 선택했다. 각자 자기 주소를 받고 싶은 엽서에 적고 상대방에게 줬다. 나는 구석에 가서 그에게 엽서를 썼다.

1995년 1월 27일. H와 처음 만났다. KBS 21기 공채 신입사원 예비 소집일이다. 일정이 끝나고 여자 동기 한 명, 남자 동기 네 명이 쑥스러운 인사를 나누고 커피숍에서 잠깐 이야기를 나눴다. 반갑다느니, 잘해 보자느니 하는 상투적인 인사 외에 딱히 기억에 남는 이야기 없이 헤어졌다. 2월 1일 입사식을 마치고 합숙 연수에 들어갔다. 나는 그 당시 누군가를 새롭게 사귀거나 합격의 기쁨에 도취될 상황이 아니었다. 유학 중에 홀로 계시던 아버지가 중풍으로 쓰러졌고, 외아들인 나는 급히 귀국해 병원에서 먹고 자며 간병한 지 넉 달 만에 KBS 합격증을 받고 연수원에 입소한 것이었다. 합격의 기쁨도 잠시, 여전히 말 못 하고 거동 못 하는 아버지를 간병해줄 사람이 없었다. 전문 간병인은 마다하시는 아버지를 신혼이었던 아내와 코소보로 선교사 나갈 준비를 하던 친구에게 맡기고 들어온 터였다.

홀로 강의실과 식당을 오가던 연수원 생활 셋째 날 저녁, 쉬는데 누가 갑자기 팬티 바람으로 방에 들어왔다. H였다. 허리에 파스를 부쳐달란다. 참 생경하기도 하지. 그래 부쳐주마. 그게 뭐가 어렵겠니. 그는 허리를 들이대며 앞으로 잘 부탁한다고 했다. 평생 같은 회사를 다니려면 친하게 지내야 한단다. 보름간의 연수기간 동안 그는 밥을 같이 먹으며 속내를 드러냈다. 석 달간 아나운서실에서 연수를 받고 우리는 지역으로 뿔뿔이 흩어졌다. 나는 춘천, 그는 제주로 갔다.

그와 나는 언제부턴가 친해졌다. 중학교 동창도 3년, 고등학교 동창도 3년, 대학 동창도 고작 4년을 함께 보낸다. 설령 초중고 12년 동창이 있다 해도 그와 늘 같은 반이 되는 것은 아니다. 직장 동기는 다르다. 마음만 맞으면 평생 같이 간다. 더욱이 직종 특성상 부서 이동 없이 아나운서실이라는 부서에 평생 같이 있으니 오죽할까? 그는 마치 원래 친한 친구가 같은 회사에 들어와 지내는 것처럼 가까이 지냈다. 휴직하고 캐나다에 3년 동안 가 있을 때도 그는 뻔질나게 전화와 이메일을 통해 회사 사정을 들려주었다. 심지어 가난한 유학생을 위해 용돈도 보내줬다. 그랬던 그가 캐나다에서 돌아와 보니 낯설었다. 왜 그런지 모르게 나를 피했다. 나는 이유를 모른 채 기다렸고, 그는 6개월이 지나 돌아왔다. 이유는 묻지 않았다. 뭔가 섭섭한 게 있거니 생각했다.

다시 5년을 친한 친구로 지냈다. 그랬던 그와 20년 만에 여행을 온 것이다. 물론 출장이다. 일처럼 여행처럼 보내는 이 시간에 그에게 엽서를 보낸다. 캐나다에 있을 때도 써보지 못한 엽서를 간단히 몇 자 적으려 했는데 쓰다 보니 펜이 미끄러진다. 꽉 채웠다. 그저 미안함과 고마움을 함께 적었다. 그는 금세 몇 줄을 적고 와서 내 앞에서 카메라에 이야기했다. 안 쓴다더니 왜 이렇게 많이 쓰냐는 둥, 글씨를 잘 쓴다는 둥 말도 참 많다. 얼마 만에 우표에 침을 바르는지, 3백 원짜리 인도 우표를 엽서에 붙이고 우체통에 넣었다. 한국에서 그가 이 엽서를 받을 가능성을 30퍼센트로 점쳤다.

32

우리가 먼저 숙소로 돌아가기로 했다. 텐진과 H가 저만치 앞서간다. 이 길은 숙소 가는 길이 아닌데 싶었지만 길눈에 밝지 못한 나를 탓하고 상황에 맡겼다. 아니다 다를까. H와 텐진이 노점상 앞에 멈췄다. 아침에 만났던 헤나 새기는 인도 여인이다. H는 기어코 문신을 할 모양이다. 텐진의 집에서 점심을 먹으며 H는 P선배에게 의사를 밝혔고, P선배는 환영도 반대도 하지 않았다. 반승낙으로 알아들은 H는 일을 저지를 참이었다. 심의 지적 우려에 보름 후에 지워진다는데, 뭐가 문제냐는 그의 자신감 넘치는 발언은 텐진을 부추겼다. 말을 맞춘 듯 텐진은 H가 하려는 헤나 문양은 히말라야 산행을 보호하는 부적 역할을 해줄 거란다. 왜 아니겠습니까요? 두 사람이 나눈 대화가 예상됐다.

헤나 작업은 순조로웠다. 지름 5센티미터의 도장을 찍고 색을 입히는 작업이다. 동양인이 헤나를 받는 모습이 생경했는지 구경꾼이 몰려들었다. 나는 멀찍이 떨어져 있었다. L피디와 Y사장은 연신 카메라를 밀었다 당겼다 반복했다. 지나가던 티베트 불교 승려도 큰 카메라 셔터를 눌러댔고, L피디는 고맙다는 듯 그 스님을 찍어댔다. 5분이면 끝난다는 작업은 20분을 넘겼고, 5센티미터 지름은 활활 타오르는 태양으로 변신하여 팔뚝 전체를 뒤덮었다. 족히 20센티미터는 됐다. 팔뚝만 맡기고 카메라와 놀던 H는 전혀 눈치조차 못 채고 있었다.

"엄청, 커."

"뭐? 어, 이거 뭐야?"

걱정 많은 H는 시름이 한 아름이 됐다. P선배한테 혼날 거라는 둥,

심의에 걸리겠다는 둥, 안 지워지면 어쩌느냐는 둥, 이 여인은 왜 멈출 줄 모르느냐는 둥 불편한 속내를 드러냈다. 텐진은 웃느라 어쩔 줄 모른다. 헤나의 대작업은 마무리되고, H의 왼 팔뚝에는 파라오의 태양이 활활 타오르고 있었다. 그 태양이 우리의 히말라야 산행을 지켜준다는 데 뭐. 더 이상 무슨 말이 필요할까? 우리는 그때까지도 태양의 수명이 보름인 줄 알았다.

레의 시계는
천천히 걸어간다

33

모처럼 얻은 짧은 휴식. 헤나를 확인하며 거울을 들여다보는 H를 남겨두고 책을 챙겨 옥상으로 올라갔다. 빨간 생각의자가 덩그러니 설산 쪽에 놓여 있다. 매일 새벽녘에 빨간 생각의자에 앉아 우두커니 라다크 하늘을 바라보곤 했다. 하늘 빛깔이며, 떠다니는 구름이며, 멀리 보이는 설산까지도 한 번도 똑같은 적이 없었다. 늘 조금이라도 달랐다. 올라올 때마다 다른 곳에 오는 것 같았다.

내일 출발이다. 분명 내가 원하는 대로 되는 것은 하나도 없을 것이다. 힘들고 지치고 짜증 날 것이다. 분명 그만두고 싶고, 집에 가고 싶고, 포기하고 싶을 것이다. 그래도 견뎌야 한다. 고산증이 와도, 다쳐도 견딘다. 제작진이 원하는 것처럼 20년 친구 H와 싸워도, P선배와 갈등이 생겨도 견딘다. 혼자 하는 여행은 성찰을 위한 것이지만, 함께 하는 여행은 성찰을 갈등에 양보해야 한다. 발걸음의 주인은 여행자가 아니다. 여행자가 밟고 있는 땅과 그 땅을 덮고 있는 하늘이다. 나는 그 땅과 하늘에 나를 맡겼다.

엷은 노랫소리가 들려왔다. 익숙한 음색이다. 어렴풋이 곡조가 읽혔다. H의 음성이다. "지금 이 순간, 마법처럼 날 묶어왔던 사슬을 벗어던지고." 노래 연습하는구나. P선배는 H가 어디선가 노래를 불러주기 원했다. 떠나기 전 나는 P작가에게 H의 남은 꿈이 뮤지컬 배우라고 했고, P작가가 P선배에게 귀띔한 모양이다. 안 부른다면서도 혼자 연습하고 있었던 모양이다. 맞다. 지금 이 순간, 마법처럼 날 묶어왔던 사슬을 벗어 던지고 나는 내일 히말라야에서 자전거를 탄다.

34

꽤 시간이 지났는데도 연락이 없어 로비로 내려가 보니 앙모 부장이 기다리고 있었다. 새로운 자전거 대여점을 가잔다. 아까 빌린 것이 좋다고 하니 더 좋은 것이 있단다. 한사코 마다해도 가서 보기만 하란다. 가깝단다. 첫날 우리를 공항에서 데려온 곤촉 차를 타고 5분쯤 갔을까? 크지 않은 대여점 앞에 선 라다크 남자 옆으로 두 대의 자전거가 있었다.

"새 것 같네요. 얼마나 된 건가요?"

"새 거예요. 한 번 타고 지금 반납 받은 겁니다."

H는 색깔을 마음에 들어했다. 조금 큰 자전거는 연두색, H가 탈 법한 작은 자전거는 파란색. 색깔 논쟁에서 벗어날 수 있는 딱 좋은 색상이다. 사정을 들어보니 애당초 앙모 부장이 추천한 대여점은 이곳이란다. 자전거는 마음에 든다고 앙모 부장에게 전했다. 마음 착한 H는 먼저 빌리기로 약속한 대여점 사장에게 미안해서 자기는 먼저 자전거를 타고 싶다고 했다. 색깔 타령할 때는 언제고 이제 와서 사장님을 배려하고 난리야. 앙모 부장은 그 문제는 자신의 비즈니스이니 염려 말라며 좋은 자전거를 타라고 했다. 안전이 중요하단다. 앙모 부장이 갑자기 왜 이렇게 친절할까 싶었다. 일단 방송용으로 촬영한 것도 있어서 P선배와 상의하겠다고 했다. 돌아와 보니 P선배가 숙소 로비에 와 있었다. 표정이 어두

웠다.

P선배에게 자전거 이야기를 하니 우리가 원하는 것을 타란다. 앙모 부장이 방금 본 자전거를 아침에 배달해주기로 했다. 안전 모자와 안장 쿠션도 부탁했다. 자전거를 좋은 것으로 바꾸고 나니 마음이 놓였다. 오늘 저녁은 대장정을 앞두고 낮에 봐둔 한국 식당을 가기로 했다. 우리는 내일부터 텐트에서 생활하며 야전으로 뛰어들어야 하는 불쌍한 노마드였다. 긴 여정을 앞두고 한국 음식은 진한 위로가 될 것이다.

한국 식당은 멀지 않았다. 건물 2층에 천막을 설치한 간이식당이었다. 젊은 한국 여성이 환한 미소로 우리를 맞이했다.

"사장이 한국인이 아니라고 들었는데, 한국분이시네요?"

"저, 사장 아니에요. 사장은 라다크 사람이고요. 저는 알바예요. 이리 앉으시죠."

친절한 미소에 마음이 놓였다. 알바라고 해도 주방 일에 관여할 터이니 음식 맛은 믿어보기로 했다. 닭볶음탕, 김밥, 김치전, 부추전, 비빔밥, 김치찌개, 김치볶음밥에 라면까지 여섯 명에게 많다 싶을 정도였다. 주문을 마치자 지친 표정의 P선배가 입을 열었다.

"문제가 생겼어요. 일단 우리 예정대로 하긴 어렵게 됐어요."

어안이 벙벙했다. 내일이 출발인데 이렇게 일찍 쉽지 않은 상황이 생길 줄은 몰랐다. P선배는 전자담배를 물고 눈을 껌뻑이며 다시 말을 이어갔다.

"일단 위성전화도, 무전기도 못 쓰게 됐어요. 앙모 부장이 맡기라고 하도 난리를 쳐서 그냥 두고 가기로 했습니다."

"산에 올라가면 서로 연락할 방법은 없군요."

P선배는 발전기만큼은 꼼꼼히 확인했다고 단언했다. 여행사측이 어제 가져온 발전기가 맞지 않아서 다시 구했단다. 다른 문제는 원래 초모리리 호수에서 만나기로 한 유목민을 만날 수 없게 됐다. 촬영 허가

를 못 받았단다. 당연히 학교도 방문할 수 없다. 이제 앙모 부장의 섭외 능력을 믿는 수밖에 없다. 생수는 2백 병을 준비하라고 했단다. 하루 한 사람에 네 병꼴이다. 우리는 진정한 리얼 체험 앞에 놓여 있다. 혼자 끙 끙거리며 고민했을 P선배가 안쓰러워졌다.

음식이 나왔다. 언제 심각했냐는 듯 눈앞에 펼쳐진 한국 음식으로 관심을 돌렸다. 맛은 먼 이국 땅에서 돈 주고 먹기에 충분히 맛있는 그야 말로 한국 음식이었다. 매운 라면을 앞 접시에 덜며 P선배가 다시 입을 열었다.

"차는 석 대가 갑니다. 우리가 다섯 명이고, 도와주는 사람이 일곱 명 이거든요."

"정말 대부대군요. 우리가 엄홍길 대장이 된 것 같은데요, 하하. 아무 래도 피디보다 출연자가 마음은 편하네요. 그냥 따라가면 되니까. 이거 닭볶음탕 맛있네요. P선배 좀 드셔보세요. 말씀하시느라고 통 못 드시 네요."

H는 한국 음식이 처음인 텐진 옆에 앉아 설명에 여념이 없었다. 친절 도 하지. 갑자기 텐진이 괴성을 지르며 휴지를 들고 밖으로 나갔다. 뭔 가 안 맞는 음식을 먹어 뱉으려는 모양이다. 굳이 그럴 만한 음식은 없 었다. 라면의 매운 국물도, 닭볶음탕의 매운 고기도 다 잘 먹었었다. 고 개를 절레절레 흔들며 돌아온 그는 단무지가 빠진 김밥을 찍어 먹으라 고 나온 간장종지를 가리켰다. 연둣빛 고추냉이가 묻어 있던 흔적만 남 아 있었다. 고추냉이를 덩이째 먹었던 것이다. 우리는 시름을 잊고 모처 럼 박장대소했다. 알바라고 주장하던 부사장이 콜라와 사이다를 서비스 라며 들고 왔다. 그녀의 웃음도 라다키의 미소를 닮아 있었다.

35

새벽 공기가 개운하다. 상쾌한 바람 냄새가 밀려왔다. 이곳이 3,500미터 고지대임을 느낄 수 없었다. 사흘 간의 적응·덕분인지, 어젯밤 잠을 잘 잔 덕분인지 잘 모르겠다. 레에 도착한 이후 이틀 밤을 내리 설친 터라 어젯밤에는 H의 제안으로 수면유도제를 먹고 푹 잤다. 아잔 소리도, 들개 짖는 소리도, 심야소변조차도 단잠을 깨우지 못했다. 3시간 30분의 묘한 시차도 극복됐다. 라다크의 파란 하늘을 보며 빨간 생각의자에 앉는 것도 마지막이라니 아쉬웠다. 왼쪽의 체다 곰파, 정면의 설산, 오른쪽의 흙산이 주는 옥상의 절경을 눈에 심었다.

서울을 떠난 지 꽤 오래된 느낌이다. 나는 지금 한국과 접속이 끊긴 상태다. 심정적으로 회사에서 벌어지고 있는 사장 교체 이후의 큰 변화와는 담을 쌓았다. 단지 고3 아들과 그 아들을 돌보는 아내의 안부가 궁금할 뿐이다. 하긴 문제는 문제다. 집에 무슨 일이 생겨도 나와 연락이 닿을 방법은 없다. 집에 위성전화번호를 남기고 왔지만 무용지물이다. 회사에 연락을 해도 히말라야에 들어간 이상 여행사도 연락을 취할 방법은 없다.

애먼 근심이 밀려왔다. 누가 돌아가시기라도 하면 어쩌지? 걱정의 96퍼센트는 결코 일어나지 않는다던 통계에 의지해 밀려오는 걱정을 다시 밀어버렸다. 소식 단절은 지금 이 순간에 집중하는 좋은 기회가 된다. 어쩌면 도시에서 어떤 일에 몰입하지 못하는 것은 늘 내 주변을 맴도는 숱한 소식들 때문이리라. 시도 때도 없이 울려대는 전화기 신호음은 집중을 늘 방해했다. 이곳에서는 현재의 관심이 세상의 관심을 잊게 한다. 나는 이제 오늘 히말라야로 간다. 그것이 나의 현재다.

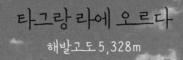

타그랑 라에 오르다
해발고도 5,328m

대장정은
엄홍길 대장의 전유물이 아니다

36

빨간 생각의자와 작별인사를 하고 돌아오니 H는 여전히 자고 있었다. 한동안 씻지 못할 것을 생각하니 온몸이 벌써 꿉꿉했다. 샤워기 물을 틀었다. 제법 물을 흘려보냈는데도 여전히 차다. 뜨거운 물이 안 나오는구나. 여기 호텔은 툭하면 물이 끊긴다더니. 방에서 이 소식을 들은 H가 프런트에 갔다 왔다.

"틀렸어. 오늘 안 나온다네. 나는 물 좀 데워달라고 했어. 어제 샤워 안 했거든."

"어차피 오늘부터 못 씻는데, 하루 먼저 시작하는 거지. 뭐."

애써 찜찜함을 감추고 상황에 나를 맞추는 자신을 발견했다. H는 배달된 더운물로 열심히 씻었다. 물에 대한 권리 포기를 확인하는 H에게 마음껏 쓰라고, 레에서 주는 마지막 선물이라고 큰 소리로 전했다. 3,500미터 고지 레는 나에게 마지막 샤워를 허락하지 않았다.

숙소에서 편히 먹는 마지막 아침이라고 생각하니 오믈렛과 바삭한 부각 같은 토스트가 유난히 맛있다. 샤워는 못 했어도 개운하게 속을 비웠기 때문에 많이 먹었다. 가려진 화장실의 편안한 용변도 당분간 기대할 수 없다고 생각하니 좌변기가 푹신한 소파 같았다. 호텔 마당이 꽉 찼다. 일행이 탈 차량 석 대와 두 대의 자전거가 도착했다. 어제 P선배의 이야기를 듣고 나니 유난히 분주한 앙모 부장과 롭상 사장이 곱게 보이지 않았다. 새 자전거의 호의조차 순수하게 받아들여지지 않았다.

텐진이 카메라 앞에서 여정을 함께할 일행을 소개했다. 가이드 텐진, 1번 운전기사 우르겐, 2번 부엌 차 운전기사 겐자르, 3번 운전기사 곤촉, 요리사 니마, 자전거 수리공 지그맷, 헬퍼 밤바까지 우리를 포함해 열두 명이다. 밤바는 앳된 얼굴이다. 갑자기 아들 얼굴이 포개졌다. 비슷한 또래로 보이는데 누구는 새벽부터 밤까지 공부에 여념이 없고, 누구는 생활전선에서 삶을 일군다. 서로 다른 환경에서 어쩔 수 없는 차이는 있을지언정 세상이 그들을 차별하지 않기를 바랄 뿐이다.

레 중심가는 자전거로 지나기에는 복잡했다. 차를 타고 레 입구의 개선문이 있는 작은 광장으로 이동하기로 했다. 출발 직전, 자전거로 숙소 앞을 잠깐이라도 돌아보고 싶었다. 밤에 급히 결정한 거라 색깔에 현혹되어 겉만 보고 결정한 것이 아닌가 싶었다. 큰 문제는 없었다. 아뿔싸! 이걸 왜 몰랐을까?

"안장 쿠션이 없어요. 어제 부탁했는데. H 것도 없네요."

P선배가 단어를 나열하는 마법 영어로 앙모 부장에게 단호하게 이야기했다. 무조건 안 된다던 앙모 부장이 전화를 걸더니 출발지에서 쿠션 안장을 받기로 했단다. 이래저래 예정시각보다 늦어졌다. 평소 일정이 늦어지는 것을 못 견디는 나로서는 시계가 없다는 것이 시간 초월에 큰 도움이 됐다. 아무려면 어떠랴. 우리끼리 떠나는 것을. 누군가 쫓아오는 것보다 시간에 쫓기는 것이 더 무서운 세상에 살고 있는 터라 이런 소중한 여유를 평생 누리고 싶었다.

37

대장정이 시작됐다. 현지인 셀파들을 무수히 이끌고 떠나는 산악행렬. 5천 미터 베이스캠프를 떠나 8천 미터 고봉에 이르는 장정은 엄홍길 대장이나 박영석 대장 같은 사람들만 하는 줄 알았다. 내게도 기회가 왔다. 자전거로 라다크의 히말라야 산자락을 누비는 여정. 우리는 3,500미터 고지 레에서 출발하여, 오르고 또 올라 5,360미터 고지 타그랑 라까지 오르고, 다시 서서히 내려오며 초카 호수와 초모리리 호수까지 갈 예정이다. 가는 길에 유목민과 만나 그들의 삶도 엿볼 것이다. 물론 현실은 어떻게 펼쳐질지 모른다. 목적지에 못 가도 상관없다. 그들을 못 만나도 괜찮다. 우리의 목적은 도착이 아니라 과정이다. 히말라야의 이야기를 듣는 것이 진짜 목적이다. 들리지 않아도 좋다. 열흘간의 낯선 느낌은 나를 변화시킬 것이다. 굳이 변화되지 않아도 좋다. 나는 지금 이 순간에 나를 노출시킬 뿐이다.

레의 개선문은 흡사 서구 대도시마다 있는 차이나타운 입구에 세워진 대형 아치문 같았다. 카메라 앞에서 우리는 다짐했다.

"건강, 안전, 평안."

"라다크의 바람과 미소를 배우게 하소서."

P선배와 텐진이 탄 1호차가 앞장섰다. 그 뒤로 부엌 차가 Y사장을 짐칸에 태우고 우리 모습을 찍는다. 그다음 자전거가 달리고 그 뒤를 3호차가 L피디를 태우고 앞뒤로 오가며 촬영한다. 기분은 상쾌하다. 부담도 없다. 벌써 우리를 돕는 그들에게 고마움이 앞섰다. 마흔여덟 인생을 살며 얼마나 많은 예상치 못한 상황을 만났던가? 그때마다 나는 힘들었고, 이유를 물었다. 거부하기도 했고 넘어지기도 했다. 상처의 흔적이 밤마다 괴롭히기도 했다. 하지만 그 상황들은 내가 어쩔 수 없는 것이었다. 나의 영역 밖에 있는 태풍과 비바람은 그저 맞고 흘려보낼 수밖에 없다. 내 인생에 태양이 비추지 않아도 삶은 살아져야 한다. 열 명의 도

우미처럼 그동안 내 인생을 도와준 수많은 사람들에게 스쳐가는 고마움을 앞세운다. 가슴속 눈에 눈물이 아른거린다.

출발했다. '고프로'라고 부르는 고정용 소형 카메라가 자전거 핸들에서 내 얼굴을 잡고 있다. 표정 관리에 둔감한 나로서는 어떤 얼굴이 카메라에 잡힐지 의문이다.

자전거를 처음 가르쳐준 사람은 아버지였다. 동부이촌동 민영 아파트 O동 앞 공터에서 빨간색 바나나 자전거로 균형 잡기를 연습했다. 초등학교 1학년이었다. 자주 넘어졌다. 네발자전거를 벗어나는 것은 큰 도전이었다. 아버지는 애써 참고 있는 표정이 역력했다. 겁 많은 내가 페달을 확확 밟지 못하는 것이 얼마나 화나셨을까? 아버지가 폭발하시기 전에 균형점을 찾아냈다. 바퀴가 굴러가면 나는 넘어지지 않았다. 어쩌면 인생의 넘어짐도 우리가 페달을 밟지 않을 때가 아닐까?

40년이 지났다. 빨간색 바나나 자전거는 연두색 산악자전거로 바뀌었다. 아버지는 하늘에 계시고, 내 옆에는 20년 친구가 있다. 카메라 석 대가 나를 잡고, 차량 석 대가 나를 지킨다. 라다크의 히말라야를 달린다. 첫 출정이니만큼 의욕에 넘쳐 카메라를 의식한다. 파이팅을 외치며 서로를 독려한다. 정작 격려가 필요한 사나흘쯤 뒤에는 아마 입 뻥긋할 힘조차 남아 있지 않으리라. 생각보다 꽤 재미있었다. 이 기회가 아니면 내가 이 바람을 언제 어디서 맞겠는가.

다양한 화면을 위해 H를 앞세우기도 하고, 내가 앞서기도 했다. 나란히 달리기도 하고, 손을 들어 격려하기도 했다. 다른 그림을 만들기 위해 거리를 두기도 했다. 거리가 꽤 벌어진 모양이다. 부엌 차가 섰다. 카메라 앞에 바짝 자전거를 세우며 숨을 헐떡였다.

"오르막이에요. 오르막, 와, 죽인다."

"뒤에 안 오는데요?"

Y사장이 걱정스런 마음을 소리에 담았다. 1호차에서 내린 텐진이 갑

자기 내 자전거를 낚아채고 달려갔다. 나도 달렸다. 사람들이 웅성웅성 모여 있었다. 나는 다시 뒤를 돌아 카메라를 향해 힘껏 소리쳤다.

"사고가 난 것 같아요."

38

차량 대여섯 대가 서 있고, 사람들이 둘러 서 있었다. 아니다 다를까. H는 돌무더기 위에 눈은 감은 채 자신의 배낭을 베고 누워 있었다. 텐진이 어느새 그를 돌보고 있었다.

"무슨 일이에요?"

"쓰러진 모양이에요."

태양은 하늘 끝에서 강렬한 빛을 내리꽂고 있었다. H가 내 목소리를 들었는지 눈을 떴다. L피디가 큰 눈을 더 크게 뜨고 내 얼굴에 카메라를 들이댔다.

"어떻게 된 거야?"

"어, 형. 순간 핑 돌아서 넘어졌어."

누군가 나를 제지했다. 서양 사람이었다.

"우리는 미국에서 온 의삽니다. 안정이 필요하니 말을 시키지 마세요."

"어떻게 된 겁니까?"

"고산병 증세로 보입니다. 맥박과 혈압이 무척 높습니다. 안정을 취해야 합니다."

"제게 약이 좀 있습니다. 다이아목스와 비아그라가 있는데요."

얼른 배낭에서 비상약 봉지를 꺼냈다. 약봉지를 뒤져본 그녀는 한국에서 L선배가 준 아미노 바이탈 가루를 물에 타주라고 했다. 순간 안도의 한숨과 함께 웃음이 꿈틀했지만 진지한 표정을 지켜냈다. H는 넘어지긴 했으나 미국 드라마처럼 갑자기 등장한 의사들 탓에 일어나지도 못하고 계속 누워 있는 것처럼 보였다. 혈압과 맥박이 꽤 높다지만 오르막에서 자전거를 탔으니 난들 높지 않을까? 방송용으로는 제격이었다.

의사들에게 감사의 마음을 충분히 표현했다. 컨퍼런스 참석을 위해 인도에 왔다가 레에 봉사를 온 미국 의사들로 지나다가 누군가 쓰러져 있어서 내린 것뿐이란다. 한사코 할 일을 한 것뿐이라는 그들에게 이름을 물었다. 그들은 한두 번 고사하더니 카메라 앞에 이름을 말해주었다. 방송용 자막을 위한 최소한의 준비였다. 다시 웃음이 나왔다. 상황이 정리되고 의사들도, 구경하던 사람들도 떠났다. 텐진의 표정이 여전히 상기되어 있다. 그의 걱정은 진심이다.

"괜찮은 거야, 진짜?"

"어, 괜찮아. 핑 돌아서 넘어진 건데. 생각보다 일이 커졌네."

"P선배 좋겠다. 미국 의사들까지 나타났으니 말이야. L피디도 본 거지?"

"네, 갑자기 넘어지시더라고요. 진짜 괜찮으신 거예요?"

"괜찮아. 카메라에는 다 잘 잡힌 거지?"

카메라 걱정을 하는 걸 보니 살 만한가 보다. 쉬어야 한다고 주장하는 텐진에게 H는 손사래를 치며 괜찮단다. 하긴 여기서 쉬기는 좀 그렇다. 도로 한복판에 돌무더기가 도로변에 쭉 깔려 있으니. 넘어지는 장소도 기가 막히게 골랐다. P선배가 처음 입을 열었다.

"진짜 괜찮으신 거예요? 급할 것 없으니까 천천히 가도 돼요. 오늘 목적지에 도착 못 하면 아무 데서나 자도 되니까요. 우리끼리 가는 건데요, 뭐. 텐진이 4킬로미터만 가면 쉴 만한 곳이 있다니까 일단 거기까지 가시죠. 괜찮겠어요?"

"네, 괜찮습니다. 죄송합니다. 괜히."

"네가 죄송할 게 뭐 있어. 오히려 우리가 고맙지. 선배, 근데 미국 의사는 언제 섭외했어요?"

아흔아홉 칸 곰파는
하늘 아래 있다

39

쉴 만한 장소에 도착한 것은 한참을 타고 난 다음이었다. 4킬로미터
만 가자더니 40킬로미터는 탄 것 같다. 시계가 없으니 얼마나 탔는지 감
이 전혀 없다. 실제로 4킬로미터 지점에 쉴 만한 곳이 있었을지도 모른
다. 아마 별 무리 없이 타는 우리를 보고 강행했겠지. 1호차에서 펼쳐지
는 P선배와 텐진의 마법 영어 대화를 누가 들을 수 있으랴. H는 다시 죽
겠다고 난리다. 레스토랑 입구에 드러누웠다. 바로 옆에 태양빛에 지친
개들이 널브러져 있다. 카메라를 위한 자리 잡기가 아니었을까? 하긴
나도 힘들었다.

레스토랑 정원 안에 들어가니 테이블이 여럿이다. H는 안으로 들어
가 의자 옆에 누웠다. 나도 물 한 병을 거의 다 마신 후에야 자리에 앉았
다. 첫날부터 지친 모습을 보이고 싶지는 않지만 힘든 건 사실이다. 잠
시 넋을 놓고 있었더니 오히려 다리에 힘이 빠진다. 안 되겠다 싶어 화
장실에 다녀와 밖으로 나갔다. 자전거가 서 있는 곳에 Y사장이 사진을
찍고 있었다.

"이리 와서 사진 좀 찍으세요. 저 곰파 멋있지 않아요?"

하늘 아래 산자락에 층층이 장난감 블록을 쌓아놓은 것 같은 곰파가 그림처럼 서 있었다. 족히 아흔아홉 칸은 되어 보였다.

"레 주변에서 제일 큰 곰파래요. 저기 들를 모양이에요."

다행이다. 곰파에 들르면 자전거는 좀 쉬겠구나. 저길 걸어서 올라가려나. 꽤 높아 보였다. 텐진이 왜 쉬지 않느냐고 걱정이다. H는 진짜 괜찮은 거냐고 묻는다. 그의 진심이 고마웠다. 좀 쉬면 괜찮을 거라며 고마운 마음을 보냈다. 우리는 곰파를 오르기로 했다. 다행히 자전거로는 올라갈 수 없는 경사라 차를 타기로 했다. '틱세 곰파'란다. 얼른 배낭에 있는 노란 라다크 책을 펼쳐 틱세 곰파를 찾아보았다.

레에서 남쪽으로 17킬로미터 떨어졌단다. 겨우 17킬로미터밖에 안 탔나 보다. 한강시민공원에서 자전거를 탈 때는 1시간에 20킬로미터도 탈 수 있다. 여기서는 1시간에 10킬로미터 가기도 힘들다. 산길은 더하리라. 틱세 곰파는 라다크에서 가장 아름다운 곳으로 손꼽힌다. 높은 언덕에 하얀 불탑과 붉은 건물은 티베트 라싸의 포탈라 궁과 비슷하단다. 승려들이 사는 작은 집을 끼고 꼬불꼬불 계단 길을 올라가는 것도 틱세 곰파의 빼놓을 수 없는 매력이다. 곰파는 산 위가 아니라 하늘 아래 있

었다.

아흔아홉 칸처럼 보이던 곰파는 가까이서 보니 다른 느낌이다. 여러 개의 불탑, 하얀 초르텐들이 가까이서 보니 서로 다른 모습이다. 붉은 건물들도 저마다 다른 모양으로 얽혀 미로 같은 여러 갈래 길을 만들어 내고 있다. 곰파가 워낙 층층 구조여서 꽤 많이 걸어가야 했다. H는 좀 살아난 모양이다. 연신 카메라 앞에서 뭐라고 떠드는 걸 보니 참 혈기 넘치는 친구다.

각각의 불탑에는 작은 방들이 있다. 가장 큰 법당인 참캉 법당 안에는 거대한 미륵불상이 모셔져 있었다. 14미터 높이란다. 엄청난 반전이다. 겉으로 봐서는 상상할 수 없는 크기의 불상이 실내에 앉아 있다. 그들의 신심은 불상의 크기에 비례하나 보다. 꽤 많은 관광객이 카메라 셔터를 눌러댔고, 승려와 불자들은 관광객의 시선을 아랑곳 않고 신심을 흘려 보내고 있었다.

나는 구석구석 숨겨진 비경을 찾아 다녔다. 관광객들은 또 다른 소품 이다. 건물 사이마다 들꽃들이 수줍은 듯 피어 있었다. 불탑 건물들 사 이로 기하와 도형의 조합으로 연출하는 수학과 건축의 세계도 또 다른 묘미다. H는 카메라 앞에서 리포팅에 여념이 없었다. 지나가는 승려들 에게 말을 걸고, 관광객들과 사진을 찍었다. 네 명의 젊은 인도 여성에 게 하늘을 바라보게 하고 손가락으로 시선을 가리키며 사진을 찍고 있 었다. 두건 쓴 동양 남자의 유머가 그녀들은 무척 즐거운 모양이다. 텐 진이 다가와 속삭였다. 인도 여자들은 콧대가 높아 여간해서는 외간 남 자랑 말을 섞지 않는단다. 그녀들이 H가 마음에 드는 모양이란다. H의 오지랖을 누가 말리랴.

곰파의 코스모스가 유독 눈에 들어왔다. 산자락에서 부는 바람 덕에 승려들의 자줏빛 옷자락에 코스모스의 엷은 빛깔이 살포시 묻어난다. 곰파 아래로 보이는 마을 풍경은 또 다른 장난감 마을이다. 만나는 사람

마다 오른손을 세우며 연신 '줄래'를 외친다. 그들의 웃음이 사뭇 다르다. 라다크가 이렇게 2014년 7월의 내 삶으로 파고들고 있었다.

40

달리고 또 달렸다. 먼지바람도 동행이 되었다. H는 자전거가 몸에 익은 모양이다. 흙산이 펼쳐졌다. 앙모 부장이 첫날은 계속 평지라 그리 힘들지 않을 거라고 했는데, 오르막이 꽤 자주 나왔다. 평지가 이 정도니 오르막이 많다는 내일 이후 여정이 걱정으로 다가왔다.

중간 기착지 읍시에서 늦은 점심을 먹기로 했다. 무엇을 먹겠냐는 텐진의 질문이 우스웠다. 냉면과 빈대떡을 먹겠다고 했다. 출장 후에 후배 P녀가 사주기로 한 냉면이 간절했다. 어리둥절해하는 그에게 뭐가 있냐고 물었더니 엊그제 먹은 뚝바를 먹으란다. 티베트 식 칼국수가 괜찮았던 기억이 났다. 엊그제 먹은 만두, 모모를 추가했다. 휴게소답게 금방 음식이 나왔다. 맛은 괜찮았다. 텐진과 곤촉이 제법 분주하다. 군사지역이라 여행허가증을 받아야 했다. 국경지대의 분주함과 군사지대의 삼엄함이 동시에 느껴졌다. 텐진이 여권을 나눠주는 걸 보니 문제없이 통과된 모양이다. P선배가 희소식을 들고 왔다.

"여기서부터는 차를 타셔야겠네요. 군사지역이라 촬영도 문제가 되고, 자전거 이동도 안 된다는군요. 괜찮으시겠어요?"

"고마워서 눈물이 날 지경이네요."

진심이다. 기대도 못 한 일이라 눈물이 앞을 가렸다. 밥 먹는 손길이 훨씬 편해졌다. 식탁 위에 남은 모모를 하나 더 집어 먹었다. 남은 콜라 한 모금이 그렇게 싱그러울 수가 없었다.

"다 드신 거예요? 이거 남으면 저쪽 테이블에 갖다 줄까요?"

배려의 아이콘 Y사장의 마음 씀씀이가 따뜻하다. 방금 무심코 한 개를 집어 먹은 걸 후회했다. 그러세요, 라는 대답이 떨어지기도 전에 얼른 갖다 주는 뒷모습이 따뜻하다. 라다크의 하늘은 여전히 파랬고 뭉게구름은 같은 속도로 흘러가고 있었다.

럼체에서 만난
어무니, 아부지

41

차창으로 흘러 들어오는 바람은 제법 시원했다. 강가에서 수영하는 군인들을 보니 P선배가 우리에게도 시킬 것 같았다. 꽤 넓은 군사시설과 곳곳에 보이는 군인들이 우리가 국경지대에서 자전거 놀이를 하고 있다는 사실을 깨닫게 했다. 위성전화를 쓰지 말라는 것도, 무전기를 굳이 두고 가라는 것도 이해가 됐다. 군사지역을 지나자마자 휴게소에서 멈췄다. 이제 다시 자전거를 타고 오늘의 목적지 럼체에 들어가기로 했다. 자전거를 부엌 차 짐칸에 싣고 내리는 시간이 생각보다 꽤 걸렸다. 고생하는 그들이 안쓰러워서라도 웬만해서는 차를 타지 말아야겠다. 하지만 이건 첫날에나 할 수 있는 생각이었다.

말이 휴게소지 마을 입구에 있는 소박한 식당이었다. 먼저 온 사람들이 음료수를 마시고 있었다. 검은 가죽 재킷의 라이더들이었다. 나이가 들어 보인다 싶었더니 일흔여덟 살이란다. 독일에서 온 그들은 레와 반대방향인 마날리에서 4백 킬로미터를 올라오고 있단다. 레로 가는 길이란다. 30년 후에 나는 어떤 모습으로 어디를 여행하고 있을까? '가죽재킷을 입고 오토바이를 타고 히말라야를 달리고 있지 않다'에 한 표 확실하게 던졌다.

자전거가 준비됐다. 이제 또 히말라야 산길을 달린다. 4,000 고지를 넘고 있지만 고산증세가 없어서 다행이다. 준비한 약은 가방에 묵혀둔다. 황토빛 흙산과 파란 하늘이 저토록 잘 어울릴 수 있는 건 뭉게구름 덕분이다. 구름은 묘하게 하늘과 산을 잇고 있었다. 럼체가 얼마 남지 않았다는 표지판을 지난 지도 꽤 됐다.

산세가 넌지시 숨을 죽이고 허름하게 지은 단층 건물이 나타났다. 몇몇 오가는 사람들이 보였다. 유목민일까? 허름하지만 단정한 옷차림의 아주머니가 시야에 들어왔다. '줄래'를 외쳤지만 수줍은 미소로 '줄래'를 흘리고 총총걸음으로 사라졌다. 텐진이 따라가 연신 손짓을 해대며 뭐라고 말을 건넨다. 나는 물을 벌컥 들이켰다. 조금 전 오르막에서는 심장이 터지는 줄 알았다. P선배는 어떻게든 저 아주머니의 삶을 카메라에 담고 싶어하는 표정이 역력했다. 지친 나는 말 한마디 할 기운도 없었다. 더욱이 영어는 전혀 생각이 나지 않았다.

동네라는 단어가 무색하게 집은 한 채다. 멀쩡한 건물로 봐서 유목민은 아닌가 보다. 요즘은 집을 베이스캠프 삼아서 초지를 오고 가는 반유목민이 있다더니 그런가 보다. 안채와 창고 사이에서 아이가 나타났다. 얼른 '줄래'를 외치자 아이가 맑은 미소로 화답했다. 아버지로 보이는 어르신이 깊게 팬 주름으로 웃음을 더 환하게 만들었다. 어머니를 꼬이려던 텐진은 어느덧 아버지 옆에 와 있었다. 오지랖 넓은 H가 질문의 나래를 펼쳤다.

"안녕하세요? 어르신, 여기 사시나 봐요?"

"네."

"아들인가요?"

"네."

"무슨 일 하세요?"

"양 쳐요."

"집 구경 좀 해도 될까요?"

"아이고, 볼 것도 없는데."

어떻게 하면 저런 웃음을 웃을 수 있을까 싶을 정도로 아버지는 행복해 보였다. 나는 세상 어디서도 저런 미소를 본 적이 없다. 깊게 팬 주름이 없었다면 행복이 덜 느껴졌을지도 모른다. 주름과 미소는 행복의 방정식이다. 아버지의 미소는 불쑥 찾아온 이방인의 미안함을 달래주기에 충분했다. 아버지가 주섬주섬 무언가를 꺼냈다. 누런 가루가 담긴 통이다. 텐진이 보릿가루란다. 아버지는 깊게 팬 주름이 검은 선이 된 손으로 보릿가루에 양젖을 조금 뿌려 반죽을 시작했다. 누런 보릿가루는 금세 아이들 찰흙마냥 바뀌더니 잿빛 반죽덩이가 됐다. 아버지의 시커먼 손은 더 이상 더러워 보이지 않았다. 손톱에 낀 때도 더 이상 찡그림의 이유가 되지 못했다. 누런 반죽덩이는 우리 앞에 전달됐다. 먹었다. 이런, 이렇게 맛있다니.

아버지가 집 안에 있는 화로에 주전자를 올렸다. 어느새 아이가 들어왔다. 주전자에 양젖이 끓고 있었다. 아버지가 짐 보퉁이에서 낡은 상자를 내왔다. 투명 유리컵이 들어 있다. 그 컵을 꺼내 마른 행주로 닦기 시작했다. 손님이 왔다고 쟁여놓은 새 컵을 꺼내시는구나. 곧 그 컵에 양젖이 담겨 우리 앞에 배달됐다. 신선하다. 역할까 봐 했던 걱정은 찰나였다. 맛있다. 이렇게 고마울 수가. 자전거의 피로가 씻겨 나갔다.

어느새 들어온 수줍은 어머니가 양푼을 아버지에게 건넸다. 양푼 빛깔에 비해 유난히 하얀 걸쭉한 액체가 눈에 들어왔다. 요구르트다. 금세 우리 앞에 도착했고, 작은 스푼으로 한 술을 떴다. 이렇게 맛있다니. 보릿가루 떡과 양젖 우유를 충분히 먹지 않은 것은 이것을 먹기 위함이라는 듯 하얀 요구르트를 넉넉히 먹었다. 촌로들에게 우리는 아들이었다. 뭐라도 계속 주고 싶어하는 그들의 마음이 읽혀 고마움을 넘어 혹여 있을 그들의 외로움이 안타깝기까지 했다.

　5남매 중에 위로 넷은 레에 나가 있고, 막내만 데리고 있단다. 아비와 어미에게 큰절을 올렸다. 마치 나의 아비와 어미인 양. 수줍어하며 인사를 받는 표정이 가슴에 사무친다. 아버지와 어머니가 나란히 앉아 계신 앞에서 큰절을 올린 것이 언제인가 싶었다. 중학교 1학년 때 어머니가 돌아가셨으니 아마 6학년 끝나는 설날이 마지막이리라. 그때는 아무런 뭉클함도 없는 큰절이었지만 이제 라다크의 촌로 앞에서 그 시절이 생각났다. 〈6시 내 고향〉을 진행하면서 명절마다 한복을 차려입고 시청자 앞에 큰절을 올렸다. 그 절은 아들 하나 두고 일찍 떠나신 부모님께 올리는 큰절이기도 했다.

　한사코 볼 거 없다며 촬영을 고사했던 어머니는 창피함이 아닌 수줍음이 그 이유였다. 우리를 따라 나와 수줍은 미소를 마치 카톡 이모티콘처럼 마음껏 보내셨다. 그들의 주름진 미소가 오랫동안 지워지지 않을 것 같다. 소중한 것을 받아도 아무것도 드릴 것 없음이 속상했다. 제발 P선배가 남아서 다만 얼마라도 쥐여 드렸으면 좋겠다. 사진을 찍으며 헤어짐을 달랬다. 아비의 어깨에 손을 얹었을 때 나와 몇 살 차이 안 날 수도 있겠다 싶었다. 그래도 그들은 내게 아비였고, 어미였다. 그들은 한참 동안 손을 흔들었다. 하지만 그들이 내게 잊지 못할 새벽을 선물하리라고는 그때만 해도 상상조차 하지 못했다.

그냥 자면 안 돼요?

42

해 하나 들어간 건데 이렇게 느낌이 다를까? 해가 떨어지자 레와 비교할 수 없을 정도로 선선해졌다. 속살을 파고드는 찬바람 탓에 자전거 길이 더 험했다. 곧 나온다던 캠핑장은 안 보였다. 나는 애꿎은 노란 표지석 앞에 다시 쓰러졌다. H가 흐뭇한 미소를 지었다.

"형, 앞을 봐."

"어? 저거야? 저게 텐트야?"

"아니, 저건 돌무더기지, 무슨 텐트야. 이쪽 말이야."

표지석 아래로 얕은 개울이 흐르고 그 앞에 텐트 몇 동이 쳐 있었다.

"헐, 다 왔구나. 아하. 드디어 다 왔어."

캠핑장은 썰렁했다. 우리가 보릿가루를 대접 받는 동안 부엌 차는 이미 캠핑장에 도착해 부엌 천막을 쳐놓았다. 우리뿐이었다. 메스껍고 머리가 무거워 조금만 시선이 바뀌어도 어지러움이 찾아왔다. 피곤이 어둠만큼 빠른 속도로 엄습했다. 불과 10여 분 만에 다시 늦가을이 됐다. 다운재킷을 꺼내 입었다. 서 있기도 힘든데, 어지러워서 앉아 있기는 더 힘들었다. 그런데 텐트를 치란다. 게다가 밥을 하란다. 카메라를 들고

지시하는 P선배가 얄궂게 느껴졌다.

산속 날씨와 조명은 10분이 달랐다. 이제 헛구역질이 나오기 시작했다. L피디와 Y사장도 고산증세를 호소했다. 나는 장바구니에서 봉지 사이로 보이는 오이를 집어 들어 깨물었다. 에너지원이 필요했다. 오이의 수분이 짜증 수치를 낮춰주길 기대했다. 차근차근 주어진 일을 감당해야 얼른 잠자리에 들 수 있으리라. 여유를 찾는 모드 전환이 필요했다.

F사가 협찬한 텐트는 간단 설치라는 당초 소문과 달리 꽤 복잡한 그림으로 설치방법을 설명하고 있다. 자주색과 회색이 어우러진 텐트는 암흑천지에서 몸을 잘 드러내지 않았다. 감각으로 폴 대를 세워보려 했으나 호락호락하지 않았다. H는 그 힘든 와중에도 카메라 앞에서 최선을 다했다. 나에게 지청구로 시비 모드를 설정한다. 미안하지만 나는 받아줄 여력이 없다.

"형, 도대체 뭐 하는 거야?"

"내가 지금 무지 힘들거든. 일단 텐트부터 치자."

중심이 되는 폴 대를 세우고 두 개의 작은 폴 대를 엇갈려 세웠더니 텐트의 형상이 나왔다. 일단 바람만 피하면 오늘은 대충 잘 수 있을 것이다. 배수로를 팔까 하다가 비가 안 오길 바라는 것이 낫겠다 싶어 관뒀다. 반대편 부엌 텐트에서 맛있는 냄새가 흘러나왔다. 늘 먹던 난에 커리인 모양이다. 밥이고 뭐고 얼른 텐트 안에 들어가 침낭 속으로 들어가고 싶은 마음뿐이었다. P선배가 염장을 질렀다.

"설마 이걸 다 쳤다고 생각하시는 건 아니죠?"

"왜 아니에요? 이 정도면 충분히 잘 수 있어요. 다 됐습니다."

"그럼 밥을 하셔야죠."

"이렇게 캄캄한데 무슨 밥을 해요? 힘든데 그냥 자면 안 될까요?"

"안 됩니다. 자전거 트래킹에서 체력은 생명입니다. 굶고 자는 건 허락할 수 없습니다."

P선배가 건네준 고체연료 버너는 조립형이었다. 여러 개로 분리된 쇠로 된 틀과 삼각 받침대가 있다. 받침대를 조립해봤지만 쉽지 않았다. 고산증세 탓에 아무것도 생각하고 싶지 않았다. 일단 물을 끓여야 하니 고체연료에 불부터 붙이기로 했다. P선배가 준 라이터가 불이 켜지지 않았다. 고산지대라 산소가 부족해 불이 붙지 않는 건 당연하다. 쉽게 불이 붙을 뭔가가 필요했다. 종이 없을까? 가방에 넣어둔 신문지가 생각났다. 신문지에도 불은 잘 붙지 않았다. 짜증이 밀려왔다. 오이를 한 입 더 깨물었다. 이 와중에도 H는 카메라에 대고 연신 상황을 설명했다. 당신을 진정한 프로페셔널로 임명하노라. 아울러 나는 프로이기를 포기하노라. 불이 붙었다. 그런데 받침대가 코펠을 지탱하지 못했다. 한쪽 받침대에는 내가 코펠을 들고 있기로 했다. 저쪽 받침대는 H가 다시 조립을 시도 중이다.

"머리를 쓰세요, 머리를. 삼각대에 비밀이 숨겨져 있습니다."

"삼각대가 작아서 안 되는 건데, 비밀은 무슨? 됐어요. 그냥 이렇게 들고 있으면 되죠. 뭐."

"아휴, 답답해라. 머리를 조금만 쓰시면 돼요."

"여기는 고산지대라, 머리가 안 써진다니까요."

코펠을 들고 있는 팔이 아파왔다. 물은 끓을 기미가 없다. 고체연료 한 개를 더 넣었다. 불은 살아났으나 코펠은 감감무소식이다. H는 순서를 바꿔가며 받침대를 조립 중이다. 나는 포기가 빠르다. 어차피 몸과 마음이 힘들 때는 그냥 몸 고생이 나을 때도 있다. 단순하게 생각하자. 물만 끓이면 된다. 짓궂은 표정으로 지켜보던 P선배가 동정심을 느꼈나 보다.

"힌트 드릴게요. 펴세요, 펴요."

"뭘 펴요? 죄다 동그란 통들인데."

"아, 참, 내. 다리를 펴요."

우리는 삼각다리가 짧은 것만 탓하고 있었다. 그런데 그 다리가 접힌 다리였다. 다리를 펴니 코펠을 안정적으로 삼각대 위에 앉힐 수 있었다. 성취의 쾌감보다 허탈함이 밀려왔다.

나는 성격유형검사 애니어그램에서 완벽주의적인 1번 유형이다. 힘들 때는 비판적이고 부정적인 반응이 쉽게 나타난다. 고산증세로 몸이 제대로 돌아가지 않는 데다 지치고 힘든 상황에 무리한 요구를 받으면 참고 견디기 힘들어지는 유형이다. 남을 돕는 것을 좋아하는 2번 유형인 H보다 더 예민하게 반응한다. H는 만유인력의 법칙이라도 발견한 듯 카메라 앞에서 호들갑이다. 나는 그저 얼른 숙제를 끝내고 자고 싶었다. 숙제는 이제 시작이다. 집에서 끓이는 계란탕이야 계란 넣고 양파 넣고 소금 간하면 끝이지만 우리에게는 소금이 없었다. 양파를 까고 씻을 여력도 없었다. 그냥 계란만 끓이기에는 너무 비참했다.

"형, 우리에게는 필살기가 있어. 마살라가 있잖아."

"좋아. 근데 우리가 산 건 하얀 커리 가루라 맛이 좀 이상할 거야."

"뭐 어때? 계란 맛으로 먹는 거지."

물이 끓었다. H는 계란을 깨 넣기 시작했다. 여섯 개를 넣었는데도 끓던 물만 잦아들고 별다른 변화가 없었다. 물이 많나 보다. H는 급한 마음에 계란을 더 깨기 시작했다. 마음에 안 들었지만 그냥 가만히 있었다. 몸이 추위를 느꼈다. 머리는 뇌 속에 뭔가를 꾸역꾸역 집어넣은 것처럼 더 무거워졌다. 하얀 커리 가루는 계란탕을 뽀얀 곰국처럼 만들었고, 엷은 커리 냄새를 뭉글뭉글 만들어냈다. 갑자기 저쪽 부엌 천막에 차려진 저녁상이 궁금해졌다. 구경이라도 하고 싶었지만 비참한 생각에 내색하지는 않았다. 얼른 생각을 지웠다.

"저쪽 물도 끓는다. 오트밀 넣어야지?"

"형, 그냥 오트밀에 뜨거운 물만 부어도 돼. 쉽게 해 먹자."

"그래, 그럼. 계란탕도 그냥 먹자."

"계란이 무려 열네 개나 들어간 단백질 영양식인데 계란의 흔적이 안 보이네."

H는 그사이 계란을 더 넣었나 보다. 몽글몽글 거품이 올라오고 뽀얀 계란 곰국은 적어도 한기에 오그라든 몸은 녹여줄 것이다. 작은 그릇에 떠준 마살라 계란탕은 눈물겨웠다. 어지러움에, 메스꺼움에, 오한에, 늘어짐에, 작은 위로를 기대했지만 그저 비참함을 더해줄 뿐이었다. 계란 열네 개는 흔적도 없었고, 노른자와 흰 가루가 커리 냄새 은은한 싱겁고 뽀얀 국물을 만들었을 뿐이다. 오히려 죽보다 더 질척한 오트밀이 그나마 위안이 됐다. 곡기가 들어가는 느낌이 좋다. 다행히 P선배는 우리를 더 긁지 않고 '이게 뭐예요?'만 몇 번 외치다가 카메라를 접었다. 그들이 얼른 가서 그들을 위한 진수성찬을 받기를 바랐다.

"우리 자도 되죠?"

"몸이 많이 안 좋으신가 봐요. 상태가 어떤데요?"

"어지럽고, 메스껍고, 으슬으슬 춥고, 몸이 늘어지네요. 고산증세가 제대로 오나 봐요. 여기 4천 미터 넘는다고 했죠?"

"네, 4,200 정도 될 겁니다. 내일은 5,300까지 올라가는데 괜찮으시 겠어요?"

"안 괜찮으면요?"

"하산해야죠. 진짜 영 적응이 안 되면 하산할 겁니다. 낮은 데로 가야 낫는 병이니까요. 참, 병은 아니죠. 그냥 증상이지."

하산이라는 말이 복합감정으로 다가온다. 반갑기도 두렵기도 했다. 나는 여행을 온 것이 아니라 출장을 왔다. 놀러 온 것이 아니라 촬영을 왔다. P선배는 출국 전부터 고산증세가 2, 3일 계속되면 무조건 하산이라고 얘기해왔다. 그래서 두 사람이 가는 거라고. 한 사람이 하산하면 다른 한 사람과 촬영하면 된다고. 둘 다 하산하면 아랫동네에서 다른 아이템을 찾으면 된다고. 그때만 해도 설마 했다. 그런데 4천 미터가 넘는 고지에서 겨우 하루 자전거를 타고 이 정도면 열흘 강행군은 무리일지도 모른다. 약을 먹고 자면 괜찮겠지 스스로 위로를 해댔지만 마음의 절반 넘는 영역은 이미 걱정이 점령했다. 창피함도 같이 밀려왔다.

"자고 나면 괜찮겠죠."

"얼른 씻고 푹 주무세요."

"씻기는요 뭐. 그냥 자죠."

역사는 새벽에 이루어진다

43

씻을 여력까지는 없었다. 암흑천지에서 개울가를 찾는 것도, 설령 찾아도 쪼그리고 앉는 것도, 얼굴에 차디찬 물을 대는 것도 싫었다. 계란탕을 먹은 탓에 입이 텁텁했지만 상황에 순응하기로 했다.

"넌 괜찮은 거야?"

"나도 죽겠어, 형."

"근데 왜 그렇게 팔팔해?"

"카메라가 도는데 어떡해?"

"이거 리얼 체험이야. 아프면 아픈 대로, 힘들면 힘든 대로 가자고. 제발 오버하지 마."

"그게 성격상 안 되는걸 뭐. 난 일하는 중이잖아."

무슨 말로 그의 열정을 잠재우랴. 3~4인용 텐트는 둘이 눕기도 빠듯했다. 나의 큰 키를 감당할 공간은 없었다. 텐진이 걱정됐는지 와서 계속 말을 시킨다. 그의 질문에 영어로 친절한 답변을 하는 것조차 고단했다. 서늘한 공기는 새벽 추위를 예고했다. 얼른 짐 속의 모든 옷을 꺼내 입었다. 다운재킷을 포함해 윗옷은 여섯 벌, 바지는 네 벌을 입었다. 침낭을 꺼내고 약 봉지를 찾았다. 내일 하산의 망신을 당하지 않으려면 견디어야 했다.

"형, 이 약부터 먹어. 다이아목스하고 비아그라 먹고, 아미노 비타민탄 물 먹자."

약을 한 움큼 먹었다. 일단 고개만 흔들면 느껴지는 어지럼증이라도 가라앉히고 싶었다. 잘 수 있다는 사실이 큰 행복이다. 그래도 사고 없이, 분노 없이, 망신 없이 무사히 하루를 마쳤다. 당초 걱정과 달리 가끔 차를 태워줄 것으로 추정되는 P선배의 융통성이 고마웠다. 그냥 이대로 아침이 오길 바랐다. 둥근 해가 그리웠다.

44

문제는 다이아목스였다. 그 약이 이뇨제라는 사실을 기억하지 못하고 급한 마음에 털어 넣었던 것이다. 고단한 자전거 여행에 물을 많이 마신 데다 이뇨제는 약효를 충분히 발휘했다. 나는 벌써 다섯 번째 텐트 밖 나들이를 하고 있다. 첫 번째 요의를 느꼈을 때, 내가 밤을 준비하지 않고 잠자리에 들었다는 것을 깨달았다. 헤드랜턴을 머리맡에 준비해놓았어야 했다. 어딘가에 있을 헤드랜턴을 주섬주섬 찾다가 급한 마음에 텐트 지퍼를 열었다. 히말라야의 밤은 칠흑이었다. 어느 방향에 대고 볼일을 봐야 할지 캠핑장 지도가 머릿속에 전혀 떠오르지 않았다. 심지어 어느 쪽에 다른 텐트가 있었는지조차 생각나지 않았다. 자다 깬 동공이 흡수할 빛이 전혀 없었다. 그냥 몇 걸음 뗀 후 지퍼를 내렸다. 껴입은 네 벌의 바지가 장애물이다. 폭포수가 따로 없다. 이뇨제는 제대로 역할을 했다. 고산증세가 없어졌는지는 느낄 여유가 없다. 텐트로 돌아와 여유 있게 헤드랜턴을 꺼내 밤을 준비했다.

두 번째 소변여행을 떠났을 때는 헤드랜턴 덕분에 구도가 눈에 들어왔다. 철조망으로 된 캠핑장 경계에서 일을 봤다. 세 번째에서야 H도 같은 여행을 하고 있다는 걸 알았다. 심지어 어제 먹은 계란탕 때문에 속이 부글거린단다. 내가 잠든 사이에는 들개들이 습격했단다. 남은 계란탕을 탐해 코펠 뚜껑을 건드리는 시도까지 있었단다. 그 소리를 못 듣다니 피곤하긴 했나 보다. 네 번째 일을 치르고는 아침이 일찍 올까 봐 겁났다. 이렇게 잠을 설치고 내일 어떻게 5,300 고지를 오른단 말인가. 걱정이 엄습했다. 고산증세는 사라진 것 같기도 했다.

다시 요의를 느꼈다. 텐트 천장 빛깔이 달라진 것으로 보아 새벽 기운이 트는 모양이다. 제발 이 밤의 마지막 여정이기를 바랐다. H가 깨지 않도록 조심하며 헤드랜턴을 차고 텐트 지퍼를 열었다. 몇 걸음 걸어가 체념한 채 신성한 의식을 치렀다. 이게 어찌 된 일인가. 갑자기 속이 부글거리더니 변의가 느껴졌다. 기습공격이었다. 상황을 진단했다. 곧 닥칠 아침까지 참을 수 있는지 아니면 당장 암흑천지에서 해결을 봐야 하는지 판단이 서질 않았다. 갑자기 뱃속 부글거림이 큰 파도처럼 일었다. 당장 해결해야 할 비상상황이었다.

텐트로 뛰어가 휴지를 외쳤다. H를 깨우고 물휴지를 요청했다. H는 잠결에 허겁지겁 아무것도 찾지 못했다. 기다릴 수 없었다. 뱃속에서 쓰나미가 일었다. 레의 호텔에서 가져온 가방 속 신문지를 얼른 꺼내 텐트 입구에 있는 생수병을 들고 격전지를 찾았다. 고민할 틈이 없었다. 그냥 돌로 쌓은 작은 건물 옆에서 바지를 내렸다. 네 겹의 바지가 한꺼번에 움직였다. 나에겐 단 3초의 여유도 없다. 바지 내림과 동시에 이무기가 한 마리 빠져나온다. 묵은 체증의 쾌감을 넘어서 내장이 다 빠져나오는 느낌이다. 순간 전날 저녁 아버지 집에서 먹은 요구르트가 생각났다. 장 기능을 활성화시키는 데는 유산균이 최고다. 순간이었다. 물컹한 찰흙이 내 속에 이렇게 많이 들었었나 싶을 정도로 언덕을 만들었다. 대장 내시경을 해도 될 만큼 장을 비웠다. 안도의 한숨이 흘러나왔다. 신문지와 생수는 무척 요긴했다. 닦고 씻고 덮는 데 부족함이 없다. 그사이 동쪽 먼 하늘가에 새벽 미명을 알리는 잿빛 하늘이 뭉글뭉글 밀려오고 있었다. 잿빛 도화지에는 양젖 요구르트를 주신 럼체의 부모님 얼굴이 떠올랐다.

45

하늘은 오늘도 맑았다. 햇살은 다시 눈부신 빛을 쏟아냈다. 바람은 선선했다. 코스모스가 있었다면 하늘거리기 딱 좋은 바람이다. 가을의 신선함이 7월의 아침을 훔쳐 갔다. 히말라야 산자락에 다섯 동의 텐트가 일부러 줄을 맞춘 듯 가지런히 서 있다. 캠핑장 위로 망아지를 타고 가는 라다크 사람이 보인다. 어디를 가는 걸까 하는 궁금증이 앞섰다.

새벽 거사 후에도 꽤 긴 시간이 주어졌다. 이뇨제의 활발한 작용으로 설친 잠을 한소끔 보충했다. 깨울 때까지 절대로 텐트 밖으로 나가지 않으리라 다짐하고 히말라야의 아침을 엿가락처럼 늘렸다. 메스꺼움도, 어지럼증도 잦아들었다. 속은 텅 빈 듯 편안했다. 일단 하산의 위기는 모면했다.

P선배가 은색 쇠 컵을 내밀었다. 밀크티였다. 먹을 건 절대 안 주겠다더니 불쌍해 보였나 보다. 따뜻한 게 들어갔다고 속이 풀렸다. H가 다섯은 코펠을 들고 왔다. 어제 먹은 흔적을 지우고 오는 모양이다.

"애썼다."

"그나저나 이건 거의 다 지워졌어."

H가 팔뚝 위에 헤나 자리를 가리키며 말했다. 영 아쉬운 표정이다. 아침식사는 식빵에 땅콩버터를 발라 먹기로 했다. 어제 남은 계란탕에 욕심을 부렸던 H는 들개들의 습격을 떠올리며 마음을 접고 설거지를 하고 왔다. 메마른 식빵에 뻑뻑한 땅콩버터는 호텔에서 먹던 바삭한 토

스트와 폭신한 오믈렛을 생각나게 했다.

"아휴, 지금도 식은땀이 난다. 널 안 깨울 수가 없었어. 당장 나올 것 같았거든."

"형, 나도 잠결이라 어디 있는지 생각이 나야 말이지. 신문지 가져오길 잘했다."

"밤에는 다이아목스 절대 안 되고, 헤드랜턴과 물휴지와 약봉지를 머리맡에 놓고 자자고."

텐진이 밤에 춥지 않았냐고 걱정의 질문을 쏟아낸다. 여섯 겹의 윗옷과 네 벌의 바지가 효과를 본 건지, 심야의 다이아목스 작용이 추울 겨를도 없게 한 건지, 영하도 견딘다는 침낭이 제값을 한 건지 어쨌든 추위는 모르고 밤을 지냈다. P선배는 아침식사를 하겠다고 총총걸음으로 사라졌다. 아침 햇살은 봄빛이 되었고, 하늘의 파란빛은 조금 더 진해졌다. 흙산은 아무 말이 없었다. 작은 돌 건물 옆에는 지난 새벽 치른 거사를 덮은 신문지가 바람에 날리고 있다. 돌로 눌러놓기를 잘했다고 생각하니 무척 뿌듯했다.

히말라야 학교에는
콩나무가 자란다

46

H는 세수를 한다고 부산스럽다. 카메라 두 대를 끌고 개울가에 가서 세수 리포팅을 마쳤다. 나는 그냥 안 씻기로 했다. 습한 날씨가 아니어서 땀이 난 것도 아니고 찜찜하지도 않았다. 쪼그리고 앉아서 씻을 만큼 깨끗함에 대한 욕구가 없었다. 잘 보일 필요도 없고, 수염도 안 깎기로 한 거 세수한다고 나아질 것도 없었다. 물론 카메라가 돌지만 그냥 자연스러운 모습이 낫다. 그 누가 안 씻었다고 생각할까? 안다 해도 H와 캐릭터 대비가 되는 것이 더 좋았다. 나는 진정한 프로니까.

오전에 주변을 산책하기로 했다. 히말라야의 풍광을 보여주려면 출연자가 걷는 것이 제일이란다. 몇 걸음 걸으니 숨이 차올랐다. 어젯밤에 약을 먹은 터라 이제 약 기운이 떨어진 모양이다. 일단 버티기로 하고 걸음을 천천히 뗐다. 마을이라고 부르기에는 인적도 드물고 황량한 흙길만 계속됐다.

"히말라야가 얼마나 많은 사람들을 하늘로 보냈을까?"

"정채봉 시인의 〈콩씨네 자녀교육〉이라는 시가 있거든."

콩씨네 자녀 교육

광야로
내보낸 자식은
콩나무가 되었고,
온실로
들여보낸 자식은
콩나물이 되었고.

"저거 봐. 콩알만 한 애가 자기보다 큰 펌프에서 물을 퍼낸다. 쟤가 콩나무다. 콩나무."

작은 건물 앞에 수도 펌프가 있었다. 어린아이가 물을 퍼 올리고 있었다. 대여섯 살쯤 된 아이 옆에 찌그러진 양동이가 꽤 커 보였다. 아이에게 '줄래' 하자 아이도 '줄래' 한다. 아이는 물을 다 길었는지 통을 들고 총총걸음으로 사라졌다. 우리도 펌프질로 물을 끌어 올렸다. 옛날 수도 펌프와 달리 최근에 만들어진 듯, 각진 모습의 펌프가 생경했다. 마중물 없이도 네댓 번 펌프질을 하니 물이 쏟아졌다. 꽤 시원했다. 고양이 세수를 했다.

텐진과 P선배는 어제 만난 집의 막내아들이 다니던 학교를 찾고 있었다. 수도 펌프가 있는 건물에 'Primary School'이라고 적힌 작은 간판이 눈에 들어왔다. 어제 그 아이가 다니는 학교가 아닌 작은 초등학교였다. 텐진이 촬영협조를 부탁했고, 얼마 지나지 않아 얼른 올라오라는 손짓이 보였다.

학교는 교실 한 칸이었다. 여덟 명의 아이들과 두 분 선생님이 작은 교실을 꽉 채웠다. 아이들은 당황한 미소로 우리를 맞이했고, 선생님들은 해맑은 미소로 '줄래'를 외쳤다. 수돗가에서 만난 아이가 유난히 환하게 웃었다. 네 살에서 열 살이란다. 큰 아이들이 다니는 학교보다 이 학교가 느낌이 더 좋았다. 수업은 개인수업이었다. 선생님이 직접 한 아이씩 길지 않은 시간 동안 지도한다. 선생님이 영어를 잘하는 아이 둘을 내 옆에 앉혔다. 아이들과 영어 책을 읽었다. 초급 문장을 곧잘 읽었다. 한 여자아이가 물끄러미 쳐다보길래 무릎에 앉혔다. 손에 장애가 있단다. 고개를 돌려 뭔가 더 기대하는 표정에 더 마음이 쓰였다. 아이는 무릎 위에서 부산스럽지 않게 편히 앉아 있었다.

"아이들 수업 받는 거 조금만 더 보고요, 두 분이 수업을 하시면 좋겠어요."

"아니, 갑자기 뭘 해요?"

"그냥 하시면 돼요. 두 분 말씀 잘하시잖아요. 아무거나."

'아무거나'는 식당에서 시키는 주문 메뉴이지 이런 데 적용할 단어는 아니었다. 아나운서를 대하는 잘못된 편견 중에 하나는 아무 때나 말을 시켜도 뭔가 멋있는 스피치를 하리라는 대중의 기대. 말하는 기계가 아닌 이상 단추만 누르면 수려한 말잔치를 펼칠 능력은 없다. 더욱이 유치원 애들에게 영어로 말하라는 건 엄청난 무례다. H는 나에게 알아서 하라며 연신 손짓만 한다. 피할 수 없으면 맞닥뜨려야 하는 여행이니까 변명이 소용없는 P선배에게 그냥 알아서 하겠다고 했다.

소개는 H가 했다. 한국에서 온 텔레비전에 나오는 아저씨들이라고. 나는 아이들에게 노래와 율동을 가르쳤다. '머리 어깨 무릎 발'. 영어 단어로 노래를 불렀다. 동작이 재미있는지 아이들은 꽤 신나했다. 더 신나하는 건 두 분의 선생님, 그들보다 더 신난 건 P선배다. 노래의 마지막 소절 '귀 코 귀'는 하이라이트였다. 아이들과 선생님은 제대로 따라하지 못하는 자신들의 모습에 웃느라 간드러졌다. 영어가 익숙해질 즈음 라다크 어로 단어를 물어 같이 불렀다. 제대로 발음하지 못하는 내 모습에 아이들은 또 간드러졌다.

P선배가 꼼꼼하게 챙겨 온 선물꾸러미를 열었다. 색연필과 손거울을 하나씩 나누어주었다. H도 야심차게 준비한 선물을 가방에서 꺼냈다. 제기다. 아이들에게 제기 차는 방법을 가르쳐줬지만 안타깝게도 나도 H도 세 개를 넘기질 못했다. 선생님도 아이들도 다 한 번씩 제기에 발을 대보았다. 어찌나 좋아하는지.

H는 두 번째 야심찬 선물로 공기를 꺼냈다. 공기 시범을 보이자 선생님 한 분이 돌로 된 공기알을 갖고 왔다. 아, 이들도 공기를 하는구나. 한 알, 두 알, 세 알, 네 알, 꺾기로 가는 그 과정은 우리와 조금 다르다. 아이들의 조막손은 플라스틱 공기알이 신기하다.

축구를 했다. 고산지대에서 헐떡이며 잘 뛰지 못하는 두 아저씨의 모습을 보고 싶어하는 피디들의 제안이었다. 선물로 준비한 축구공을 던져줬고 아이들은 숫돌이 축구왕처럼 열심히 뛰었다. 우리는 몇 걸음만 옮겨도 헐떡거렸고, 가끔 뻥 하고 날릴 뿐이었다. 아이들의 해맑은 표정은 히말라야의 그림이 되기에 충분했다. 라다크의 하루는 초여름으로 달리고 있었다.

It is not a rally,
Enjoy the valley

47

"정신이 몽롱해져."

"고산증센가요?"

자전거는 이미 멈춰 있다. 3호차에서 L피디가 뛰어내려 카메라를 들이댔다. 나는 고개를 허리 아래로 떨구고 거친 숨을 몰아쉬었다.

"허벅지가 파열되는 거 같아요."

일단 물을 벌컥벌컥 들이켰다. 거친 숨이 수그러들었다. 조금 나아졌다. 터질 것 같던 심장이 무사함을 확인하자 나는 다시 자전거를 붙들고 걷기 시작했다. 카메라를 의식한 탓이다. 아직 살 만하다는 증거였다. H가 입을 열었다.

"이런 무모한 도전은 우리가 처음 아니에요? 길이 역사에 남을, 세계에서 두 번째로 높은 도로를 자전거를 타고 가다니."

"헬멧이 너무 무거워."

"두 분 서로 관심이 없나 봐요. 대화가 아니네요."

"지금 남 배려하고 그럴 여유가 없어요."

"마포에서 구리까지 자전거 타는 사람이에요, 이 사람."

"거긴 평지잖아요, 평지. 한강시민공원은 평지라고요. 댁은 돈 처들여서 운동하셨잖아요."

"그게 무슨 상관이야? 그냥 내가 두 살 적은 거지. 형도 맨날 걸어서 출퇴근하잖아."

"확실히 임계점을 극복하는 훈련을 해야 되나 보다. 난 생활운동이니까 고비를 못 넘기네. 게다가 내일모레면 쉰이란 얘기를 하고 싶어도, 70대 어르신들이 타고 가시는 걸 봤기 때문에 할 말이 없네."

타그랑 라. 5,360미터 고지로 가는 길은 험난했다. 세계에서 가장 높은 도로인, 5,602미터의 카르둥 라에 이어 두 번째 높은 도로다. '라'가 고개라는 뜻이니까 카르둥 고개가 제일 높고, 타그랑 고개가 두 번째다. 옛날 할머니들이 넘었던 꼬부랑 고개도 꽤 높았으리라. 우리는 타그랑 고개를 자전거로 넘기 위해 생고생을 했다. 흙산은 계속됐고, 인더스 강줄기가 계곡을 이뤘다. 1킬로미터 간격으로 있는 노란 표지석들은 문장을 머금고 있었다. 우리에게 힘을 주는 문구라지만 약을 올리는 문구이기도 했다.

"It is not a rally. Enjoy the valley."

시합이 아니니까 계곡을 즐기면서 가란다. 우리도 안다. 하지만 힘들어 죽을 맛인데 계곡을 즐길 여유는 없다. 이건 여행이 아니라 일이거든요. 자전거를 타야 했다. 계속되는 오르막은 도저히 감당할 수 없었다. 내리막이 나와줘야 오르막을 견디는데 타그랑 고개 가는 길은 계속 오르막이었다. 인생 오르막은 좋건만 자전거 오르막은 죽음을 불사한다. 자전거는 또 멈췄다. 자전거를 지지대로 세울 힘조차 없어 팽개친 채 히말라야 산자락에 벌러덩 누워버렸다.

"하늘이 노래."

"뭔 소리야? 파래. 색맹이야?"

"요만큼은 노래."

손가락으로 지름 1미터 정도의 원을 그렸다. 텐진이 통역을 듣고 말을 거들었다.

"스카이 이즈 낫 옐로. 스카이 이즈 블루."

나는 진짜 말할 기력조차 없었다. 마시던 물을 얼굴에 뿌렸다. 노란 하늘은 다행히 지워졌다. 누워 있는 편안함보다 또 가야 한다는 막막함이 앞을 가렸다. P선배가 말을 건넸다.

"여기서 쓰러지면 의료진도 없으니까 좀 위험할 수도 있거든요."

"걱정하지 마세요. 쓰러지기 전에 포기할 거예요."

진심이었다. 아무리 일이라고 해도, 카메라가 돈다고 해도, 나이 마흔여덟에 망신이라고 해도, 나는 포기할 거다. 쓰러질 때까지 가는 일은 없다. 고산증세가 안 없어지면 하산하기로 한 촬영이니까 고산증세 핑계를 대서라도 포기할 참이었다. 이게 상황 순응이다. 그래도 지금은 죽을 만큼 힘들어도 좀 쉬면 1백 미터라도 또 갈 수 있으니 버텨본다. 시간제한이 없어서 다행이다. 두세 달 전에 〈세상을 품다〉에서 사막 오지 레이스에 참가했던 여배우가 생각났다. 그녀는 대회규정상 하루 40킬로미터의 사막 길을 11시간 내에 주파해야 했다. 그 상황에 비하면 천국이다. 그때도 연출했던 P선배가 실없이 한 마디 거든다.

"H씨 쓰러졌을 때도 제가 전화한 거예요. 그러니까 걱정 마세요."

"그 미국 의사들요?"

"네, 저 섭외 잘하거든요."

코웃음이 나왔다. P선배는 여전히 눈을 껌뻑인다. 하찮은 유머에 웃음이 나오는 걸 보니 살 만해진 모양이다. 또 달려야 하는 시점이 왔다. 갑자기 사레들린 것처럼 기침이 나왔다. 텐진이 얼른 배낭을 풀어주었다. 단순히 오르막 자전거라서 힘든 건지, 고산증세라서 죽겠는 건지 구분이 안 됐다. 구분이 된다 한들 무슨 의미가 있겠는가. 어지럽지만 않아도 가겠는데……. 다시 물을 벌컥벌컥 마셨다. 텐진이 물병을 빼앗아 내 머리에 물을 부었다. 금세 생쥐 꼴이 됐다. 텐진이 물을 더 마시란다. 고산에서는 물이 답이라는 말에 의지해 물을 또 마셨다.

"머리숱이 별로 없는 우리 형을 보라. 나처럼 처음부터 두건을 쓰는 센스가 필요한 거지."

"두건 쓰면 머리 더 빠진다잖아. 어제 개울에서도 물 묻히지 않고 버텼는데 결국 이런 모습을 보이는구나."

"시원하긴 하시죠?"

그래, 시원하다. 너도 물 뿌려주랴? 목구멍까지 나온 문장을 나는 차마 P선배에게 쏟아내지는 못했다. 눈을 감고 숨을 크게 쉬었다. 확실히 산소가 부족했다. 그나마 바람이 구세주였다. 바람을 한참 느꼈다. 바람은 늘 나를 위로했다. 눈에 결코 보이지 않았지만 바람은 늘 내 곁에 있었다. 흘린 땀을 식혀줬고, 지친 몸을 달래주었고, 달아오른 짜증을 눌러주었다. 보이지 않아도 누군가에게 위로가 되는 삶, 바람에게 진즉 배웠어야 하는 진리였다. 레에서 체다 곰파 건너편 봉우리에 올라 바람과 했던 줄다리기가 생각났다. 룽타 줄을 부여잡고 바람의 방향을 거스르기도 하고, 휩쓸리기도 하며 휘청거렸던 그 몸뚱이가 지금 5,360 고지를 가기 위해 죽을힘을 다하고 있다. 머리를 누르는 헬멧이 돌덩이처럼 느껴졌다.

"정 무거우시면 헬멧을 배낭에 매달고 가셔도 돼요."

P선배가 배려를 가장해서 안전을 포기하라고 권유했다. 배낭에 맨다고 안 무거우랴. 무겁다고 노래를 부르는데도 H는 딴청이다. L피디가 짚고 나섰다.

"두 분은 달릴 때나 쉴 때나 거의 각자 노시네요."

"배려 없어요. 진짜 내 몸뚱이 하나도."

"이런 모습을 누가 보든, 시청자가 보든, 안중에도 없고 나만 생각해요. 나만."

"집에서 걱정하시겠다. 이거 방송 나가면."

"뭐, 살아 돌아온 다음인데요. 지금 생방송으로 보고 있는 것도 아니고."

"출발하실 때 걱정 많이 하셨을 텐데."

"이렇게 힘들 줄 몰랐을 거예요. 저도 몰랐는데요, 뭐. 그냥 산동네에서 자전거 타는 줄 알았지. 집사람에게 자세히 얘기도 안 했고요."

갑자기 가족 걱정이 지친 마음으로 스며들었다. 얼른 밀어내고 고개를 털어 현실로 돌아왔다. 현실에는 내가 걱정해야 할 H가 좁은 그늘에 몸을 늘어뜨리고 있었다. 그를 독려해서 또 달렸다. 아니 솔직히 그가 나를 독려했다. 간혹 나오는 내리막은 마치 청룡열차를 연상시키는 속도로 우리를 밑으로 떨구었다. 자전거 페달을 밟지 않고 내려가는 속도는 라다크 바람을 만들었다.

맛있는 건 빨리 없어지고, 재밌는 건 금방 끝나고, 사랑하는 여자는 금세 늙고, 내리막길은 어쩌나 짧은지 아쉬움 속에 내리막길과 작별도 채 못했는데, 오르막이 기다리고 있었다.

다시 안간힘을 쓰며 페달을 밟는데 저 멀리 흙먼지를 일으키며 두 대의 자전거가 달려온다. P선배가 외국인 관광객과의 인터뷰를 무척 좋아

한다는 것을 잘 알고 있기에 설까 말까 고민하는 사이 그들이 우리 앞으로 왔다. '줄래' 하며 손을 들었다. 그들 역시 '줄래' 하고는 쏜살같이 사라졌다. 자전거 양옆에 어마어마한 양의 짐을 싣고서 백인 남자가 모는 두 대의 자전거는 다시 우리에게서 멀어져 갔다. 그들에게 우리를 위해 서줄 이유는 없다. 그들은 지금 내리막을 즐기고 있지 않은가? 어찌 청룡열차를 세울 수 있단 말인가? 우리도 곧 타그랑 라를 내려갈 때는 그들과 같으리라. 또 섰다. 물부터 마셨다. 오늘 벌써 몇 병째인지. 레에서 가져온 2백 병이 모자랄 수도 있겠다는 생각을 처음 했다. 1호차에서 내려 산세를 둘러보며 계속 차 앞뒤로 왔다 갔다 하던 P선배가 말을 걸었다.

"혹시 내리막 타고 싶으세요?"

"네? 무슨?"

"여기 보시다시피 길이 워낙 멋있어서요. 올라오시는 걸 위에서 찍으면 기가 막히겠는데, 계속 차 앞뒤에서만 찍어서 그림이 단조로워서요. 혹시 괜찮으시면."

"아, 그러니까. 저 아래로 다시 내려가서 이 오르막길을 다시 올라오라는?"

"아, 네. 괜찮으시면."

"가야죠. 가요."

H는 P선배가 원하는 건 다 한단다. 그리고는 분명 내려가면서 불만을 토로할 것이다. P선배가 눈을 껌뻑이며 얘기하는데 어떻게 거절하냐는 둥, 이럴 거였으면 진즉 1호차가 앞서 가서 찍었어야 한다는 둥. 내 예견은 맞았다. H는 내려가면서 내 생각과 똑같은 이야기를 했다. 그래도 그 친구의 말이 맞았다. 어쩌랴? 우리는 여행이 아니라 일을 하고 있는 것을. 단지 일을 여행처럼 하고 있는 것뿐이었다. 우리가 좀 낫다. L피디와 Y사장은 걸어서 중간지점까지 내려가야 했다. P선배는 맨 위에서 찍기로 했다. 어쨌든 우리는 우리에게 다시 허락된 내리막을 즐겼다. H는

금세 자신의 불평을 잊었나 보다.

"형, 내려오니까 정말 시원하다. 이런 길만 계속되면 좋겠는데."

"그니까."

위를 바라봤다. P선배가 초록색 천막을 흔들고 있었다. 떠나라는 신호인가 보다. 우리는 또 올라갔다. 또 올라갔다. 구불거리는 길은 그리 좁지 않았다. 아까 올라갔던 길인데 처음 가는 길 같았다. 아까도 힘들었는데, 한 번 겪은 길이라 괜찮을 줄 알았는데, 똑같았다. 아니 더 힘들었다. 우리 인생도 한 번 걸었던 길을 또 걷는 걸까? 그 길이 진짜 힘든 길이었는데도 또 걸어야 한다면 그 길은 조금 수월할까? 그럴 줄 알았다. 고통스런 인생은 다시 살아도 더 고통스럽다. 진짜 죽을 것 같았다. 심장이 터지기 직전에 이런 느낌이겠구나. 좌심방, 좌심실, 우심방, 우심실, 피가 어디로 나와서 어디로 들어가는지 제대로 돌지 않는 게 분명했다. 하지만 멈출 수는 없다. 위에서 나를 찍고 있었다. 여기서 서면 또 내려가라고 할지 모른다는 생각이 들었다. 나는 여행이 아니라 일을 하고 있다고 또 되뇌었다.

목적지는 길을 계속 가기만 하면 도착한다. 도착하지 못한다는 것은 계속 가지 않기 때문이다. 우리는 길을 계속 달렸다. 그래서 P선배가 있는 목적지에 도착했다.

"헉헉, 선배, 그럼 괜찮았어요?"

"모르겠어요."

P선배는 여전히 눈을 껌뻑거리고 있었다. 모르겠다니, 모르겠다니, 그러면 또 내려가란 말인가. 나는 헉헉대던 숨을 일부러 더 몰아쉬었다.

"모르겠다니요? 안 찍으셨어요?"

"찍었는데요. 안 보여서요. 햇빛이 너무 강해서 뷰파인더가 안 보여요. 아까 텐진한테 천막으로 가려달라고 했는데도 안 보이더라고요. 갑자기 올라오시기에 그냥 찍었어요. 찍혔겠죠."

우리는 얼른 또 달렸다. 우리가 구불구불 올라온 산의 반대편으로 돌아선 느낌이다. 구불거리는 길로 내려오는 차들이 보였다. 흙산 뒤로 그동안 볼 수 없던 설산이 보였다. 다행히 평지가 잠시 이어졌다. 내리막과 평지에 이어 나온 오르막길은 생각만 해도 끔찍했다. 앞서 가는 노란 부엌 차는 더 이상 우리를 기다려주지 않았다. 점점 거리가 벌어졌다. 갑자기 길이 좁아졌다. 산길이 아닌 돌길이 됐다. 문제는 돌들이 커졌다는 사실이다. 어쩔 수 없이 또 내렸다. 자전거를 끌고 걷기 시작했다. 1호차가 시야에서 사라졌다. 앞서 가서 상황을 살피려는 모양이다. 우리는 계속 걸었다. 3호차 L피디가 내려 카메라를 들이대고 함께 걸었다.

"저 고개를 넘어가야 되는데."

"어느 고개요?"

파란 하늘 아래, 까마득하게 산 능선이 보였다. 나는 자전거에 팔을 걸치고 허리를 숙인 채 숨을 몰아쉬었다. 가야 할 길을 보는 순간 심장이 더 죄어왔다. 마음의 생각에 몸이 격하게 반응하는 모양이다.

"선배님들 아무래도 타고 가기가 힘들 것 같은데요."

"끌고 가죠, 끌고 가."

"저기를 넘어가야 하는데, 형. 어지간하면 가보겠는데."

자전거가 천근만근이다. 숨을 크게 들이마셨다. 큰 심호흡을 반복했다. 순간순간 터질 것 같은 심장 탓에 고산증세를 잊곤 했다. 다시 주저앉았다. 큰 돌이 엉덩이를 찌른다. H의 얼굴이 백짓장 같다. 순간 우리가 왜 이런 고생을 하고 있지, 후회가 밀려왔다. 우리가 벗어나려고 했던 일상은 무엇이었는지. 무엇이 지금 나를 힘들게 하는 것일까? 우리가 바라던 꿈은 우리의 생각과 달랐다. 이런 줄 모르고 왔다. 그래도 우리는 가야 했다. 배낭을 벗었다. 물을 마셨다. 눈을 감았다. 얼마나 지났을까? 텐진의 영어가 들렸다.

"아 유 오케이?"

텐진의 영어에는 진심이 묻어났다. 굳이 그의 표정을 보지 않아도 안다. P선배도 눈을 껌뻑이며 다가왔다.

"일단 위험한 상황을 막기 위해서라도 차량에 탑승하시는 게 좋겠습니다. 여기 이후로는 자전거를 탈 수 없는 길이네요."

"조금 걸어갈게요. 자전거만 실어주시면 걷다가 더 힘들면 탈게요."

자전거 수리공 지그맷과 헬퍼 밤바가 내려서 노란 차에 자전거를 실었다. 한 번만 더 권해주길 원했다. 한 번만 더 차를 타는 게 좋겠다고 했으면 그러겠다고 했을 텐데. 야속하게 느껴졌다. 이제 우리는 언제 걷기를 포기하고 타야 하는가? 걷기와 자전거는 다르다. 걷기는 무조건 다리를 움직여야 앞으로 진행된다. 자전거는 마일리지를 쌓아놓을 수 있다. 열심히 페달을 밟으면 잠깐이라도 쉰다. 내리막에서는 말할 것도 없다. 걷기는 내리막에서도 다리를 움직여야 한다. 아무리 마일리지를 쌓아도 걸어야 갈 수 있다.

후회가 밀려왔다. 아, 그냥 탄다고 할걸. 알량한 자존심을 세우다가 낭패를 보다니. 자전거를 차에 싣는 작업은 생각보다 어려웠다. 울퉁불퉁, 구불구불 산길을 달리는 관계로 확실하게 고정되어 있어야 했다. 지그맷과 밤바가 땀을 뻘뻘 흘리며 자전거를 모두 실었다. 밖으로 나와 있던 사람들이 다 차로 들어갔다. 자전거 없이 남은 우리는 더 처량해 보였다. P선배가 카메라를 들고 다가왔다.

"저, 그냥 타시죠."

"아, 네. 그럼 그럴까요?"

세계에서 두 번째로
높은 도로

48

갑자기 차가 섰다. 불안감이 밀려왔다. 자전거를 타려면 타야지. P선배가 우리가 탄 3호차 창문을 열라는 신호를 보냈다.

"좀 쉬셨어요? 저, 자전거 트래킹족을 만났거든요. 이 사람 인터뷰하면서 자전거 다시 타시죠. 괜찮으시겠어요?"

P선배가 좋아하는 외국인이 나타났다. H는 자고 있고, 앞에 앉은 L피디는 카메라를 돌리고 있었고, P선배는 눈만 껌벅이고 있었다. 내 대답을 기다리는 모양이다.

"아, 네, 그래야죠."

H를 깨웠다. 차 밖에는 인도 영화에 나올 법한 배우 느낌의 멋진 인도 청년이 자전거를 세워놓고 쉬고 있다. 텐진이 옆에서 상황을 설명하고 있었다. 정면에 설산이 보였고, 오르막 너머로 봉우리가 보였다. 봉우리 저쪽은 역시 오르막이었다. 구름의 흰 빛깔은 유난히 선명했다.

"하이, 하우 아 유?"

"굿. 생큐."

가볍게 인사만 주고받았다. 일부러 말을 아꼈다. 지금 다 말해버리면

이따가 할 말이 없다. 그는 거울 선글라스를 끼고 있었다. 짙은 구릿빛 피부에 예수님 머리를 하고 몸에 딱 붙는 기능성 옷을 입고 있었다. 외모도 자신감이 넘쳤고, 표정에 자존감이 묻어 있었다. 혼자 자전거를 타고 히말라야 산자락을 누비는 젊음이 부러웠다. 하긴 나도 누비고 있는데 뭐가 부러우랴. 그저 체력이 부러웠겠지.

P선배와 텐진이 그에게 상황을 설명한다. 우연히 만난 것으로 설정하려나 보다. 우연히 만난 것은 맞지. P선배가 먼저 만났을 뿐이다. 아직 자전거 내리는 작업이 진행 중이다. 지그맷과 밤바는 우리가 차를 타는 것을 싫어할 것이다.

그는 유쾌한 청년이었다. 환한 미소로 텐진과 P선배의 요청을 받아들였다. 오히려 즐기고 있었다. P선배는 우리에게 아래로 내려갔다 다시 올라올 것을 요청했다. 인도 청년의 자연스러운 연기를 기대할 뿐이다. 다시 자전거에 올라타니 엉덩이가 생경하다. 안장과의 재회가 어색했다. 인도 청년은 내려오고 우리는 올라간다. 서로 50미터쯤 달려 만나게 될 것이다.

"하이!"

"하이!"

"저스트 모먼트 플리즈."

우리는 가볍게 인사를 나눴다. 그의 이름은 바라. 선글라스를 벗으니 눈이 엄청나게 크다. 델리에서 왔다. 혼자 9일째 자전거를 타고 히말라야를 누비고 있단다. 심지어 델리에서부터 자전거를 타고 왔단다. 그의 자전거에는 살림살이가 매달려 있었다. 발길 닿는 곳에서 잔단다. 3, 4천 원이면 잘 수 있는 숙소 찾기는 어렵지 않았다. 오르막이 힘들지 않느냐는 질문에 힘들지 않은 사람 나와보란다. 분명 나만큼 힘들지는 않으리라. 우리에게 타그랑 라만 넘으면 내리막이 이어지니 힘을 내란다.

바라는 한국에서 왔다는 말에 지대한 관심을 보였다. 자기는 공대생인데 한국에 교환학생을 갈 계획이란다. 부산에 있는 대학에 지원한단다. 이런, 복 많은 이 친구가 임자를 만났군. H가 한국에 오면 꼭 KBS로 연락하라고 호들갑이다. 우리 이름을 알려주니 바라가 얼른 수첩을 꺼내 적는다. 심지어 전화번호도, 이메일 주소도 받아 갔다. 이 친구가 연락할 확률은 얼마나 될까? 머리를 굴리는 사이 엄청난 흙바람이 일었다. 그는 멋쩍은 질문을 했다.

"내가 한국 TV에 나오나요?"

"그럼요. 나와요."

"나한테 그 영상을 보내줄 수 있나요?"

"그래요. 여기 이메일로 연락하세요."

영화배우 느낌이 난다 했더니 역시 방송 욕심이 있다. 멋쩍을 것 같아 다른 이야기로 바꿨다.

"바라, 혹시 나이 물어봐도 돼요?"

"그럼요. 스물한 살."

이런, 우리 아들하고 얼마 차이 안 나는군. 장난기가 발동해서 다음 질문을 던졌다.

"와우, 그럼 내가 몇 살로 보여요?"

"스물네 살?"

이런 멋진 청년이 있나? L피디는 웃음을 짓고 H는 기가 막혀했다.

"그럼 이 친구는 몇 살 같아요?"

"이분은 서른한 살."

재미있는 친구네. 얼른 나이를 공개했다.

"나는 마흔여덟 살이고요. 이 친구는 서른한 살 맞아요."

"와우. 언빌리버블."

바라는 놀란 토끼눈을 하며 우리 곁을 떠나갔다. 그의 젊음이 히말라야 산자락에 묻어 있었다. 우리는 곧 오르막을 올라야 한다는 사실을 잊고 행복에 젖어 있었다. 히말라야가 바라를 통해 힘을 북돋워주었다. 그의 뒷모습이 아주 작아질 때까지 물끄러미 바라봤다. 내심 우리 아들도 저렇게 자라줬으면 좋겠다. 그러려면 일단 머리를 기르게 해야 하나?

49

"나, 못 가."

자전거에서 내려 그대로 길 위에 누워버렸다. H가 비틀거리며 내 옆에 와서 주저앉았다. 숨을 가쁘게 몰아쉰다. 나는 숨을 몰아쉬지도 못하고 헉헉거렸다. 당장이라도 멎을 기세였다. 숨을 몰아쉴 때는 물조차 마실 수 없다. 텐진이 달려와 물을 머리에 부었다. 한여름인데도 생수가 얼음물 같았다. 고도가 높아서인지 해는 쨍해도 바람은 칼이었다.

"코앞인데 저길 못 가네."

"저기만 가면 내리막이겠지?"

"텐진이 내리막이라고 했어. 근데 저기가 타그랑 라 맞겠지?"

고지가 바로 저기다. 타그랑 라에 가면 일단 세계에서 두 번째로 높은 도로에 간다는 1차 목표가 달성된다. 5,360미터의 고지대. 우리는 그곳에서 숨을 쉬려고 한다. 그 고지가 코앞인데, 나는 죽기 직전이었다.

"이제 얼마 안 남았어, 형. 얼마나 될까?"

"한 3백 미터."

"우리만 힘든 게 아닌 게 그 말 많던 피디들도 말이 없어졌어요."

"진짜 힘든 거지. L피디 얼굴 부은 거 봐. 아침보다 더 심해졌다."

"괜찮은 거야? 왜 말이 없어?"

"가자. 근데 난 자전거는 못 타겠어."

자전거를 끌고 걸음을 뗐다. 자전거는 천 근을 넘어 분명 수만 근이었다. H는 그 자리에 그대로 서 있었다. 난 그를 돌아볼 겨를이 없었다. 난 그저 내 길을 가야 했다. 바람이 세차게 불었다. 나는 몇 걸음 더 뗐다.

"형, 이건 아니야, 자존심이 허락하지 않아. 타고 가자."

신기하게도 하늘은 더 파랬다. 구름은 더 가까웠다. 구름의 움직임이 이렇게 선명하게 보인 건 10년 전 스카이다이빙 이후 처음이다. 바람이 더 세차졌다. 라다크의 바람은 땅바닥으로 꺼질 만큼 힘든 나에게 여전히 큰 위로가 됐다. 멀리 타그랑 라 고개 정상에서 룽타가 바람에 흩날리고 있었다. 그 룽타는 어떤 기도를 바람에 태워 보냈을까? 그 바람은 그 기도를 누구에게 전할까? 그 기도가 바람이 되어 나를 위로하고 있는지도 몰랐다.

나는 말없이 자전거에 올라탔다. 그리고 앞을 보지 않기로 했다. 자전거 핸들만 뚫어져라 쳐다보며 페달을 밟기로 했다. 허벅지가 터지지 않으리라는, 심장이 결코 풍선이 아니라는 확신이 생각을 지배했다. 일단 해보기로 했다. 다시 고개를 들어 앞을 봤다. 앞을 보면 이상하게 정상이 멀어진다. 다리에 힘이 빠졌다. 핸들을 보고 페달을 밟으면 나의 자전거는 히말라야가 아닌 KBS 체육관이 된다. 체육관 자전거는 결코 힘들지 않다. 힘들 때 그만두면 되니까.

나는 상황에 순응하고 있었다. 라다크의 히말라야에서 어쩔 수 없이 자전거에 타야 하는 상황에 나를 노출시킨다. 카메라는 나의 뒷모습을 보고 있었다. 지금의 카메라는 한 달 후에 시청자의 눈이 될 것이다.

"형, 드디어 왔어. 표지석이야."

"와우, 5,328이네. 지도가 잘못 됐구나."

"타그랑 라. 근데 이건 어느 나라 말이야?"

노란 표지석에는 라다크 말인지, 힌두어인지 모를 문자가 적혀 있었다.

"나도 모르지. 애썼다. 사진 찍자."

사진을 찍었다. 그래야만 할 것 같았다. 크게 기쁘지는 않다. 죽도록 힘들기 때문일까? 또 가야 할 길이 있어서일까? 어쨌든 무사히 우리가 와야 할 곳에 우리는 와 있었다.

"야, 이거 이상하다. 이건 안내판이고, 표지석은 저쪽에 따로 있네."

수많은 룽타에 둘러싸인 노랗고 큰 표지석이 우리가 중학교 1학년 때부터 배운 이방인들의 알파벳으로 옷 입고 있었다.

"세계에서 두 번째로 높은 도로. 17,582피트. 5,328미터. 여길 오기 위해 그렇게 힘들었나 보다. 여기 언빌리버블이라고 적혀 있다. 형."

"진짜 애썼다. 사진 찍자. 왔으니까."

사진을 또 찍었다. 표정은 책임질 수 없다. H의 표정은 파김치, 절인 배추, 갓김치 등으로 표현할 수 있었다. 내 표정은 오죽할까? 방풍재킷 하나 더 입은 것으로는 견딜 수 없을 정도로 바람이 찼다. 주변 경관은 보이지 않았다. 노란 돌만이 이곳이 세계에서 두 번째로 높은 도로가 있는 타그랑 라임을 알려주고 있었다. 어느덧 카메라 석 대 모두가 우리를 향했다.

H가 가방을 뒤져 레에서 산 룽타를 꺼냈다. 기도문이 적힌 룽타와 아무것도 적혀 있지 않은 하얀 천도 있었다. 룽타의 양쪽 끝을 최대한 벌려 표지석 위에 적당한 위치를 찾아 걸었다. 바람이 우리의 기도도 세상에 널리 전해주길 기원했다. 끈이 짧아서 쉽게 걸리지는 않았다. 룽타 끝을 다른 룽타와 연결해 묶었다. 기도는 기도로, 바람은 바람으로 이렇게 이어진다.

우리의 표정은 나아지지 않았다.

"숨 쉬기도 힘들다. 형."

"난 머리가 깨질 것같이 아프네."

"두 분도 소원을 적으시죠."

룽타를 거는 이유는 룽타의 적은 기도문이, 소원이 바람을 타고 널리 퍼지길 기원하는 마음이란다. 그러고 보니 동사 '바라다'에서 나온 명사 '바람'이 솔솔 부는 바람과 같은 단어라는 것이 이해가 됐다. 바람은 바람을 타고 하늘에 닿았다. H가 검은 매직으로 하얀 천에 뭔가 정성껏 적는다. 나는 바람에 날리는 천을 왼손으로 누르고 오른손에 든 매직으로 잘 써지지 않는 글씨를 적었다.

'오늘보다 더 나은 내일을 위하여 세상을 품다.'

H가 하얀 천 위에 적은 글을 읽었다.

"나의 삶, 나의 가족, 내 주변의 모든 사람을 더욱 소중히 여기도록 해주소서."

자신의 삶과 가족, 주변의 친구들을 그 어떤 사람보다 소중히 여기는 그였기에 그의 바람은 그의 다짐이었다. 오히려 그가 사랑하는 사람들이 그를 소중하게 여겨주길 바라는 간절한 염원이 담긴 건지도 모르겠다. P선배는 나도 읽기를 원했다.

"오늘보다 더 나은 내일을 위하여 세상을 품다."

순간 내가 1번 유형임이 생각났다. 웃음이 났다. 맞다. 나는 성격유형 검사 애니어그램 1번 유형이 말하는 개혁주의자의 성향을 드러내고 있었다. 1번들은 늘 더 나은 삶을 꿈꾼다. 순간 타그랑 라에 올라오자마자 5,328미터인 것을 알고 지도의 오류를 지적했던 사실이 떠올랐다. 틀린 것을 바로잡는 것은 1번 유형의 전형적인 모습이다. 또한 힘들 때 지나치게 반응한다는 것도 1번의 특징이다. 히말라야 산지에서 세찬 바람이 부는 가운데 발가락 하나 까딱할 힘이 없는 상황이기에 내 성향은 숨김없이 드러나고 있었다. 나는 오늘보다 더 나은 내일을 히말라야에서도 염원하고 있었다. 결국 세상을 품을 때 나의 삶은 더 나아질 것이다.

우리는 쉴 수 없었다. 이미 해가 기울었고, 바람은 우리의 속살을 탐하느라 점점 거칠어지고 있었다. 몸은 자전거를 향하고 있었다. 우리는 내리막길을 달렸다. 내리막은 생각보다 훨씬 추웠다. 콧물이 멈추질 않았다. 오르막을 오르며 그토록 바라던 내리막과는 다른 느낌이었다. 차라리 오르막이 낫겠다 싶었다. 여름에는 겨울이 그립고, 겨울에는 다시 여름이 그리운 인간의 간사함이 히말라야에서도 여실히 드러났다. 강풍이 부는 내리막길을 자전거로 내려가면서 인생이 생각처럼 되는 순간은 한 번도 없다고 생각했다.

사막여우도 아플 땐
엄마가 보고 싶다

50

"재원 선배님, 따뜻한 밀크티 한 잔 하시죠. 여기 휴게소예요."

L피디의 목소리가 잠결에 울렸다. 실눈을 떠보니 그가 카메라로 나를 깨우고 있었다. 도로 눈을 감았다. 그냥 계속 자야겠다.

"H 선배님, 괜찮으세요? 아까 너무 추워하시던데."

그는 H도 카메라로 깨웠다. 그도 답이 없다. 진짜 힘든 모양이다. Y사장이 창문을 열고 들여다보는 모양이다. 그의 목소리가 잠결을 파고들었다.

"진짜 피곤들 하신가 보네. 아까 너무 무리하셨지. 놔두는 게 낫겠다. L피디만 내려. 사막 한가운데 휴게소가 다 있네. 참 희한한 나라야."

L피디가 카메라를 접나 보다. 사막 한가운데 휴게소가 있다고? 호기심이 해외병 환자를 자극했으나 밀려오는 졸음을 물리칠 수는 없었다. L피디가 내리자 실눈을 떠 바깥 풍경을 확인했다. 허허벌판에 건물이 두 동 들어서 있었다. 사람들이 왔다 갔다 한다. 룽타가 바람에 세차게 휘날린다. 해가 저문 건지, 날씨가 안 좋은 건지 바깥은 잿빛이다. 기억을 더

듣었다. 언제 차에 탄 걸까? 정확히 기억이 나지 않았다. 타그랑 라에서 기뻐할 여력도 없이 룽타를 걸고 그토록 기다리던 내리막길을 내려온 것은 기억이 났다. 세찬 바람, 찬 공기, 흘러내리는 콧물, 페달 없이도 전속력으로 내려가는 자전거. 공포를 느꼈다. 돌길, 흙길, 산길이 먼지를 일으켰다. 갑자기 소변이 마려웠다. 자전거는 세우기가 겁날 정도로 빨랐다. 넘어질 듯 브레이크를 잡고 섰다. 민둥산 산길 길섶에서 지퍼를 내렸다. 그러고는 기억이 나질 않았다. 나는 다운재킷을 입고 있었다. H는 인도 담요를 덮고 있다. 다시 잠으로 스며들었다.

51

차가 유난히 덜컹거렸다. 몸이 으슬으슬 떨렸다. 딱히 대단히 힘든 일을 한 것도 아닌데 녹초가 된 나 자신이 안쓰러웠다. 이렇게 노화와 싸우고 있나 보다. 잠 자는 사이 바깥 풍경이 바뀌었다. 사막지대는 꿈결처럼 사라지고 넓은 들판이 보였다. 산은 여전히 그 자리에 있었다. 앞서가는 부엌 차가 유난히 먼지를 일으켰다. 차는 여전히 덜컹거렸다. 해는 이미 떨어졌다. 앞자리의 L피디는 고개를 푹 떨군 채 잠들어 있다. 얼굴이 여전히 부어 있는 게 꽤 힘든가 보다. 저 멀리 산자락에 흰 얼룩이 보인다. 점 같은 얼룩들이 꾸물꾸물 움직인다. 피곤해서인지, 고산 증세인지 눈이 많이 침침해졌다. 아! 양들이다. 산 들녘에 양들이 지나가고 있었다. 양 한 마리, 양 두 마리, 양 세 마리, 양 네 마리. 양을 쫓는 대모험은 이미 시작됐다.

52

차가 선 지 한참 됐다. L피디가 언제 탔는지 자고 있고, H는 몸을 뒤척거린 지 오래지만 여전히 잠결에 붙들려 있는 모양이다. 우리 차 운전기사 곤촉은 내린 지 한참인데 소식이 없었다. 해가 떨어져서 이제 바깥 풍광은 흐릿했다. 캠핑장이면 좋으련만 회색빛 풍광은 그냥 벌판이었다. 소변이 마려웠다. 그래, 내리자. 몇 걸음 걸어가도 길섶은 없었다. 차들이 서 있는 곳 반대쪽 벌판을 향해 참았던 물을 쏟아냈다. 물을 마시고 빼고, 내 몸에서 물이 돌고 있다는 사실은 그래도 잘 버틴다는 얘기다. 잊었던 두통이 느껴졌다.

1호차 옆에서는 텐진과 곤촉, P선배가 설전을 펼치고 있었다. 텐진은 특유의 손동작이 평소보다 컸고, P선배의 어둠 깃든 표정은 어둠 속에서도 느껴졌다. 말을 보탤까 하다가 그냥 차에 다시 올라탔다. 상황에 간섭하지 않고 순응하는 연습이다.

그나저나 여기는 어딜까? 오늘의 목적지는 디블링이었다. 디블링은 사막지대라는 출발 전 이야기가 생각났다. 하루 만에 돌아온 어둠이 어느덧 히말라야 산자락에 둥지를 틀고 있었다.

53

"무슨 문제가 있나요?"

"장소를 바꾸자고 하네요. 갑자기 이제 와서 이러네요. 일단 타시죠."

P선배가 차로 다가오자 나는 얼른 내렸었다. Y사장도 뒤를 따라왔다. 텐진과 곤촉은 움직임이 분주하다. 부엌 차에서 짐을 부리고 있었다. 아마 여기서 머물기로 한 모양이다. 분명 어둠 속에서도 캠핑장은 아니라는 것을 알 수 있었다. H와 L피디가 어안이 벙벙한 얼굴로 잠을 떨쳐냈고, Y사장이 내 옆에 타면서 나는 가운데에 끼어 앉게 됐다. P선배는 운

전석에 올라탔다.

"원래 디블링에서 자고 내일 초카 호수까지 가는 거였죠. 그런데 텐진이나 곤촉은 초카 호수에는 유목민이 거의 없고, 안전을 책임지기 어렵다는 거예요."

"……."

"유목민 가족을 만날 수 있을지 걱정이라며 디블링으로 안 가고, 방향을 바꿔 결국 여기로 온 거예요. 이 양반들이 처음에는 디블링 캠핑장이 고속도로 옆이기 때문에 좋지 않다고 했거든요."

아침에 텐진과의 대화가 떠올랐다. 오늘 최종 목적지가 어디냐는 질문에 그가 말한 지명은 디블링이 아니었다. 내일은 어디까지 가냐고 물으니 내일도 그곳에 머무를 거라고 했었다. 나도 모르는 사이에 일정이 바뀌었나 싶어서 가만히 있었지만 P선배와도 협의가 안 된 모양이다. 하지만 그 이야기를 이 자리에서 할 필요는 없었다.

"더 좋은 장소라고 온 곳이 여기예요. 여기가 캠핑장인 줄 알고 왔는데, 아니잖아요. 이 양반들이 얘기하는 건 초카 호수에 가봐야 유목민을 찾을 수 없다, 근데 여기는 20여 가구가 산다, 풍경도 괜찮다. 초카 호수에서 찍으려고 하는 내용 이상의 것을 찍을 수 있으니까 여기서 촬영을 하자는 거죠."

P선배는 어느 때보다 차분했다. 차분함 뒤에 숨은 분노는 감춰지지 않았다. 이야기를 듣는 네 사람의 표정은 내용보다 훨씬 심각했다.

"처음부터 오케이 하긴 그런 상황에서 내가 물어본 건 초카 호수 안 가고 여기 올 거였으면, 왜 미리 얘길 안 하고, 도착해서 여기가 더 좋으니까 여기서 하자고 했느냐 했는데, 들은 척도 안 하네요."

분노의 본질은 파악됐다. 그사이 텐트 네 동이 완성됐다. 부엌 텐트의 엷은 불빛이 히말라야 산자락을 희미하게 비추고 있었다.

54

텐트는 어제보다 더 좁았다. 큰 짐을 바깥으로 내놓아도 두 사람이 눕기에 결코 넉넉하지 않았다. 다리를 접고 자기 싫다면 발은 당연히 바깥이다. 어제처럼 위는 여섯 겹, 아래는 바지 네 벌을 입었다. 새벽에 목덜미에 한기를 느낀 터라 오늘은 수건을 목에 둘렀다.

기분이 썩 좋지 않은 P선배에게 밥은 건너뛰어도 된다는 허락을 받아냈다. 밥보다 잠이다. 차려진 밥도 아니고 해 먹어야 하는 밥이니 텐트 잠이지만 열 배쯤 더 좋았다. 잠자리 준비는 어제보다 철저했다. 헤드랜턴과 물휴지와 물을 쉽게 닿는 곳에 놓았다. 이뇨제는 빼고 심혈관 확장제를 먹었다. 물도 의도적으로 피했기에 물에 탄 아미노 비타제도 안 먹기로 했다. 최대한 심야에 텐트 지퍼를 내릴 일을 최소화했다. 만반의 준비를 마치고 텐트 중앙 위에 걸려 있는 랜턴 불빛을 껐다. 순간 암흑천지가 됐다. 그러고 보니 아직 히말라야의 별을 보지 못했다. 하지만 오늘은 아니다. 우리에게는 아직도 일주일 이상이 남아 있다. 애써 히말라야 별에 대한 아쉬움을 지워버렸다.

막상 눕고 나니 정신이 또렷해졌다. 차에서 잠깐 잔 게 잠을 쫓아버렸나 보다. 오늘 하루가 열흘 같았다. 어제가 한 달 전 같다. 타그랑 라에 오르기 위한 오르막과의 혈투는 나 자신과의 싸움이었다. 차 안에서 잠깐 허락된 선잠은 녹초가 된 몸뚱이에 숨구멍을 허락했다. 그 선잠이 오늘 밤 단잠을 가져갈 줄이야. 오늘 밤만큼은 자고 싶었다.

잠 대신 배고픔이 찾아왔다. 먹은 기억이 없었다. 아침은 식빵, 점심은 걸렀고, 제작진이 밥을 먹은 사막 휴게소에서는 차에서 꿀잠을 선택했었다. P선배가 제안한 저녁식사는 겸손히 사양했다. 역시 잠이 좋았다. 아마 고산증세로 인한 신체적 기능상실이 배고픔을 망각하게 했나 보다. 이제 몸이 살 만하니 배고픔이 인지됐다. 방법은 없었다. 다행이면 다행이랄까? 나만 그런 건 아니었다.

"형, 자? 배고프지 않아? 난 죽겠다. 먹을 거 없지?"

"없지. 껌 하나 없다. 이럴 줄 알았으면 뭐 좀 챙겨놓을걸."

섬광이 지나갔다. 맞다. 라다크로 출발하기 전날 〈6시 내 고향〉을 마치고 돌아오니 스타일리스트가 검은 봉지를 내밀었다.

"이거 Y아나운서가 주고 갔어요. 못 보고 가서 미안하다고. 잘 다녀오시라고."

검은 봉지 안에는 생고구마 말린 것과 육포, 소포장 시리얼이 들어 있었다. 말 그대로 천만 피트니스 인구의 영양 간식이었다. 그날 밤 가방을 싸면서 이 과자를 가져갈까 말까 고민하며 넣었다 빼기를 반복했던 사실이 생각났다. 결국 넣었는지 뺐는지 생각이 나지 않았다. 얼른 일어나 가방을 뒤졌다. 있었다. 오, 고맙다. Y.

"Y녀가 간식 사줬잖아. 그게 오늘 빛을 발하네. 적확한 타이밍이다."

우리는 정말 행복했다. 간식을 챙겨준 후배가 있다는 사실과 그 간식을 갖고 왔다는 사실과 그 간식이 지금 우리에게 딱 맞는 먹거리라는 사실과 함께 이야기하며 먹을 친구가 있다는 사실과 이러한 사실에 감사하고 있다는 사실까지. 감사의 조건을 서른세 가지쯤 찾으라고 해도 찾을 태세였다. 고구마와 시리얼은 위에 부담도 주지 않아 자기 전 이맘때 먹기 딱 좋았다. 심지어 맛까지 있었으니 뭘 더 바라랴. 아침에 식빵한 쪽 먹고 처음 먹는 먹을거리니 뭔들 맛없겠냐마는 어쨌든 더 이상 바랄 나위 없이 행복했다.

"이제 살 것 같다."

"종합감기약 좀 먹고 잘까? 아까 추위에 떨었잖아. 밤에 또 추울 테고."

"그냥 자자, 형. 어제도 약 먹었다가 힘들었는데. 오늘은 그냥 자보자."

라다크가 단잠을 쉽게 허락하지 않으리라고는 상상도 못 했다. 해결하지 못한 문제가 뭘까 생각했다. 고산증세 때문인지, 몸이 너무 피곤해서인지, 아니면 노화와의 서글픈 싸움인지 잠은 쉽게 나를 찾아주지 않았다. 오늘 밤도 쓸데없는 생각으로 시간은 흐르고 있었다. H는 어느덧 새근새근 코를 곤다. 위에 들어간 음식들이 가라앉을 무렵 잠들 수 있으면 좋겠다고 생각했다. 인생에 생각대로 되는 건 없었다. 잠도 인생에서 결코 예외는 아니었다.

55

아팠다. 밤새도록 아팠다. 옆에서 H는 끙끙거렸고 나는 열이 펄펄 끓었다. 종합감기약을 먹었어야 하는데 후회도 사치로 느껴질 정도로 아팠다. 꿈에서조차 아팠다. 네 편의 옴니버스 꿈이었다. 어린 시절, 청소년 시절, 청년 시절, 성인 시절이 그 배경이었다. 어린 시절에는 엄마가 등장했고, 청소년 시절에는 아빠가 등장했다. 청년 시절에는 아내가 등장했고, 성인 시절에는 아들이 등장했다. 네 편의 꿈을 마무리하며 신기하다고 생각했다. 엄마가 돌아가시기 사흘 전에 인생이 영화필름처럼 지나갔다는 말씀을 하셨다. 꿈을 꾸면서도 내가 사흘 후에 죽는다는 생각을 했다. 내 인생이 네 편의 옴니버스 꿈으로 지나가고 있었다. 줄거리는 기억나지 않는다. 등장인물과 시간적 배경만 생각날 뿐이다. 아팠다. 나는 밤새도록 아팠다. 히말라야는 나에게 단잠을 쉽게 허락하지 않았다. 나는 어머니가 돌아가신 후에는 늘 혼자 아팠다.

상담자 : 어머니가 돌아가시고 가장 힘들었던 순간은 언제였나요?

내담자 : 글쎄요, 지금 기억으로는 아마도 누군가 어머니의 죽음을 이야기하는 순간이 아니었을까 싶어요. 옆집에 어머니와 가까이 지내시던 할머니가 계셨는데 그 할머니가 저를 자주 챙겨주셨어요. 그 할머니는 저보다 일곱 살 어린 손자가 있었는데, 간식을 꼭 같이 챙겨주셨죠. 근데 그때마다 그 유치원생 손자가 저보고 형은 엄마가 없어서 슬프겠다

고 계속 말하는 거예요. 할머니가 그러면 안 된다고 하시는데도요. 저는 그런 얘기를 들을 때마다 얼른 그 자리를 벗어나고 싶었던 기억이 있어요.

내담자 : 그러게요. 물론 그 아이는 걱정돼서 하는 말이라는 걸 알면서도 얼마나 그 입장이 난처했을까요?

상담자 : 그 할머니가 장떡을 잘 만들어주셨는데 그게 맛있었거든요. 혼자 있을 때 해 먹어보려고 했는데 그때는 이름도 모르고 어떻게 만드는지도 몰라서 밀가루에 된장을 풀어서 만들어보려다 실패했던 기억이 있어요.

상담자 : 이런, 마음이 뭉클해지네요. 그럴 때 더욱 엄마의 공백을 혼자 감당하기 힘들었겠군요.

내담자 : 아마 그래서 제가 식탐이 많은가 봐요. 어머니가 잘 챙겨주시다가 아무래도 아버지가 챙겨주시는 음식은 한계가 있을 테니까요. 요즘도 맛있는 걸 보면 무조건 욕심을 부리거든요.

상담자 : 저도 식탐이 많아요. 꼭 그렇지는 않겠지만 청소년기에 한참 먹고 싶을 때 많이 못 먹었을 테니까요. 그래도 그때는 어머니의 죽음을 이야기하는 비슷한 상황이 많았을 텐데요.

내담자 : 어머니 돌아가시고 바로 다음 주일에 중고등부 예배를 나갔는데, 예배 끝나고 광고시간에 전도사님이 저를 부르시는 거예요. 앞에 세워놓고 애네 엄마가 돌아가셨다, 우리가 애를 위해 기도해주자면서 찬양도 불러주고 통성기도도 해주신 기억이 있는데. 그 기분은 뭐랄까? 나를 위한 것이라는 건 알겠는데, 얼른 끝났으면 좋겠다는 마음. 그래도 이건 아닌데 하는 그런 느낌. 몇 년 전에 그분이 사역하시는 해외선교지에 찾아가서 그분을 만났는데 이 이야기를 물어보고 싶었어요. 왜 그러셨냐고. 물론 못 물어봤죠. 저를 위해서 그런 걸 아니까요.

상담자 : 참 난처한 순간이 많았겠군요. 그러면 어머니 돌아가시고 마

음 놓고 울어본 적은 없었어요?

내담자 : 왜 없겠어요? 선명하게 기억나는 순간은 제 눈물보가 터지는 시점이죠. 주일에 예배 드리고 와서 혼자 있을 때 TV를 보면 꼭 〈우정의 무대〉라는 군인 프로그램을 하는 거예요. 거기에 커튼 뒤에 숨어 있는 어머니가 내 어머니라고 나가는 코너가 있었는데, 그 로고송이 '엄마가 보고플 땐' 뭐 이렇게 시작하는 거였어요. 군인들이 나와서 "뒤에 계신 분이 제 어머니가 맞습니다"라고 외칠 때마다 정말 꺼이꺼이 소리 내면서 펑펑 울었던 기억이 있어요. 매주 그걸 보면서 카타르시스를 느꼈죠. 그리고 천국에 가면 엄마가 나를 찾을 수 있을까 궁금해하며 반대 상황을 상상하기도 했죠. 제가 커튼 뒤에 있고 천국의 어머니들이 나와서 저 목소리는 제 아들이 맞습니다, 하는 상황이요. 우습죠? 근데 어쩌면 그 시간은 그 후 몇 년 동안 저의 비밀의식 같은 거였어요. 제가 그걸 보면서 울었다는 것을 누군가에게 이야기한 지 몇 년 안 된 것 같네요.

상담자 : 제가 다 눈물이 나네요. 충분히 공감해요. 저도 아마 그랬을 겁니다. 그 후로 혼자 있는 시간에 외롭다거나 그런 느낌은 없었나요?

내담자 : 아뇨, 오히려 혼자 있는 시간이 더 좋았던 것 같아요. 사람들이 저를 불쌍하게 보는 시선을 의식하거나 그런 대화를 나누지 않아도 됐으니까요. 오히려 스스로 '엄마'라는 단어를 금기어로 만들었던 것이 아니었나 싶네요. '엄마'는 솔직히 아직도 어색해요. 아들이 태어나고 아들에게 제3자의 표현으로 엄마라는 호칭을 쓰기까지는 거의 쓰지 않았고요. 아들에게 말하는 엄마는 제3자적 표현이니까 느낌은 다르죠.

상담자 : 그렇군요. 엄마. 엄마. 엄마. 글쎄요. 엄마가 주는 느낌이 두 글자로 설명이 되나 모르겠군요.

카르낙에 살다
해발고도 4,200m

김연아와
커피 프린스의 아침

56

"식사하세요. 선배님, 식사하세요."

L피디의 다소 부은 음성이 들렸다. H가 텐트 밖으로 나가고 있었다. 나는 여전히 눈을 뜨지 못했다. 그들이 나누는 대화가 도무지 들리지 않았다. 밤새 아팠다. 다시 눈을 감았다. 얼마나 지났을까? 침낭을 풀어 헤치고 밖으로 나왔다. 어둠이 감췄던 장관이 눈앞에 펼쳐졌다. 하늘, 흙산, 강, 바위, 몇 개 안 되는 소품으로 조물주는 이곳에 히말라야를 만들었다.

H가 가루약을 털어 넣더니 물을 마시고 빨갛고 하얀 알약 한 알을 삼키고 또 물을 마셨다. 나도 같은 약으로 같은 행동을 반복했다. 매일 약을 먹는 사람들이 힘들겠다는 생각을 처음 해봤다. 파란 하늘을 길 삼아 흘러가는 구름의 움직임이 그대로 읽혀졌다.

"형, 저거 봐. 양이야. 온 산 전체에."

히말라야 흙산을 양들이 접수했다. 해가 뜨자 양들이 쉴 만한 물가, 푸른 초장을 찾아 떠나고 있었다. 수천 마리의 양들이 우리 텐트를 중심으로 흙산을 하얗게 덮었다. 10년 전 뉴질랜드에서 본 양들의 산 이후 처음이다. 무라카미 하루키의 책 제목처럼 양을 쫓는 대모험이 시작됐다.

"잠 안 올 때, 양 한 마리, 양 두 마리, 양 세 마리 세면서 이 장면 떠올리면 되겠다."

양들의 행군에 심취해 있을 때 P선배가 현지인 스태프들이 마련한 식탁에서 함께 먹잔다. 갑자기 베푸는 엄청난 호의에 저의가 있는 것 아닐까 하는 〈1박 2일〉 마인드로 의심해봤지만, 그는 여전히 눈만 껌뻑였다. 식탁 천막에는 제법 훌륭한 아침식사가 차려져 있었다.

"와, 이게 얼마 만에 식탁다운 식탁이야?"

"지금 당신들은 맨날 이렇게 먹었다 이거지?"

큰 그릇 가득 갓 구운 밀가루 빵은 아직 따뜻했다. 계란 부침이 팬케이크처럼 켜켜이 쌓여 있다. 시리얼, 우유, 살구잼, 뜨거운 물과 커피 등이 가지런하다. 마치 생일상 받은 어린애처럼 천진난만하게 음식들을 음미했다. 며칠 동안 제대로 먹은 게 없었다. 소박한 아침상도 히말라야 산자락에서는 분명히 진수성찬이었다. P선배가 찬물을 끼얹었다.

"제대로 요리하는 거 한 번 찍어야 해요. 시링에게 배운 커리 요리는 한 번 하셔야죠."

"몸과 마음이 편안할 때 할게요."

"형, 이 양반이 압력솥을 가져왔더라. 우리가 혹시 밥솥 핑계 대고 안 할까 봐. 시링한테 배운 커리 요리도 압력솥에 해야 하잖아."

"저희가 준비는 완벽하게 해드리죠. 요리 기대하겠습니다."

"형, 거기 커피 좀 줘. 카누야? 커피믹스도 있어?"

"허허, 지금 카메라가 도는데 특정 상표를 말하다니."

"그럼 뭐라고 해? 거기 블랙커피나 다방커피 줘."

"아니, 공유 줄까? 김연아 줄까?"

카누는 환상의 맛이다. H가 마시던 커피믹스도 한 모금 마시니 꿀맛이다. 김연아와 커피 프린스가 옆에서 타준 커피 같았다.

"설마 여기 화장실은 없겠죠?"

P선배가 밥 먹던 손으로 허공을 가리켰다.

"저게 다 화장실이죠. 이 천지가."

"여기는 캠핑장이 아니잖아요. 도처에 다 야크 똥, 소 똥, 양 똥이야. 아, 진짜. 텐트도 아예 똥밭에 쳤어. 똥 좀 치우고 텐트 치지."

결국 밥 애기는 똥으로 끝났다.

57

텐진과 P선배가 촬영지 답사를 위해 떠난 사이 짧은 휴식이 왔다. 세상에서 나에게 가장 폭력적인 말은 '아나운서답다'라는 말이다. 세상이 내게 할 수 있는 가장 큰 칭찬은 역시 '아나운서답다'는 말이다. 나의 정체성을 충분히 인정해주는 말이기에 고맙고, 나를 정체성에 가두는 말이기에 폭력적이다. 그 말의 범주 안에 편히 머물 뿐이지 굳이 갇히고 싶지는 않다. '아나운서답다'라는 말에 대한 나의 정의와 H의 정의는 다르다. 나는 짧은 휴식에 책을 읽고 있었고, H는 피부 관리를 하고 있었다.

마을 주민들의
면접시험

58

텐진과 P선배가 곤촉이 운전하는 차를 타고 돌아왔다. 유목민 가정을 만나고 왔단다. 멀지 않은 곳에 유목민 가정 20가구가 있었다. 원래 목적지는 디블링이었다. 초카 호수는 디블링의 동쪽인데 텐진은 서쪽을 선택했다. 이곳은 카르낙이다. 어제 타그랑 라 오르는 길이 힘들었던 모양이다. 다리통이 뻐근했다. 자전거를 타다가 마시는 생수는 차갑지 않아도 시원했다. 목구멍이 충분히 뜨거웠기 때문이다. 하지만 이렇게 머물면서 마시는 물은 정말 뜨뜻하다.

59

H가 주사위를 작은 공기에 담아 흔들다가 이상한 소리를 내며 엎었다. 공기를 열어 숫자를 확인하는 것은 다음 사람이다. 함성이 나왔다. 2와 2. 다시 하란다. H는 다시 주문을 외우고 주사위 공기를 덮었다. 다음 사람이 열자 이번에는 탄성이 나왔다. 1과 5다. 칩을 대신하는 작은 쇳조각을 H의 반대편에 앉은 아저씨가 주고받았다. 맞은편에 앉은 사람과

서로 같은 편이었다. H의 옆 사람이 엎어놓은 주사위 공기는 내가 뒤집었다. 5와 4가 나왔다. 같은 편 아저씨가 작은 쇳조각을 준다. 이제 내 차례였다. 공기에 주사위를 담으며 같은 편에게 물었다.

"왓 넘버?"

"쓰리. 쓰리."

공기를 엎었다. 내 옆 사람이 공기를 열었다. 환호가 나왔다. 3과 3이었다. 맞은편에 앉은 같은 편 아저씨가 오른손 엄지를 들어 올린다. 나는 다시 주사위를 들었다.

우리는 조금 전 자전거를 타고 카르낙의 한 마을에 들어왔다. 마을 입구에서 동네 아저씨들이 좋게 말하면 전통놀이, 느낌대로 말하면 도박을 하고 있었다. 돈을 주고받지는 않았지만 아저씨들의 표정이 제법 심각했다는 것이 도박으로 의심하는 이유였다. 그들은 구경하던 우리에게 자리를 내줬다. 주사위 숫자와 오고 가는 작은 쇳조각을 뚫어져라 쳐다보며 시간이 꽤 지났지만 도대체 어떻게 하는 것인지 전혀 모르겠다. P선배가 다가와 귀엣말로 속삭였다.

"조금만 더 놀다가 이 마을에 머물고 싶다 하고 추장님을 만날 수 있느냐고 물어보세요."

한 바퀴 순서가 돌고 H가 우리를 받아주십사 간청을 올렸다. 추장님이 출타 중이란다. 누구는 두 시에 온다 하고 누구는 4시에 온다 하고 누구는 저녁때 온단다. 추장이 돌아와야 우리가 마을에 머물러도 되는지 답이 나온다는데 통역을 하던 텐진도 난감해했다. 혹자는 추장이 마음이 좋아서 문제없을 거라고 하고, 혹자는 돌아와 봐야 안다고 했다.

그때 한 어르신이 우리가 있는 곳으로 걸어왔다. 사람들은 저 사람이 추장이라고 했다. 어떤 사람은 저 어르신의 동생이 추장이라고 했다. 어쨌든 그분은 우리가 기다리는 사람이 아니었다. 말이 통하는 텐진도 상황 파악이 잘 안 되는 눈치였다.

소통은 힘들었다. 마을 사람들의 이야기가 서로 다른 데다가, 영어가 모국어가 아닌 텐진의 영어를 영어가 모국어가 아닌 우리가 이해하는 과정은 당연히 어려웠다. P선배가 상황을 정리했다. 화면으로도 이 도박판 장면을 마무리해야 하니 누군가 우리를 어디로 데리고 갔으면 좋겠단다. 텐진이 그들에게 이야기하자 그들은 또 긴 회의에 들어갔다.

웃음이 나왔다. 마을 사람들은 얼마나 황당할까? 평온한 오후, 이방인이 습격했다. 이방인들은 말도 못 하면서 요구 사항은 많다. 카메라 석 대를 쉴 새 없이 돌리는 다섯 이방인들은 아예 자리를 틀고, 머무를 태세다. 마을은 일단 비상이다. P선배와 텐진은 3대 혹은 4대가 함께 사는 집을 찾아 나섰다. 결국 우리는 도박판 아니 놀이판을 떠나 누군가의 안내를 받아 다른 누군가의 천막으로 들어갔다.

유목민의 천막, 하면 텔레비전에서 본 몽골 사람들의 이른바 게르Ger가 떠오른다. 깔끔하고 넓고 아늑한 집이라고 해도 아무 문제 없는 주거 형태다. 라다크의 천막은 상황이 많이 달랐다. 천막의 소재가 무슨 털 같았고, 크지 않고 허름했다. 안은 넓었다. 가운데 초등학교 시절 석탄 난로가 있었고, 한편에는 가재도구가, 한편에는 생활 살림이 놓여 있었다. 덥지도 춥지도 않은 천막 안에서 부부로 추정되는 40대 정도의 남녀가 우리를 맞이했다.

우리가 아는 인사를 동원해서 예의를 갖췄다. 문제는 텐진이 없다는 사실이다. 그들은 우리를 물끄러미 바라보고 있었다. 이럴 때는 H가 확실히 나보다 낫다.

"슬립? 여기서 주무세요?"

"키친, 슬립."

H의 질문에 그녀가 영어 단어로 답했다.

"에브리싱 히어? 패밀리 올 투게더?"

여자는 말없이 난로 뚜껑을 열어 뭔가를 집어넣었다. H가 그 연료를 가리키며 물었다.

"줄래?"

줄래는 할 말 없을 때나 단어를 모를 때 하는 카드놀이의 조커 같은 단어였다. 그녀가 답이 없자 H가 다시 한 번 엉덩이를 가리키며 말했다.

"야크?"

그녀가 알았다는 듯이 고개를 끄덕이며 웃음으로 답했다.

"야크 지야."

"야크 덩?"

H의 확인 질문에 그녀는 답 없이 난로 위에 낡은 주전자를 올려놓았다. 이미 끓여놓은 것인지 올리자마자 주전자 코에서 김이 올랐다. 야크 똥으로 지핀 불에 금세 훈훈해졌다. 냄새는 나지 않았다. 천막은 부실해 보여도 밤에 떨어지는 기온을 난로로 감당할 수 있겠다 싶었다. 그녀의 남편으로 추정되는 남자는 아까부터 뒤에 앉아 아무 말이 없었다. 표정도 없었다. 우리의 방문이 불편하겠다 싶어 미안했다.

그때 젊은 남자가 들어왔고, 그녀가 환하게 맞이했다. 놀이판에서 영어로 대화하던 청년이었다. 우리가 더 반가웠다. 현지인과 이방인의 다리 역할을 해줄 이중 언어자의 등장은 참 고마운 일이었다.

그의 이름은 놀부였다. 26세. 여기가 고향이란다. 정확히 말하면 이곳 유목민들은 늘 삶의 터전을 옮기니까 공간적 개념의 고향이라기보다는 공동체 개념의 고향이다. 놀부는 이곳에서 태어나 청소년기에 레에서 공부하고 지금은 인도 카슈미르 주에 있는 한 대학에서 영문학을 전공하고 있단다. 그의 영어는 깔끔했다. 조금 전 놀이판에서도 그는 영어가 가능한 사람이 누구냐고 계속 물었다. 영어에 자신이 있기 때문이리라. 그가 대화의 다리를 놓았다.

그녀의 이름은 앙모였다. 레에서 만난 같은 이름의 여행사 부장의 이미지와는 완전 딴판이었다. 선하고 맑은 미소를 가졌다. 다섯 명의 자녀가 모두 레에 나가 있단다. 그녀가 긴 통을 들고 펌프질을 시작했다. 스무 번쯤 했을까? 그 통에 든 액체를 잔에 따랐다. 솔트티라고 했다. 짭짤했다. 뭐라고 할까? 이온음료에 소금을 치고 뜨겁게 데우면 이 맛이 나올까? H는 양평 소머리국밥 국물 맛이란다.

놀부가 속내를 드러냈다. 도대체 우리 마을에 왜 온 거냐며 노골적인 경계를 드러냈다. 당황했다. 답변이 준비되지 않은 질문이었다. 헬레나 호지의 《오래된 미래》 이야기를 꺼냈다. 나는 면접시험을 보고 있었다. 이 마을에 머물 자격이 있는지 없는지. 왜 우리 회사에 오셨나요? 왜 우리 회사를 다니고 싶나요? 카르낙 마을에서 이러한 질문을 받으리라고는 상상도 못 했다.

도대체 무얼 만드느냐는 것이 질문의 핵심이었다. 라다크에 관한 다큐멘터리를 만든다고 했지만 그의 이유 있는 의심을 누를 수는 없었다. 면접관의 마음에 드는 답변을 곰곰이 생각하다가 역공을 시도했다. 당신이 걱정하는 것이 뭐냐고 묻자 그가 속내를 드러냈다.

얼마 전 아시아 국가에서 다큐 팀이 왔단다. 그들은 라다크의 부정적인 이미지, 즉 유목민들의 비위생적인 생활환경과 티베트 불교의 부정적인 측면을 부각시켰다는 이야기였다. 놀부의 이야기는 당신들이 이 필름을 만들어서 무엇을 하든 아무런 상관이 없는데 라다크의 모습을 있는 그대로 보여달라는 것이었다. 걱정하지 말라고 여러 번 답했지만 표정은 쉽게 풀리지 않았다. 일단 1차 대리급 면접은 통과한 것 같았다.

집주인은 뭔가 자꾸 내놓았다. 이번에는 치즈봉이다. 생치즈로 만든 막대과자. 치즈의 맛이 진하게 느껴졌다. 신선한 먹거리를 제공하는 양과 야크가 곁에 있다는 것은 큰 특혜였다.

"형, 도와드리면 안 되는 거지?"

"그렇지. 여기서 뭘 어떻게 도와드리겠어?"

이번에는 하얀 인절미가 나왔다. 하얀 고물에 물렁한 덩어리가 집힌다. 역시 치즈란다. 치즈의 속살을 맛본 것처럼 색다른 느낌이었다. 식감이 떡 같았다. 치즈 인절미의 매력에 푹 빠져 있을 때 중년 남자가 들어왔다. 놀이판에서 H와 같은 편이었던 아저씨다. 그녀가 환하게 맞이한다. 놀부가 우리의 궁금증을 안다는 듯 남편이라고 말해준다. 아, 그러면 뒤에 우두커니 앉아 있는 남자는 남편이 아니었구나. 두 남자는 서로 덤덤했다. 그는 남편의 동생으로 밝혀졌다. 함께 산단다. 놀부더러 너도 자기 집인 양 유난히 편하게 보인다고 하니 친척이란다. 스무 집이 오랫동안 옮겨 다니며 함께 생활하니 친척이 아니어도 친척이 되겠다 싶었다.

민폐가 길어지는 것 같아서 결단을 내렸다. 이 집을 떠나기로 했다. 감사 인사를 지나치다 싶을 정도로 충분히 하고 천막을 나섰다. 밖에는 Y사장의 카메라가 기다리고 있었다. 그사이 쨍한 해가 구름 뒤로 들어가 덥기보다는 맑은 느낌이 들었다.

"해방된 것 같지?"

"불편하셨나 봐요?"

사정을 모르는 Y사장이 물었다.

"아니, 이 안은 따뜻하고 좋았어요. 편안해서 자고 싶었는데."

"물리적으로는 편안했는데, 심리적으로 불편했다는 거죠."

우리는 막간에 라다크 아주머니들과 양젖 치즈를 만들었다. 양젖을 양가죽 주머니에 넣고 두 시간을 흔들어야 한다. 물컹한 양가죽 몸통을 출렁출렁 흔드는 일은 쉽지 않았다. 옆에 있는 아줌마는 야크 털로 실을 뽑고 있었다. H는 특유의 몸놀림과 손동작으로 말도 안 통하는 그녀들을 흥분의 도가니로 몰아넣었다. 대단한 친구다. 그녀들의 나이를 묻고 깜짝 놀랐다. 50대라고 생각한 여인은 서른 살이었다. H는 오빠라는 단어를 가르쳐주며 이벤트 한 판을 진행했다. 아줌마들은 '노노 마이 겔라'를 연신 외쳤다. '우리 남동생 참 잘한다'는 뜻이란다.

라다크 아줌마들의 고단한 삶이 몸으로 느껴졌다. 하지만 그들의 삶을 내가 감히 어찌 고단하다고 속단할 수 있을까? 그들에게는 차이가 없어 보였다. 그들은 모두 같아 보였다. 더욱이 그들에게는 코앞에 파란 하늘과 흐름이 보이는 흰 구름, 무엇보다 수많은 양들이 있었다.

60

"언제 오시려나? 시계가 없으니, 원."

"시간의 흐름을 모르고 기다리니까 훨씬 좋긴 한데."

"무슨 철학자야? 그냥 기다리는 건 싫은 거지. 시간 모르니까 답답하기만 하고만."

"우리에게 지금 기다림이 필요한 모양이지."

"아이고, 버스 기다리는 거 싫어서 걸어서 출퇴근하는 주제에 무슨 기다림이 필요하다고? 신호등 기다리는 거 싫어서 운전하기 싫다며?"

나는 기다림이 싫다. 버스 기다리는 시간도, 신호등 기다리는 시간도, 심지어 엘리베이터 기다리는 시간도 아까워 늘 들고 다니는 책을 펼친다. 내가 아무것도 안 하는데 시간이 흘러가는 것, 쉽게 용서가 안 된다. 그래서 나는 걷는다. 용강동 집을 떠나 마포대교를 건너 여의도 공원을 지나 회사까지 4킬로미터. 나는 시간을 거슬러 걷는 동안 보고 생각하고 삶을 정리한다. 걷는 동안에는 기다림이 필요 없다.

"기다림이 싫은 건 아무것도 안 해서 싫은 건데, 지금은 우리 여행하고 있잖아. 더욱이 일하고 있잖아. 파란 하늘, 흰 구름, 누런 흙산, 다 내 삶에 의미를 부여하고 있다고."

먼 산을 바라봤다. 아침에 없던 설산이 눈앞에 나타났다. 그 산 위에 조금 전 눈이 온 모양이다. 여긴 맑고 심지어 더운데, 저 먼 산은 그 사이 눈을 머금었다. 그 산 부근에 쥐색 구름이 있다. 그 구름은 어디로 가려나. 고개를 돌려 반대편 하늘을 바라봤다. 여기서는 안 보이는 해가 그쪽을 비추고 있다. 유난히 번쩍거리는 하늘빛이 하늘색 물감에 흰색 물감을 조금 더 섞은 것 같았다. 추장님을 시계도 없이 기다리며 이리도 마음이 편한 걸 보니 그새 인내를 조금 배운 모양이다. 그때 지친 H가 흥얼거리던 콧노래에 가사를 붙였다.

너의 그 한 마디 말도 그 웃음도
나에겐 커다란 의미
너의 그 작은 눈빛도 쓸쓸한 뒷모습도
나에겐 힘겨운 약속
너의 모든 것은 내게로 와 풀리지 않는 수수께끼가 되네

나도 어느덧 작은 소리로 따라 부르고 있었다. 노래를 잘 못하는 내가, 노래를 부르는 것을 싫어하는 내가, 심지어 카메라 앞에서 노래를 부르고 있었다. 이것 또한 내가 뭔가를 배우고 있다는 뜻이다. 열등감을 떨쳐내는 중일까? 노랫소리는 제법 점점 커졌다.

슬픔은 간이역의 코스모스로 피고
스쳐 불어온 넌 향긋한 바람
나 이제 뭉게구름 위에 성을 짓고
널 향해 창을 내리 바람 드는 창을

엊그제 틱세 곰파에서 본 코스모스가 떠올랐다. 라다크의 슬픔은 코스모스로 피고, 라다크의 바람은 향긋한 스침으로 우리의 코끝을 늘 간지럽혔다. 뭉게구름 위에 나만의 성을 짓고, 바람 드는 텐트에서 우리는 아침을 기다린다. 제법 가사가 맞아떨어진다. 더욱이 20년을 더불어 살

아온 친구가 옆에 있으니 어찌 더 안 좋으랴.

> 너의 그 한 마디 말도 그 웃음도
> 나에겐 커다란 의미
> 너의 그 작은 눈빛도 쓸쓸한 뒷모습도
> 나에겐 힘겨운 약속

맞다. 힘겨운 약속. 히말라야에서 타는 자전거는 진짜 힘겨운 약속이었다. 멀리서 카메라를 돌리고 있는 L피디는 입을 귀에 걸었다. 대만족인 모양이다. 우리 같은 출연자 있으면 나와보라고 해. 때 맞춰서 노래까지 불러주는 출연자가 어디 있어? 첫 소절 지나고 산울림 버전이나 아이유 버전으로 음악 넘어가면 그때부터 뮤직 비디오지, 안 그래? P선배는 어디 있는 거야? 우리 칭찬 안 해주고. 내 참. 우리는 서로 하이파이브를 하며 노래를 마무리했다.

"근데 우리 오늘 어디서 자는 거야, L피디?"
"P선배는 유목민 집에서 같이 자는 걸로 생각하던데요?
꿈도 야무지다. 유목민들은 가족 전부가 한 텐트에서 자는데 어떻게 우리가 같이 잔다는 걸까? 더욱이 4대가 함께 사는 집을 섭외할 거라면서 우리도 같이 자자니 도대체 천막이 얼마나 넓다고. 갑자기 아팠던 머리가 더 아파왔다.
"얼굴이 얼얼해, 갑자기. 아깐 발이 얼얼하더니. 뭔가 붓고 있는 느낌이야."
"아침에 약 먹었는데. 또 먹을까? 추장님이 오셔야 결정이 날 텐데."
갑자기 바람이 많이 불었다.

양들의 귀환

61

천막 앞에 인상 좋은 아저씨 한 분이 서 있었다. 추장님 형님이 할아버지였던 데 반해 추장님은 환갑 전후 나이일 법한데 젊어 보이는 외모였다. 〈6시 내 고향〉에서 흔히 보는 우리 동네 이장님이다. 미소가 특히 그랬다. 이곳 라다크 사람들의 미소야 이미 알아주는 미소지만 남자의 미소는 또 달랐다. 여인의 미소는 부드러움을 나타낸다면 남자의 미소는 자신감을 드러낸다. 추장님의 미소가 바로 자신감 그 자체였다.

우리는 오른손을 들고 턱 아래에 대면서 줄래를 주고받았다. 그 인상이 정말 백만 불이었다. 추장님의 부인, 며느리로 추정되는 여인들이 큰 바구니를 들고 천막에서 나왔다. 여인들의 미소는 따뜻했다. 햇볕에 그을린 얼굴은 이미 구릿빛을 넘어섰다. 미소는 그 빛깔마저 온화한 색으로 만들었다. 해질 녘에 오신 추장님은 흔쾌히 허락하셨다. 심지어 3대가 함께 사는 추장님 댁을 촬영하기로 했다. 아까 만난 마을 최고 어르신이 추장님의 형으로 함께 살고 있단다. 문제는 추장님이 공적인 일로 이것저것 챙기느라 바쁜 눈치다. 촬영 중에도 자꾸 집을 비우실까봐 걱정이 앞섰다.

산 너머 장관이 펼쳐졌다. 양들의 대이동이 흙산을 물들였다. 아침에 본 장관이 방향만 바뀌어서 재현되고 있었다. 마치 필름을 뒤집은 것 같았다. 이른 아침 출근한 양들이 푸른 풀밭 쉴 만한 물가에서 배불리 먹고 마시고 퇴근한다. 양떼들 사이에 목동의 움직임이 눈에 들어왔다. 수백 마리의 양들을 이끌고 다니는 그들의 삶을 고단하다고 할 사람은 도시에서 온 멍청이 같은 우리밖에 없으리라. 그들의 마음은 양들과 함께 쉴만한 물가, 푸른 풀밭에서 돌아오는 중이다. 어느덧 양들은 우리 앞으로 걸어 들어오고 있었다.

양들은 아비 앞으로 뛰어오는 아들 같았다. 뭐가 저리 좋고 신나는지, 양들은 얼굴로 웃는 것이 아니라 몸으로 웃나 보다. 양들의 뇌 속에도 행복을 느끼는 전구가 있다면, 아마 지금 그 행복 전구가 켜졌나 보다. 그들도 집이 좋은가 보다. 천막 옆을 흐르는 강줄기에 놓인 좁은 다리 위로 양들이 쏟아져 내려왔다. 다리 앞에서 병목현상이 일어났다.

어떤 양들은 꽤 넓은 개울을 껑충 뛰어서 넘었다. 기력이 남아도는 모양이다. 양들의 움직임을 이리 가까이서 본 것은 처음이었다. 10년 전 뉴질랜드의 시골 마을을 걸어서 여행할 때도 산 위에서 양들을 수없이 봤지만 그때 양들은 그저 풀을 뜯어 먹고 있었다. 이런 엄청난 이동을 본 건 처음이었다. 뉴질랜드가 그림이라면 라다크는 동영상이었다. P선배가 우리를 부르며 막 뛰어왔다.

"얼른 이리들 오세요. 이 집 아들이 들어오거든요. 추장님이 마중 나갈 때 같이 가서 인사하세요. 빨리빨리 이쪽으로."

추장님은 이미 개울 너머 마을 어귀까지 아들을 마중 나가 있었다. 매일 마을 어귀에 나가 집 나간 아들을 기다렸다던 탕자 아버지가 생각났다. 양떼를 끌고 돌아오는 아들도 이리 마을 어귀에서 맞이하는데, 집 나가 돌아오지 않는 아들을 기다리는 아비의 마음은 어땠을까? 작은 키에 다부진 아들이 털모자를 쓰고 어깨가방을 둘러맨 채 막대를 들고 양들을 몰아 들어오고 있었다. 아버지가 아들을 포옹했다. 카메라를 의식한 어설픈 행동은 아니었다. 때아닌 부자상봉에 서울에 두고 온 아들이 생각났다. 그 아들이 공부하고 돌아올 때도 저렇게 반겨주어야 하는 건데. 아들 생각을 얼른 지우고 목동 아들에게 몰입했다. 추장은 아들을 소개했다. 수줍은 그의 미소에 목동의 따스함이 깃들어 있다.

천막 앞에는 또 다른 광경이 펼쳐졌다. 어머니와 며느리와 추장님의 형님이 나와 돌아온 양들을 우리로 몰고 있었다. 양들은 대견하게도 자기들 집을 알고 곧잘 찾아 들어갔다. 양 우리는 꽤 비좁았다. 서로 살과 살을 맞대고 있어야 하는 상황이다.

며느리와 어머니는 분리 작업을 하고 있었다. 양 우리에는 분리된 조그만 우리가 있었다. 그곳에서 갓 태어난 새끼 양들이 하루 종일 어미 양을 기다리고 있었다. 새끼 양들이 어미를 만나고 어미와 같이 풀밭을 갔다 온 조금 큰 어린 양들은 작은 우리로 격리된다. 하루 종일 어미젖을 기다린 새끼 양들이 밤새 어미젖을 먹고, 어린 양들은 동생들을 위해 양보한다. 언니들은 이미 풀밭에 나가 어미젖을 충분히 먹었고, 밤새 또 어미젖을 먹으면 낮에 풀을 안 먹는단다.

"우리가 도와드려도 되나요?"

물론 세상에 쉬운 일이 없다는 것은 알고 있지만 수백 마리의 양들 중에서 작은 양들을 골라 우리에 넣는 일이 이렇게 어려울 줄은 몰랐다. 양들을 헤집고 다니는 것조차 무리였다.

"중간 사이즈는 다 들어갔나 봐. 이제 보니까 양 뿔에 파란 페인트로 표시해놨구나."

"집집마다 다른 색이네. 아까 초록색 칠한 거 봤거든."

꽉 찬 우리 안을 애기를 업고 왔다 갔다 하는 며느리가 안쓰러웠다. 그녀의 표정은 맑았다. 우리가 엉거주춤하는 모습이 재미있나 보다.

"노 모어?"

"피니시."

"이게 다 몇 마리야? 셀 수가 없어. 애들이 계속 왔다 갔다 해서."

"하우 매니?"

"피프티 세븐 미들 사이즈."

어머니와 며느리는 어미 양들을 데려다가 뿔과 뿔을 맞대고 묶어서 2열 횡대로 줄을 세웠다. 한 서른 마리쯤 줄을 맞춰 묶어놨을까. 그때 추장님의 형이 통을 들고 왔다.

"아, 젖 짜나 보다."

어머니가 양젖 아래 작은 통을 받치고 양손으로 양젖을 짜기 시작했다. 능숙한 솜씨다. 며느리는 반대쪽부터 같은 일을 반복했다. 아기를 업고도 못 하는 일이 없었다. 온 식구가 동원된 상태니 아기를 봐줄 사람도 없었다. 네 살 큰손녀도 통을 들고 왔다 갔다 심부름을 한다.

"쓰브쓰브 쓰브쓰브."

어머니는 젖을 짜면서 입으로 소리를 내고 있었다. 양들을 달래는 소리인가 보다. H가 호기심에 젖을 짜겠다고 나섰다. 꾸물럭 양젖을 만져보지만 생각처럼 젖이 나오진 않았다. 우스꽝스러운 H의 모습에 며느리가 입을 가리고 환한 웃음을 지었다. H가 방향을 바꿔 더 세게 젖을 짰다. 양이 움찔했다.

"어, 나온다. 나와."

텐진이 재미있는 모양이다. 어머니와 이야기를 나누더니 설명을 해줬다.

"오늘은 얘네만 젖을 짜고 다음 날은 다른 애들 짜고 그런데."

"그 말씀을 어머니가 다시 하게 해주세요."

P선배가 요청했다. 어머니가 말씀하시는 장면을 담고 싶은 모양이었다. 텐진에게 말했더니 어깨를 쓰윽 올리며 어머니에게 이야기했다. 어머니는 의아해하며 다시 이야기했다. H는 아직도 양젖을 잡고 끙끙거

리고 있었다.

"미안해. 미안해."

"재원 씨는 안 해보세요?"

"동물 보호를 위해서는 서툰 사람들이 하면 안 되죠."

"쓰비쓰비."

그때 어머니가 다시 소리를 내며 뭐라고 했다. 텐진이 어머니의 이야기를 통역했다.

"쓰비쓰비 하고 말하면 애들이 움직이지 않기 때문에 젖을 짜는 데 훨씬 쉽대요. 그래서 할아버지도 쓰비쓰비 하면서 할머니가 젖을 짜게 도와주시나 봐요."

어머니와 며느리가 다 짠 젖통을 밖으로 갖다 놓았다. 그동안 추장의 형님은 묶여 있는 젖 짠 양들을 풀어주었다. 양들은 비좁은 우리 안에서도 각자 제 갈 길로 갔다. 아마 자기네들끼리 친한 친구가 있는 모양이다. 이번에는 추장님이 쇠칼을 들고 들어왔다. 양털을 깎는단다. 추장은 마치 누군가를 찾는 듯 둘러보았다. 양들이 뒤로 물러섰다. 추장은 찾던 양을 찾은 듯 양 한 마리를 골라냈다. 네 다리를 묶은 추장은 능숙한 솜씨로 혼자서 양털을 깎기 시작했다. 내가 옆에서 거드는 시늉을 했다. 다리 부분을 잡고 있었다. 칼이 닿자 양이 심하게 꿈틀했다.

자세히 보니 추장이 털에 댄 것은 칼이 아니었다. 일종의 갈고리 같은 빗이었다. 빗으로 털을 빗어내자 털이 왼손에 모였다. 능숙한 솜씨로 털을 걷어낸 추장은 그 양을 풀어주었다. 그러고는 다시 다른 양을 찾는 듯 둘러보았다. 금세 찾은 듯 양 한 마리를 데려와 다시 묶었다. 그들은 양들을 다 알고 있었다. 심지어 양들은 이름이 있으며 4백 마리의 이름을 하나하나 다 외우고 있었다. 양 한 마리가 없어져도 어떤 양을 잃어버렸는지 안다고 했다. 양머리에 칠한 파란 페인트는 주인 간의 분쟁을 방지하기 위한 것뿐이었다. 양들은 그들에게 자식이었다.

양들이 도망가지 못하도록 돌로 쌓은 담은 꽤 높았다. 양들은 못 넘어도 사람들이 쉽게 드나들도록 돌담 중간에 넓은 돌을 끼워 발판을 만들었다. 생활의 지혜였다. 우리가 우리를 나가는 동안 네 살짜리 큰손녀가 천막 앞에 앉아 물끄러미 바라보고 있었다. 코 밑에 뭉글뭉글 맺힌 콧물조차도 귀여웠다.

어느덧 해가 기울고 어둠이 바람을 데려왔다. 천막 위에 매달린 룽타가 유난히 흔들린다. 천막 위 연통을 나온 연기가 또 다른 뭉게구름을 만든다. 시골집 정취가 그대로 느껴졌다. 라다크 유목마을 카르낙의 하루는 이렇게 저물어가고 있었다. 이방인의 습격은 이제부터 본격적으로 시작이다. 우리는 모두 천막 안으로 들어갔다.

이시초모의 저녁 초대

62

천막은 넓지 않았다. 앞서 구경한 집과 다르지 않았던 터라 굳이 둘러보지는 않았다. 익숙한 집에 들어선 듯 시선을 앞에만 두었다. 두리번거리는 모습조차 실례였다. 바닥에는 털로 만든 두툼한 천이 깔려 있었다. 왼편에 있는 식구들은 신발을 신고 있고, 오른편 식구들은 신발을 벗고 있었다. 신발은 벗기로 했다. 항상 내가 불편한 쪽을 택하면 실례는 최소화된다.

우리가 들어가자 식구들의 시선이 모아졌다. 그들은 미소와 줄래를 놓치지 않았다. 할머니가 주전자를 난로에 올려놓았다. 며느리는 아기에게 젖을 먹이고 있고, 아들은 할머니 뒤에서 그릇을 꺼내고 있었다. 할아버지는 오른편 끝에 양반다리로 앉아 무언가 중얼거렸다. 야크 똥을 연료로 태우는 작은 난로를 중심으로 왼편은 부엌이다. 오른편은 방이라고 하자. 왼편에는 그릇이, 오른편에는 옷가지가 있다. 왼편에는 할머니와 아들이, 오른편에는 할아버지와 며느리와 손녀가 앉아 있다. 순간 이 공간에서 자야 하는 식구가 몇 명인가 빠른 셈에 들어갔다. 일곱이다. 카메라는 마치 〈인간극장〉처럼 돌고 있었다. 마침 그때 추장님이 들어오셨다.

"일단 저희가 갑작스럽게 방문했는데도 초대해주셔서 감사합니다."

"저는 H라고 합니다."

일단 방송을 위해 H가 한국어로, 내가 영어로, 텐진이 라다크 어로 통역하는 방식으로 진행했다. 그들은 정말 좋은 청중이었다. 한결같은 따뜻한 미소로 이방인의 이야기를 진심을 다해 경청하고 있었다.

"그러면 추장님 성함은?"

"도르지 남걀."

"도르지 남걀. 추장님 동생이시고. 형님은?"

"둘룩 델렉."

"둘룩 델렉, 그러면 어머님은 어느 분의 부인이신가요?"

텐진이 멈칫했다. 그러고는 직접 우리에게 영어로 말했다. 두 사람 모두 남편이라고.

"아, 일처다부제."

여기는 아직도 옛 유목민의 풍습이 남아 있다. 이 마을에서 처음 들른 집도 형제가 함께 살고 있었다. 우리는 서로 바라보고 고개를 끄덕였다. 최대한 당황하지 않고, 표정을 자연스럽게 지은 다음, 다음 말을 이어가면서 상황을 모면한다. 끝. 바로 아들에게 시선을 돌렸다. 아들의 이름은 초겔리. 7남매 중에 여섯째다. 며느리는 이시초모. 다른 마을에서 시집왔다. 손녀는 네 살과 9개월. 이 천막에서 몸을 풀고 산후조리는 제대로 했을까 하는 안쓰러움이 스쳐갔다. 그래도 날렵한 몸을 보고 짧은 위안을 삼았다. 여섯째가 부모님을 모시는 것에 대한 궁금증도 일단 뒤로 밀어냈다.

"그러니까 모계 사회고 어떻게 보면 씨족 사회고."

H가 시청자를 위해서 한 말은 굳이 영어로 옮기지 않았다. 텐진도 식구들도 알 필요가 없는 말이었다. P선배가 쿠킹포일 뭉치를 건넸다.

"양고기를 가져왔는데요. 며느님께 드려야 되나요?"

H가 며느리 이시초모에게 양고기를 전달하자 그녀는 바로 아기를 할아버지에게 안겨주고 음식 만들 채비에 나섰다. P선배는 또 H에게 등산용 스틱을 건넸다.

"한국 말 먼저 하고요."

"알았어요. 아까 할아버지께서 지팡이가 부러져서 무척 슬퍼하셨거든요. 그래서 이걸 가져왔어요. 선물로 드리려고요."

큰할아버지는 금세 엷은 미소를 환한 웃음으로 바꾸었다.

"제가 길이 맞춰드릴게요."

오래된 지팡이 역시 등산용 스틱이었다. 오래전에 누군가 주고 간 것인가 보다. 부러진 지팡이를 보며 할아버지는 오후 내내 한숨을 쉬고 있었다. 아들 초겔리에게 등산용 스틱을 조절하는 법을 일러주었다. P선배는 또 작은 꾸러미를 전해줬다. H는 알고 있다는 듯 주전자를 열어보던 어머니와 식사를 준비하던 며느리에게 갖다 주었다. 거울이었다. 두 여인은 세상 모든 여인이 갖고 있는 만족스런 표정으로 거울을 바라봤다. 거울 속에 비친 자신의 모습이 그녀에게도 만족스럽기를 바랐다. 그 거울로는 저 온화한 미소만 볼 수 있기를 기도했다. 할아버지는 새 지팡이를 짚고 일어섰다.

P선배는 할아버지가 기뻐하시는 모습을 충분히 담고 싶어했다. 할아버지는 카메라의 기대에 부응하듯 정말 좋아하셨다. 지팡이를 늘렸다 줄였다 하는 할아버지의 손이 내 눈에 클로즈업됐다. 마치 목욕탕에서 불린 손 같은 두툼한 손. 그의 삶의 고단이 그 손에 고스란히 담겨 있었다. 얼른 달려가 그 손을 잡고 내 볼에 비비며 그동안 애쓰셨다고 말씀드리고 싶었다. 어느덧 그 손은 내게 아버지의 손이었다. 그때 H가 가방에서 무언가를 주섬주섬 꺼냈다. 오색 형광펜 세트였다.

"이건 우리 손녀에게."

얼떨떨한 아이는 뭔지 정확하게 모르는 눈치였다. H는 얼른 펜을 꺼내 어딘가에 그리는 시늉을 했다. 손짓으로 이시초모에게 종이를 달라고 했지만 그녀도 무엇을 말하는지 모르는 눈치다. 할머니는 거울을 보고, 할아버지는 지팡이를 잡고, 손녀는 형광펜을 만지작거리는 모습이 갑자기 생경해졌다. 평온한 천막에 이방인들이 폭격을 한 것 같았다.

"선물 하나 주고 너무 유세 떠는 것 같은데. 끝냈으면 좋겠어요. 저녁 먹죠."

내가 찬물을 끼얹었다. 선물의 기쁨을 너무 강요하는 것 같아서 받음직한 선물로 보이지 않았다. 이 선물은 그들의 필요를 정확히 헤아리지 않은 선물이기 때문에 더욱 그랬다. 물론 지팡이만 빼고. 며느리 이시초모는 다시 그녀만의 싱크대로 돌아가 쪼그리고 앉았다. 그녀는 당장 이방인들을 위한 양고기 커리를 준비해야 했다. 배고픈 이방인들이 다섯 명씩이나 으르렁거리며 그녀를 바라보고 있었다.

"아말리, 헝그리."

H의 너스레에 이시초모가 수줍은 듯 웃었다. 아들 초겔리가 천막 밖으로 나갔다. 그러고 보니 아들과 추장님만 뭐 드린 게 없구나 하는 생각이 앞섰다. 본의 아니게 선물 폭격에서 소외된 두 남자가 안쓰러워졌다. 텐진과 P선배가 뒤를 이어 천막을 벗어났다.

걱정이 몰려왔다. 오늘 밤 우리는 여기 이 천막에서 자기로 되어 있다. P선배는 추장님께 허락을 받았다지만 이미 일곱 식구가 포개지다시피 자는 이 천막을 덩치 큰 두 사내가 습격한다는 것은 이들에게 엄청난 재앙이다. 내 시야에 들어오는 천막의 공간을 나누면서 잠자리를 배치해보았다. 이쪽에 할머니와 할아버지 두 분이 주무시고 부엌 쪽에 젊은 부부와 아이들이 자면 딱 맞다. 아무리 입구 쪽에 우리 두 사람을 눕혀봐도 도저히 견적이 나오지 않았다. 게다가 카메라도 한 대 남아야 한다.

H는 나의 고민을 아는지 모르는지 손녀딸과 함께 쭉 찢어낸 수첩 종

이에 색칠놀이를 하고 있었다. 손녀의 손에는 분홍색 색연필이 들려 있었다. 역시 여자아이는 핑크를 좋아하나 보다. 언제 들어왔는지 초겔리는 작은 난로에 잘 굳은 야크 똥을 넣고 있었다. 그사이 들어온 텐진이 초겔리와 얘기를 나누고 있었다. 저들은 무슨 얘기를 하고 있는 걸까? 혹시 여기서 자고 간다고 말한 우리를 흉보고 있는 것은 아닐까? 아니 제발 그랬으면 좋겠다. 그래서 텐진이 이 집에서 자는 건 아무래도 어렵겠다고 말했으면 좋겠다. 아들이 난색을 표한다고 얘기했으면 좋겠다. 그런데 아무리 봐도, 아무리 쳐다봐도 선한 얼굴의 초겔리는 여전히 엷은 미소를 짓고 있었다. 난로 위로 뚫린 천막 사이로 검은 하늘이 드러났다. 검은 하늘에는 별이 반짝이 가루처럼 묻어 있었다.

63

며느리 이시초모가 불을 피웠다. 난로 위에 냄비를 올렸다. 냄비 안에 다듬은 채소를 넣었다. 아들 초겔리가 둘째 딸을 안고 아내를 물끄러미 바라봤다. 큰할아버지는 아까부터 한쪽 구석에 앉아 염주를 돌리며 주문을 외우고 있었다. 추장인 작은할아버지는 아까 나가서 돌아오지 않았다. 할머니는 큰 자루를 들고 밖에 나갔다 왔다. 큰손녀는 아직도 수첩 찢은 종이쪼가리에 색연필로 뭔가를 그리고 있었다. H와 나는 할 일도, 할 말도 잊은 듯 천막의 모든 장면을 무대에서 펼쳐지는 연극처럼 구경하고 있었다. 연극은 그다지 재미있지 않았다.

시간은 상황에 따라 다른 속도로 흐른다. 분명한 진리다. 시간은 적어도 지금 내 인생에서 열 손가락에 들 정도로 느린 속도로 흐르고 있다. 나는 시간의 흐름을 재촉했다. 부엌에서는 연극의 장면전환이 준비되고 있었다. 하지만 지루한 연극에 반전은 없었다. 나는 출연진과 관객들에게 실례를 무릅쓰고 연극 중간에 화장실행을 결정했다.

천막 바깥은 다른 세상이다. 하늘은 투명한 검은 빛이고, 흙산은 진한 그림자였다. 하늘에는 반짝이 가루가 묻어 있었지만 감동을 주는 은하수 그림은 아니었다. 공기는 차가웠지만 산소는 부족했다. 천막을 벗어난 가장 큰 이유는 공기 부족이었다. 야크 똥으로 난로를 때는 천막 안에는 열 명이 숨을 쉬고 있고, 커리 요리가 끓고 있다. 스튜디오 문을 닫고 10분 라디오 뉴스만 해도 답답해 뉴스 시작 직전까지 스튜디오 철문을 열어놓는 내게 고도 5천 미터에 육박하는 곳에서 천막 안에 있기란 여간 답답한 일이 아니었다. 적당한 장소를 찾아 지퍼를 내렸다. 시원한 물줄기가 밤의 정적을 갈랐다. 이 밤 마지막 소변이길 바랐다.

천막 안에서 향긋한 커리 냄새와 잘 지은 밥 냄새가 코를 간지럽힌다. 집 밥 냄새였다. 그렇다. 집 밥이다. 얼마 만에 집 밥인가. 당초 계획은 히말라야의 밤바람으로 샤워를 하고 싶지만 코를 자극하는 밥 냄새에 이끌려 나는 다시 천막 안으로 들어가고 있었다.

이미 천막 안 모든 사람 앞에 음식 접시가 놓여 있었다. 흰 안남미 밥에 굵은 고기가 제법 많이 보이는 양고기 커리가 덮여 있었다. 우리는 두 손을 모으고 잘 먹겠다는 인사를 올렸다. 한 술 떴다. 맛있었다. 집 밥에 대한 기대가 딱 들어맞았다. 식당에서 먹던 커리와는 사뭇 다른 풍미였다. 며느리 음식솜씨가 얼굴만큼이나 정갈했다. 일단 며느리 얼굴을 한 번 쳐다봤다

"마낄라. 마낄라. 마낄라."

"마낄라."

이시초모도 할아버지도 흡족하다는 듯 맛있다고 화답해주었다. 오랜만에 먹는 끼니가 아니던가? 언제 제대로 된 밥을 먹었나 싶었다.

"진짜 맛있어요. 우리 여기서 하숙해야겠다."

한국인들끼리만 웃었고, 의아해하는 텐진에게 뜻을 알려줬더니, 박장대소하며 가족들에게 전했다. 이시초모가 입을 가리고 웃었다. 그녀 또

한 걱정이 없었을까? 습격한 이방인들은 음식이 맛없으면 가차 없는 폭격을 가할 것이라고 생각했을지도 모른다. 이방인들이 걸신들린 듯 먹는 표정은 그녀의 고단한 삶에 잔잔한 행복이리라.

"언제 이렇게 양고기를 먹는지 물어봐 주시겠어요?"

P선배가 무리한 요구를 했다. 아, 밥 먹는데. 그때 H가 입을 열었다.

"언제 이렇게 양고기를 드세요?"

식구들은 서로 쳐다보며 말이 없었다. 또 괜한 질문을 했다. 이시초모가 늦여름이나 가을에 잡아 말려서 겨울 내내 먹는단다. 그리고 보니 이 천막 안에서 세 명의 피디들만 아직 밥을 먹지 못하고 있다. 이들은 우리의 리액션이 끝난 다음에 약간 식은 밥을 뜨리라.

"내일은 우리가 한국 음식을 점심에 해드릴게요."

H가 예정에 없던 이야기를 꺼냈다. 내가 화장실 간 동안 P선배와 얘기가 된 모양이다. 어쨌든 열두 번이라도 대접해드리고 싶은 마음이긴 했다. 대충 식사가 마무리되고, 리액션이 충분하다고 느꼈는지 세 명의 피디들이 동시에 카메라를 접고 접시를 들었다. 허겁지겁 밥을 한 술 뜨자마자 반응은 바로 나왔다.

"어휴, 진짜 맛있네."

그때 P선배가 결정적인 한 마디를 거냈다.

"저, 제가 생각을 해봤는데요. 아무래도 오늘 여기서 자는 건 무리인 건 같아요. 일단 돌아가서 우리끼리 자고, 내일 새벽 다섯 시에 오는 걸로 했습니다."

"고마워요. 선배. 진짜 잘 결정하신 거야."

"맞아요. 근데, 이 난로는 오늘 밤에 조금 그립겠다."

64

"에이 씨, 뭐 하는 거야? 진짜, 다들 어디 갔어?"

"웨이크 업, 웨이크 업."

시간이 얼마나 흘렀을까? 거센 목소리에 엷은 잠이 깼다. 누가 싸웠나? 아니면 벌써 새벽 네 시 반인가? 지금 일어나란 소린가? 별의별 생각이 오고 갔지만 뭐 하나 딱히 명쾌하게 정리해줄 사람은 없었다. H는 미동도 없었다.

분명 욕은 한국어였고, 깨우는 소리는 영어였다. 잠결이라 목소리 주인공이 구분이 가지 않았다. L피디치고는 앙칼졌고, Y사장이라기에는 톤이 높았다. P선배의 말투치고는 빨랐다. 세 피디가 싸웠나? 누군가를 깨워서 일을 시키려나? 온갖 시나리오를 썼지만 고산증세 때문인지, 잠결이어서인지 언뜻 설득력 있는 스토리가 안 잡혔다. 이제 조용하다. 웅성거리던 소음도 잦아들고, 밤마다 웅웅거리던 발전기 소리도 안 들렸다. 밖은 조용하지만 내 속은 여전히 부산스러웠다. 조금 전 소란에 대한 추측은 잦아들었다.

내일 아침에는 초겔리와 함께 양들을 데리고 푸른 풀밭을 찾아가는 길에 동행하기로 했다. 목동의 삶을 체험하는 좋은 기회였다. 어린 시절 교회에서 숱하게 듣고 부르던 '주는 나를 기르시는 목자요' 찬양이 떠올랐다. 그 목자는 어떤 일을 할까? 4백 마리의 양을 데리고 산을 넘는다는 것이 언뜻 상상이 가지 않았다. 초겔리는 분명 좋은 목자이리라. 결국 내 삶의 좋은 목자는 누구였을까 하는 데 생각이 미쳤다. 어머니는 일찍 돌아가시고 홀아버지에 외아들이었던 나는 그 밤처럼 나에게 상담자가 되었다.

상담자 : 가끔 시트콤에서 아버지와 아들 둘이서만 사는 집이 나오면 재밌어 보이던데요.

내담자 : 그러게요. 시트콤이라서 그렇겠지요. 저희는 아버지가 워낙 말수가 적으시고 저도 내성적이라 대화가 거의 없었어요. 아버지는 저를 엄격하게 키우셔서 자주 혼내셨어요. 한번은 얼마나 자주 혼나나 싶어 표시해봤는데 한 달에 열두 번까지 혼난 적도 있었어요.

상담자 : 힘들었겠군요. 아버지가 주로 어떤 걸로 혼내셨는데요?

내담자 : 생활태도가 마음에 안 드셨나 봐요. 이를테면 아침에 한 번 깨웠을 때 안 일어나는 거나, 방을 아침저녁으로 걸레질하라고 하셨는데 제대로 안 하거나, 뭐, 옷 입는 것도 마음에 안 드시고, 한번은 학교 늦었는데 거울 본다고 혼난 적도 있어요. 물론 공부 안 하는 게 제일 컸죠.

상담자 : 혼내시면 그래도 말없이 혼나셨나 봐요.

내담자 : 대부분은 그랬던 것 같은데 저도 가끔 못 참을 때는 소리 지르면서 대들었거든요. 지금도 생각나는 제 말대답이 있어요. '그러면 내가 엄마 없는 애처럼 그렇게 하고 다니는 게 좋겠어요?' 하고 대들었던 기억이 있어요. 아버지가 그 소리 듣고 얼마나 힘드셨을까, 지금 생각하면 많이 후회되거든요.

상담자 : 아버지 마음을 이해는 하시나 보네요. 물론 아들도 힘들었지만 아들만큼 아버지도……

내담자 : 그럼요, 알죠. 아버지는 도시락 싸주시고 살림하시면서 저에게 엄마 역할을 해주셨는데. 저는 아버지한테 아내 역할을 해야겠다는 생각은 못 했네요. 더욱이 성적도 떨어지고 하니까 화도 나셨겠죠.

상담자 : 성적이 떨어지는 건 어쩌면 당연한 일일 수도 있죠. 학교생활은 힘들지 않으셨어요?

내담자 : 일단 성적은 좀 떨어져서 회복이 잘 안 되더군요. 그리고 학기 초마다 힘든 일이 있었는데. 왜 지금도 그렇지만 엄마들로 구성된 학급운영위원회가 있잖아요. 학기 초엔 꼭 반장 엄마가 공부 잘하는 애들 집에 전화해서 엄마더러 일 좀 도와달라고 하잖아요. 꼭 그 전화가 와요.

그러면 아버지가 받아서 '저희 집 아이는 엄마가 없습니다', 하면 상대방이 네 하고 그냥 끊나 봐요. 그 이야기를 듣고 다음 날 학교 가면 누군가 꼭 자기네들끼리 '쟤는 엄마 없대', 하고 이야기하는 애가 있어요. '너 엄마 안 계시다며?' 하고 확인하는 애도 있죠. 고등학교 때까지도 그게 참 힘들었던 기억이 있어요. 선생님들도 물어보시죠, 꼭.

상담자 : 애들이 철이 없어서 그런 모양이네요. 힘들었겠어요. 매년 예상되는 난처한 상황이 발생하니까요.

내담자 : 게다가 엄마가 돌아가시고 2년쯤 지나 간염에 걸렸거든요. 한학기 가까이 학교생활을 제대로 못 했는데. 아무래도 누가 돌봐주는 것도 아니고 하니까 쉽게 낫지 않았던 모양이에요. 그래서 자존감도 더 낮아지고 혼자 있는 시간도 많아졌죠. 아마 그래서 교회가 편했던 것 같아요. 교회에서는 제가 엄마 없는 애라는 걸 다 아니까요.

상담자 : 그랬겠군요. 그래서 교회 생활을 열심히 한 모양이군요.

내담자 : 교회가 없었으면 저는 비뚤어졌을 수도 있겠다 싶어요. 가치관 정립이나 신앙, 삶의 많은 부분을 교회를 통해서 해답을 얻었으니까요. 그 당시 교회 같이 다니던 사람들을 아직도 만나는 걸 보면 그렇겠죠. 감사한 일이죠.

새벽 똥의 노래

65

새벽은 금세 왔다. 해는 늦지 않겠다고 약속이나 한 듯 하얀 빛을 먼저 보내고 산 뒤로 따라 들어왔다. Y사장의 일어나라는 소리에 눈을 떴다. 잠이 들긴 한 모양이다. 몸은 다행히 무겁지 않았다. H의 엷은 신음 소리가 들렸다. 어차피 세수를 할 것도 아니고 밥을 먹을 것도 아니라면 그냥 일어나서 가면 그만이다. 얼굴은 부었고 손끝은 저린다. H의 얼굴은 거울이었다. 내 얼굴도 그 얼굴만큼 부었거니 생각하면 됐다.

초겔리 가족의 하루는 이미 시작됐다. 물가에 나온 야크, 할머니와 며느리에게 젖을 맡긴 야크, 우리 안에 남은 야크……, 야크도 각자 자신의 하루를 시작했다. 서른 마리 남짓한 야크는 어딘가 둔중해 보이는 몸짓에 검은 털이 덥고 답답해 보였다. 느긋하고 차분한 움직임은 내공이 꽤 센 동물 같았다.

"양젖은 저녁때 짜고 야크 젖은 아침 일찍 짜야 되나 봐. 지금 5시 정도 된 거죠? 아휴, 얼굴이 또 얼얼하네요."

말 몇 마디도 버거웠다. 머리 회전도 늦고 혀도 뻑뻑했다. 아침에 일어나자마자 서둘러 나오느라 약을 안 먹어서인지 머리가 아팠다. 손끝도 여전히 저리고 현기증은 움직일 때마다 머리를 흔들었다. 젖을 다 짠 야크들은 나란히 줄을 맞춰 서 있었다.

"얘네 지금 말뚝 박기 하는 거 같은데. 머리를 엉덩이에 대고 있잖아. 진짜 웃기다."

H는 젖 짜는 걸 돕겠다고 이시초모 옆으로 가서 야크 뒤에 자리를 잡았다. 그때 갑자기 순해 보이던 야크가 뒷발을 걷어 올렸다. 텐진이 손사래를 치며 조심하란다. 야크의 민감함은 공격성으로 쉽게 바뀐단다. 그 후로도 야크는 H의 손낯을 가렸다. 그때 다른 야크의 똥 싸는 장면이 포착됐다. 펑퍼짐한 엉덩이에서 한 무더기가 초지로 떨어졌다. 가느다란 줄기가 말리듯이 쌓이는 것이 아니라 그냥 무더기로 떨어져 펑퍼짐하게 퍼져 내렸다.

"여러분께서는 지금 방금 전에 나온 아주 따끈따끈한 덩을 보고 계십니다. 없어서는 안 될 아주 귀한 소중한 연료입니다. 신기한 것은 냄새가 안 난다는 것입니다. 믿어지십니까?"

H는 너스레를 떨며 방금 나온 야크 똥에 코를 갖다 대고 숨을 들이마셨다. 연료로 쓰는 야크 똥이 말라서 냄새가 안 나는 줄 알았는데, 진짜 갓 나온 것도 냄새가 전혀 없었다.

가만히 보니 H의 왼쪽 콧구멍에 휴지 뭉치가 꽂혀 있었다. 고산증세 가운데 하나는 코피였다. 평소 안 좋은 신체 부위의 증상이 심하다더니. L피디는 치통이 심해지고 볼이 엄청 부어 있었다. 나는 코가 문제였다. 워낙 왼쪽 콧구멍 안쪽 연골이 휘어서 공간이 협소한 관계로 숨을 잘못 쉬는 터라 코가 늘 막혔다. 코피가 잦았고, 피는 콧속에서 찐득한 딱지가 되어 있었다. 본의 아니게 늘 코를 후벼야 하는 상황이 연출됐다.

유목민의 하루는 이른 새벽이 더 바빴다. 할머니와 며느리는 야크 젖을 짜고, 할아버지는 양 우리를 둘러보며, 똥들을 걷어내고 있었다. 천막 안에는 초겔리가 있었다. 작은딸을 돌보며 나갈 채비를 하고 있다.

냄비를 젓고 있는 모습이 영락없는 주부다. 주전자에는 뭔가 끓고 있다. 내가 들어서자 환한 웃음으로 줄래를 외친다. 나 또한 머쓱하여 줄래로 화답했다. 냄비를 젓던 손을 멈추고 보온병에서 차를 따라 내게 건넨다. 솔트티란다. 어제 맛을 본 바에 따르면 굳이 아침부터 먹을 만한 맛은 아니었지만 그의 표정을 보면 도저히 사양할 수 없다. 양손으로 받아 들고 그 옆에 앉았다. 언제 깼는지 누워서 발을 구르는 작은딸이 아빠의 존재감을 느끼나 보다.

새벽일은 이렇게 분담이 된 모양이다. 먼 길을 떠나는 남편이 집 안을 돌보는 모양이다. 몇 마디 말을 던질까 하다가 방해하는 것 같아 찻잔만 들고 있었다. 무엇보다 내가 힘들었다. 얼마나 지났을까? 이것도 불편한 일이라 고맙다는 표정을 전하고 천막을 나왔다.

H는 삽을 들고 야크 똥을 치우고 있었다. 할아버지가 옆에 서 있는 것으로 보아 할아버지의 삽을 빼앗아 든 모양이다. P선배와 Y사장이 카메라를 돌리고 있었다. H는 삽으로 똥밭을 잘 다지고 있었다. 나는 멀찍이 서서 구경했다.

"저 할아버지가 아예 나한테 이걸 맡기고 가버렸어. 처음에 지켜보시더니 '괜찮네', 이런 표정으로 뭐라더라? 마나젤라? 너나젤라?"

"마이겔라. 잘한다. 잘한다."

"맞다. 마이겔라. 그러더니 가버리셨어."

그때 천막에서 나온 텐진이 도와달라고 소리를 지른다. 옆 창고에서 할머니가 무거워 보이는 자루를 들고 나오고 있었다. 얼른 뛰어가 받았다. 뭔가 물컹한 액체가 들어 있는 가죽 주머니였다. 한사코 마다하던 할머니는 내게 자루를 넘기고 큰 통을 갖고 왔다. 자루 속 액체를 항아리에 부으려고 했다. 나와 텐진이 도왔다. 이미 Y사장이 카메라를 돌리고 있었다. 발효된 냄새가 코를 찔렀다. 맥주 만드는 홉이었다. 텐진이 '창'이라고 하는 지역 전통 술이란다.

할머니는 자루 끝에서부터 싹 쓸어내리면서 남은 것들을 항아리에 옮겼다. 할머니는 항아리에 옮긴 발효주를 휘휘 젓는다. 손님을 접대하거나 가족들이 마시곤 하는데 요새는 만들어서 신에게 봉헌하는 의미로 신전에 갖다 놓는단다.

어느새 할아버지가 와서 항아리 입을 비닐로 덮고 묶은 후에 뚜껑을 닫는다. 할아버지가 항아리를 옮기려고 하셨다. 얼른 내가 할아버지를 제치고 항아리를 잡고 창고 안으로 다시 넣었다. 손에 술 냄새가 가득했다. 물통 작은 꼭지를 열어 손을 씻고 있는데, H가 그때야 삽을 들고 들어왔다.

천막 안에서는 며느리 이시초모가 가죽 부대를 흔들고 있었다. 어제 본 버터 만드는 장면이었다. 안에 있던 L피디가 손짓을 한다. 얼른 같이 만들라는 얘기였다. 이시초모가 흔드는 자루에서 꿀렁꿀렁 소리가 났다. 양가죽으로 만든 주머니에는 방금 짠 양젖이 들어 있으리라. 얼른 양젖을 흔들어 버터를 만들고 요구르트를 만드는 모양이다.

내가 가죽 부대를 잡아채 흔들기 시작했다. 고단한 며느리의 삶에 잠깐의 쉼이라도 선물하고 싶었다. 몇 번 흔들자 오른손에 잡은 가죽 부대 입에서 흰 액체가 뭉글뭉글 새 나왔다. H는 너스레를 떨며 이게 뭐냐고 물었다. 텐진은 통역 없이 알면서 왜 묻느냐고 반문했다. 내가 상황을 설명하니 알겠다는 듯 자기가 답했다. P선배는 답을 이시초모가 해야 한다면서 텐진에게 통역만 할 것을 요구했다. 세 사람이 서로 이야기를 주고받는 동안 열심히 가죽 부대를 흔들어 버터를 만들었다.

"어우, 팔 되게 아파요, 이거."

"지금 이분들, 이 새벽에 몇 가지 일을 하시는 거예요?"

"야크 젖 짜기, 양젖 짜기, 야크 똥 치우기, 연료용으로 말리기, 술 만들기, 아침식사 만들기, 애하고 놀기, 버터 만들기까지 진짜 고된 하루의 시작이네요."

"형, 거기 꽉 잡아야 한다니까, 샌다니까."

이시초모가 다시 한 번 시범을 보였다. 내 손은 어느새 양젖 범벅이 됐다. 무엇보다 팔뚝이 아팠다. 몸을 움직이니 어지럼증과 메스꺼움도 심해졌다.

"온 국민의 관심을 받고 있는 김재원 선수 마지막 힘을 내고 있습니다. 자, 조금만 더. 자, 왼손에 희망을, 오른손에 용기를, 자, 조금만 더 흔들어주시기 바랍니다. 셰이킹. 셰이킹. 셰이킹. 셰이킹. 속도가 점점 느려지고 있습니다. 속도가 느려지고 있는 김재원 선수. 아, 이거, 어떡합니까? 점점 느려지고 있는데요. 네, 이러다가는 이거 꼴찌를 면하기 어려울 것 같습니다. 조금만 더 힘을. 아, 이거 큰일 났군요."

나는 진짜 힘들었다. 고산증세에 체력고갈, 비릿한 냄새까지 비위를 건드리고 있었다. 이제 핑계가 필요했다.

"얼굴이 점점 노래지는 김재원 선수. 아, 결국 손을 놓고 마네요."

나는 잠시 멈췄다가 다시 흔들었다.

"아무래도 선수 교대가 필요한 것 같습니다."

"예, 이때 등장한 H선수의 각오를 들어보겠습니다. 진정한 프로의 모습은 어떤 것인가 지금부터 보여드리겠습니다. 네. 이게 작용과 반작용의 힘을 이용해서 해야 되는 겁니다. 김재원 선수처럼 그렇게 마구 흔드는 게 아니었습니다."

그나마 우리의 방송놀이를 L피디가 웃으면서 재미있게 봐주고 있었다. 나는 지쳐서 벽 쪽에 있는 짐에 몸을 기댔다. H는 자루를 열심히 흔들었다.

"아, 이거 여기 찢어졌다."

"얘가 그랬어요. 얘가 손톱 안 잘라가지고 찢어놓은 거야. 어떡해. 계속해? 아니면 쉬어?"

그러고 보니 내 손톱이 무척 길었다. 떠나기 직전에 손톱을 자르라는

H의 문자를 받고 공항 가기 직전에 잘랐는데도 그사이 꽤 길었다. 문제는 그 긴 손톱 사이로 때가 끼어 있다는 것이다. 이게 얼마 만인가. 때 긴 손톱은 꽤 오랜만이었다. 어린 시절 흙장난이나 땅따먹기를 하고 나면 손톱에 가득 꼈던 때 생각이 났다. 종이를 두 번 접어 뾰족한 모서리로 때를 빼던 그 시절이 아득하기만 하다. 여기 와서 도통 씻지를 못하니까, 더욱이 머리를 못 감으니 손톱 때는 당연한 수순이었다.

이시초모가 음식 나누는 일을 마치고 다시 양가죽 부대를 잡았다. 자루 끝부분을 열어서 다시 묶는 모습이 영 야무진 게 아니다. 초겔리와 할아버지는 아침밥을 받아놓고 우리 눈치를 보고 있었다. 그릇 개수를 보니 우리 것도 있었다.

"여기 식사시간인데 우린 가죠, P선배."

"어차피 한 번쯤은 먹어줘야죠. 차려놨으니까 같이 드시죠."

"한 번쯤이라뇨? 어제 그렇게 민폐를 끼쳐놓고."

텐진도 먹으라고 손으로 먹는 시늉을 했다. 할아버지는 숟가락을 들었고, 할머니와 초겔리는 여전히 우리 눈치를 보고, 이시초모는 가죽 부대를 흔들며 버터를 만들고 있었다. 손녀딸은 어제 우리가 준 형광펜을 들고 어제 찢어준 종이쪼가리에 색깔을 덧칠하고 있었다. 그러고 보니 이 집에 종이가 없다는 사실을 깨달았다. 우리가 종이 없는 집에 연필을 선물한 거였다.

미숫가루를 걸쭉하게 죽처럼 끓인 뚝바는 아침에 속을 다스리기에 안성맞춤이었다. 초겔리가 후후 불며 뚝바를 후루룩 마셨다. 양떼를 데리고 하루 종일 풀밭을 찾아 헤매는 그에게는 영 부족해 보였다. 도시락으로 뭘 싸가는지도 궁금해졌다. P선배가 뚝바를 마시다 말고 일정을 보고했다.

"일단 초겔리랑 같이 양떼를 데리고 초원에 나가고요. 우리는 적당한 때 돌아오죠. 오늘 마을 전체가 모이는 기도회가 있대요. 거기도 한번 가보고요. 점심은 우리가 음식 만들어서 대접하기로 했으니까요. 다녀와서 준비해주시고. 그 이후에 도와드릴 일 또 찾아보죠. 일단 뚝바 든든히 드세요."

이시초모는 아직도 양젖 주머니를 흔들고 있었다. 지칠 법도 한데 속도도 늦추지 않고 최선을 다해 버터를 만드는 그녀를 보니 초겔리가 장가를 잘 갔다는 생각이 들었다.

이들의 행복은 어디서 오는 것일까 궁금해졌다. 그 행복은 그러면 나의 행복과 비교가 가능한 것일까? 누가 더 행복하다는 말은 어떤 기준으로 할 수 있는 것일까? 행복을 연구하는 사회학자들은 어떤 근거로 행복의 기준을 평가할까? 머릿속에 행복 전구가 켜지는 순간은 다 다르다는데, 나는 지금 해외여행이라는 스위치로 행복 전구를 켰다. 이들은 어떤 스위치로 행복 전구를 켤까? 초겔리 가족의 행복 전구는 과연 켜지기는 할 것인가? 하지만 이시초모도, 할머니도, 할아버지도, 초겔리도, 표정만큼은 행복 전구가 1백 개쯤 들어온 것 같았다. 나는 지금 겨우 한 개가 들어와 있는데 말이다.

참 좋은 목자 초겔리

66

양들의 외출은 초겔리 집만의 일이 아니었다. 마치 약속이나 한 듯 이웃집들도 양들을 쏟아냈다. 산 저편 집들은 이미 긴 행렬을 이루며 떠났고, 이쪽 집들도 지금 막 출정한다. 양들이 섞이기 시작했다. 양들의 뿔 옆에는 색칠이 되어 있다. 우리 집 양은 파란색, 옆집 양은 노란색이다. 윗집 양은 붉은색 페인트다. 주인은 내 양을 확실하게 알고 있지만 혹시 있을 분쟁을 막기 위해 칠해놨다. 양이 많기는 정말 많았다. P선배가 양들을 헤집고 뛰어왔다.

"지금부터 힘들겠지만 무조건 초겔리 옆에 있으려고 노력하세요."

"그냥 아들만 따라가면 되죠? 양 신경 안 쓰고."

양들이 다칠까 봐 노심초사하는 우리와 달리 초겔리는 의연하게 양들의 외출을 지켜보고 있었다. 수백 마리의 양들이 1미터 너비의 좁은 문으로 빠져나오는 장면은 그야말로 개그콘서트였다. 양들의 몸짓과 표정이 개그 자체였다. 한 걸음도 움직이지 못하고 다른 양들과 몸을 부대끼며 우리에서 밤을 보낸 양들은 이제 진정한 자유를 누린다. 그들은 자신들의 갈 길을 알고 있다. 양떼가 모두 나오자 초겔리는 식구들에게 손을 들어 인사하고 양들을 따라 나섰다. 아기를 업고 남편을 배웅하는 이시 초모는 애써 무표정이었다. 아들의 뒷모습을 바라보는 할아버지도 마음이 편치만은 않을 듯싶었다.

"워워워워 춰춰춰 쉬쉬쉬쉬."

초겔리는 양들과 대화했다. 딱히 다른 길로 가는 양들이 있는 것도 아니고, 서로 싸우는 것도 아닌데, 뭔가 소리를 낸다는 것은 잘하고 있다는 칭찬처럼 들렸다.

"츠츠츠 스스스스."

H가 너스레를 떨며 아들을 따라했다.

"이건 뭐지? 어딘가 미세하게 다른데? 느낌이 달라."

양들은 걸으면서도 계속 소리를 냈다. 우는 것인지, 노래를 하는 것인지, 말을 하는 것인지, 알 수 없었지만 마치 목자의 메시지에 대한 화답 같았다. 멀찍이 검은 개 한 마리가 따르고 있었다. 그냥 그 길을 가는 것뿐 양떼하고는 아무 상관 없다는 듯 딴청을 부리며 따라갔다. 은밀한 미행자였다. 반대편 산을 가득 메웠던 양들은 흔적도 없이 사라졌다. 벌써 산을 넘은 모양이다. 어딜 둘러봐도 흙산인 이 민둥산도 구석구석에 양들을 위한 풀밭을 숨겨둔 모양이다. 히말라야의 산심이 느껴졌다.

초겔리가 다른 목자와 인사를 나눴다. 우리를 쳐다보길래 줄래로 화답했다. 작은 어깨가방을 메고 가는 초겔리의 모습이 왠지 든든했다. 왜소한 체격이지만 뭔가 속에 많은 것을 갖고 있고, 가난해 보이지만 부유하고, 아무것도 갖지 않은 것 같지만 세상을 소유한 남자다. 양들은 그의 존재가 듬직할 것이다. 뒤를 돌보는 목자를 믿고 양들은 어제 마음껏 풀을 뜯은 풀밭을 찾아 힘찬 발걸음을 내딛었다. 산책을 예상했던 우리는 의외의 산행이 꽤 버거웠다.

푸른 풀밭, 쉴 만한 물가를 찾아가는 여정은 물길을 따라가는 길이다. 천막 아래를 흐르던 인더스 강 지류 강줄기를 따라 산을 올랐다. 무리

지은 양들은 앞에 가는 양을 그저 따라갔다. 일부 돌출행동을 하는 양들도 있었다. 마른 땅 틈틈이 보이는 풀을 뜯는 양도 있었고, 옆에 가는 양에게 뿔을 들이밀며 시비를 거는 양도 있었다. 귀찮은지 시비 거는 양과 맞서지 않고, 앞으로 가 다른 양들을 추월하기도 했다. 유독 짙은 얼룩 양 한 마리가 계속 뒤로 처졌다. 다른 양이 풀을 뜯으면 기다리고 냇가로 방향을 틀면 그 양을 따라갔다. 마치 반장인 양 다른 양들을 챙기는 그 양에게는 역할이 주어진 것인지, 배려하는 심성을 타고난 것인지 궁금해졌다.

앞에 서는 목자가 있고, 뒤를 따르는 목자가 있다. 초겔리는 무리 속에서 함께 가는 목자였다. 인자한 눈으로 양 한 마리, 한 마리를 살폈다. 가끔 양들이 처지면 긴 밧줄로 땅을 내리쳐 큰 소리를 냈다. 등성이를 넘으니 사뭇 다른 초록빛이 넓게 펼쳐졌다.

나는 초겔리에게 밧줄을 넘겨 받아 목동놀이를 했다. 츠춫츠춫, 스스슷, 초겔리 소리를 흉내 내며 밧줄을 힘차게 돌려 땅을 내리쳤다.

"그건 그렇게 하는 게 아니지."

H가 밧줄을 낚아채 갔다. 그는 동작을 크게 하며 더 큰 소리를 냈다.

"문제는 이미 양이 없다는 거죠."

"다른 길로 각자 다 갈 길을 찾아갔다는 거. 하하."

양떼는 초지가 나타나자 약속이나 한 듯 사방으로 퍼져 나갔다. 초겔리의 표정을 보니 여기가 오늘의 목적지는 아닌 것 같았다. 초겔리는 손을 앞으로 내밀며 더 간다는 표시를 했다. 풍성한 풀밭을 찾아가는 길에 유사한 풀밭이 나왔다고 현혹돼서는 안 되는 것이 인생이겠지. 목자는 양들이 여기서 머물지 않도록 적절한 조치를 취해야 했다. 너무 오래 머무는 양들은 독려해서 더 풍성한 초지를 찾아 나서게 해야 했다. 검은 양몰이 개가 바빠졌다. 갑자기 양떼 사이를 헤집고 다니며 여기서 머물 때가 아니라며 짖어댔다.

"저 양치기 개가 역할을 톡톡히 하네. 자기 할 일이 뭔지 알고 있는 것 같아."

양떼 사이를 누비던 개가 초겔리 앞에 와 갑자기 누워서 다리를 구르며 등을 땅에 비볐다.

"자기 할 일 다 했다고 애교부리잖아."

여기가 목적지가 아니어도 양들에게는 아니 내게는 적어도 훌륭한 푸른 풀밭이었다. 양떼들이 발걸음을 멈추고 풀을 뜯는 장면은 내 마음마저 편안하게 했다. 내게 쉴 만한 물가 푸른 풀밭은 어디일까 생각해봤다. 내게도 이런 풀밭에서 마음껏 편히 쉬는 그 순간이 올까?

우리는 모두 양처럼 길을 잃고 제각각 자기 길로 흩어져 가버렸지만 여호와께서는 우리 모두의 죄악을 그에게 지우셨다. (이사야의 말)

각기 가고 싶은 길로 가는 양들도 있었다. 그때마다 초겔리는 작은 돌을 주워 채찍으로 쓰던 줄에 묶어 팔매질을 했다. 작은 돌은 정확히 다른 길로 가려던 양 앞에 떨어졌고, 그 양은 다시 무리로 돌아왔다. 그런 일이 서너 번 쯤 있었는데, 그때마다 초겔리는 능숙하고 정확한 돌팔매질을 했다. 역시 목동 다윗이 거인 골리앗을 이길 수 있었던 것은 생활의 달인이었기 때문이다. 그에게 덩치 큰 골리앗의 이마에 돌을 명중시키는 것은 일도 아니었다.

속이 쓰렸다. 그나마 아침에 먹은 뚝바가 속을 채웠지만 그래도 빈속은 어쩔 수 없었다. 메스꺼움이 올라왔고, 어지럼증도 심해졌다. 아침에 약을 먹지 않은 게 문제였다. 멋진 산세와 환한 햇살, 양떼가 만드는 평화로운 풍경, 어느 하나 빠질 게 없는데, 단 하나 내 몸이 문제였다. 어지럽지만 않아도 이 멋진 순간을 충분히 즐길 텐데. 바람마저 선선하니 좋았지만 생각과 마음이 몸의 고통을 압도하기는 쉽지 않았다. 뒤에서 전경을 잡으며 따라오던 Y사장이 보였다.

"왜 안 가요?"

"힘들어서."

"양치기 개가 빨리 가라는데?"

검은 개는 내가 바위에 앉은 이후, 양떼를 따라가지 않고 내 뒤쪽에 머물면서 나를 예의 주시하고 있었다. 나도 저 양치기 개의 책임범주 안에 있는 모양이다. 마음이 놓였다. 힘을 내서 다시 걸음을 재촉하니 검은 개도 걸음을 뗀다. 신기하기도 하지. 멀지 않은 곳에서 H와 L피디가 바위에 앉아 이야기를 나누고 있었다. 양들은 보이지 않았다.

"양들은 가버렸어. 형."

"나는 저 개가 마음에 든다. 저 개에게 꼴찌는 나야, 지금."

초겔리는 양떼보다 우리가 더 신경이 쓰이는 모양이었다. 텐진을 통해 양떼를 앞서 보내도 되느냐고 물었다. 괜찮다는 손짓과 몸동작이 답으로 돌아왔다. 우리는 걸으면서 인터뷰를 시작했다. H의 한국어 질문, 나의 영어 질문, 텐진의 라다크 어 질문, 초겔리의 라다크 어 답변, 텐진의 영어 답변, 나 또는 H의 한국어 답변이 이어졌다. 방송을 위해서는 할 수 없다. 적절한 편집을 위해서는 다양한 순서가 필요했다. 어차피 라다크 어, 영어, 한국어가 가능한 코디네이터는 구할 수 없었고, 한국어, 영어 코디를 한 명 더 쓸 필요도 없었다. 우리에게는 마음 씀씀이 따뜻한 텐진이 최고의 선택이었다.

"저기 또 다른 집 양들이 가네."

"얼마 동안이나 이 일을 한 거예요?"

"11년이요. 열다섯 살 때부터 따라 다녔죠. 제가 본격적으로 맡은 건 4년 됐어요. 중간에 레에서 공부하다 들어왔거든요."

"더 공부하고 싶은 생각이나 도시로 나가고 싶은 생각은 없었어요?"

"지금도 공부하고 싶긴 해요. 하지만……"

"근데 여기에 남아 있어야 하는 이유가 있었나요?"

"가족을 위해서 어쩔 수 없었죠. 일곱 남매에 여섯쨈데요. 누나들은 시집갔고, 형들도 도시에 나가 있고, 저밖에 부모님을 모실 사람이 없었어요."

초겔리의 착한 심성도 그런 결정에 한몫했겠다 싶었다.

"다른 형들, 누나들도 있는데 본인이 남아 있는 게 조금 억울하다는 생각은 안 들었어요?"

"그렇지는 않아요. 그냥 상황에 따라 역할이 주어지는 거죠. 저한테도 또 다른 상황이 펼쳐질 수 있는 것이고요."

늘 상황을 탓하는 나에게 하는 말처럼 들렸다.

"양치는 목자로서 가장 중요한 점이 뭐라고 생각해요?"

"한 마리, 한 마리 바라보는 거요. 4백 마리가 넘지만 하루에 한 번이라도 꼭 모두에게 눈길을 주려고 해요. 바라봐야 아픈 것도 알고, 젖 짤 때도 알고, 새끼 밴 것도 알고 그렇거든요."

"혹시 양을 한 마리 잃어버리면 찾아 나설 거예요?"

"그럼요. 그건 당연하죠. 그러려고 제가 따라 나오는 건데요."

"여기서 혼자 있으면 굉장히 외로울 것 같은데 외로울 때는 뭘 해요?"

"그냥 기도문을 외우거나."

"노래를 부르는군요."

그가 수줍은 듯 웃었다. 아니라는 말은 하지 않았다.

"자, 이제 라다크 목자의 노래를 들을 시간입니다. 우우우."

H의 너스레에 우리의 박수가 이어졌고, 카메라 두 대가 초겔리 얼굴로 방향을 바꿨다. 수줍은 미소를 놓지 않던 그가 잠시 머뭇거리더니 입을 열었다. 작은 소리의 차분한 곡조가 흘러나왔다. 그의 노래는 그다웠다. 그의 성품을 소리로 쏟아내듯 흘러나오는 노랫가락은 흙산의 풀 뜯는 양떼의 배경음악으로 제격이었다. 곧 그의 노래가 멈추고 그는 고개

를 숙였다. 우리는 함성과 박수로 그의 어색함을 달랬다. 텐진의 박수 소리가 제일 컸다.

"마이겔라."

"자, 너무 오래 있어서 양 잃어버리겠다. 가자."

"잠깐만요. 두 분 박수 치는 거 다시 한 번 잡고 갈게요."

"자, 박수 한 번만 더 치고, 오, 렛츠 고."

우리는 초겔리와 작별을 고했다. 그는 더 멀리 있는 푸른 풀밭으로 그의 양들을 안내할 것이다. 그곳에는 쉴 만한 물가도 있다. 우리는 이제 그가 가르쳐준 목자의 삶을 마음에 품고 그의 가족들이 있는 집으로 돌이켜 갈 것이다.

"우리는 집에 가서 부모님께 식사 대접하겠다고 전해주세요. 텐진."

그를 일상의 외로움에 남겨놓고, 우리의 길을 찾아 떠났다. 그는 우리와 있는 것보다 그의 양들과 보내는 하루가 훨씬 더 편할 것이다. 집으로 돌아가는 길은 더 힘들었다. 양떼도 없고, 초겔리도 없고, 심지어 카메라도 접었다. 나는 돌아가는 내내 숨을 헐떡이며 생각했다. 목자의 마음을. 신기하게도 멀리서 보면 진짜 높고 먼 길이 걷다 보면 그냥 넘어가졌다. 인생도 그럴 것이라고 생각하니 마음이 놓였다. 절대로 못 갈 것 같던 길도 걷다 보면 길이 되고, 살다 보면 삶이 될 것이다. 한 걸음씩 뚜벅뚜벅 걷다 보면 못 오를 길이 어디 있을까? 인생의 여정에서 단 하나의 바람이 있다면 좋은 목자를 만나는 것이리라. 하나 더 욕심을 내 본다면 내가 누군가에게 좋은 목자가 되는 것이리라. 초겔리는 나에게 오늘 큰 것을 가르쳐줬다. '생큐, 초겔리.' 저 멀리 마을이 보였다.

김, 밥, 김치, 그리고 라면

67

라다크의 구름은 움직임이 보인다. 한국에서 보던 가을 하늘의 구름도 움직이긴 한다. 하지만 다른 곳에 한눈을 팔다 다시 봤을 때 모양이 바뀌어 있다는 것이지 구름의 움직임을 관찰하기란 쉽지 않다. 라다크의 구름은 보는 것만으로도 그 움직임을 알 수 있었다.

"형, 혹시 어젯밤에 누가 욕하는 소리 못 들었어?"

"들었어. 영어로 깨우는 소리도."

"근데 그 욕은 누가 한 거야? 피디들이 싸웠나? 물어볼 수도 없고."

"우리 싸울까 봐 걱정하더니 자기네가 싸운 거 아냐?"

68

작은 돌담 건물에 빨간 셔츠 입은 남자가 들어간다. 아낙 둘이 큰 통을 들고 따라 든다. 마을회관이다. 유목민 마을에 어떻게 마을회관 건물이 있을까? 머물지 못하는 삶이지만 매년 이맘때 이곳으로 돌아와 두어 달 머무는 걸 생각하면 돌로 만든 건물 정도는 필요하다. 심한 비바람이라도 불라치면 훌륭한 대피소가 되지 않을까? 교실만 한 실내에는 이미 사람들이 쭉 둘러앉아 있었다. 요란하게 들어가기 싫어 맞은편 끝자리에 슬쩍 앉았다. 아낙들은 가운데 자리에 앉으라고 성화다. 남 앞에 나서기 싫어하는 성격에 굳이 가운데 앉을 이유는 없었다. 게다가 여차하면 중간에 나가야 하지 않겠는가. 이런, 자리를 잘못 잡았다. 우리가 앉은 쪽은 여자들만 앉아 있었다. H를 쿡쿡 찔러 남자들이 앉은 쪽 문 옆 바닥에 털썩 앉았다.

한 달에 한 번 있는 마을 기도회였다. 음력 매달 말일에 주민 전체가 모인단다. 스무 가구라니 얼추 다 모인 모양이다. 여자들이 안쪽에, 남자들이 입구 쪽에 줄지어 앉았다. 중앙에는 우리 집 할아버지가 계셨다. 아이들은 거의 없었다. 이시초모가 업고 온 아기와 달고 온 큰딸이 전부다. 아낙들은 분주했다. 티를 찻잔에 따르고 작은 밀가루 빵도 나눴다. 사람들은 손으로 휴대용 마니차를 돌렸다. 주문을 계속 외는 사람도 있단다. 아직 시작은 안 한 모양이다. 각자 준비 기도를 하고 있는 것일까? 서서히 아낙들의 분주함이 잦아들었다.

H는 분위기에 아랑곳없이 카메라 옆에 앉은 아저씨에게 질문을 퍼부었다. 텐진이 마주 앉아 통역을 하면서 자신이 아는 건 그냥 답했다. P선배는 계속 마을 주민이 답하게 하라고 했다. 텐진은 샐쭉한 표정으로 알았다며 카메라 뒤에서 통역에 충실했다. 그들은 한 달에 한 번 모여 마을의 안녕을 기도한다. 마니차 안에는 경전이 있어서 한 번 돌리면 경전을 한 번 읽은 것이다. 누군가 마니차를 돌리면 고산증세가 극복된다고 했는데 믿거나 말거나. 외우는 주문은 '옴마니 반메훔'이다. 드라마에서 궁예가 외웠던 주문 아닌가? 누구는 '연꽃 속의 보석이여'라는 뜻이라는데, 누구는 옴은 우주, 마니는 지혜, 반메는 자비, 훔은 마음, 우주의 지혜와 자비가 마음에 깃들기를 바라는 말이란다. 연꽃 속의 보석이 지혜와 자비인가 보다.

기도회는 이미 시작됐고, 특별한 순서 없이 온 마을 사람들이 각자 기도를 한다. 저녁 무렵에나 헤어진단다. 아마 양떼들이 돌아올 때쯤에나 흩어져 각자의 양들을 마중 나가는 모양이다. 왜 젊은 사람들이 없는지 이해가 됐다. 그들은 양 담당이다.

"여기는 더 찍지 않아도 되겠어요. 그냥 식사 준비하러 가시죠."

"피디들 먼저 나가고 저희는 조금 있다가 살짝 빠져나갈게요."

사람들은 진지했다. 아낙들도 기도에 몰입했다. 진정한 무사를 기원하고 있었다. 양떼를 몰고 나가 있는 남편 혹은 아들의 안전과 양떼를 위한 기도가 간절할 터였다. 우리는 최대한 조용히 일어섰지만 절대 조용할 수는 없었다.

밖에는 피디들과 텐진이 뭔가 심각한 얘기를 나누는 모양이다. 어젯밤 욕설이 생각났다. 과연 저들에게 무슨 일이 있는 걸까?

"충전기가 고장 났어요."

석 대의 카메라를 위한 열두 개의 배터리를 넉 대의 충전기로 충전하고 있었다. 발전기는 첫날부터 말썽을 일으켰단다. 근근이 충전을 해왔지만 급기야 어젯밤 충전기가 모두 나갔다. 발전기의 과전압 때문이다. 모든 충전기가 퍽퍽 소리를 내며 나가는 순간을 L피디가 목도했고, 어제의 욕설은 자동으로 튀어나왔다. 뒤이어 Y사장이 스태프들을 깨우는 '웨이크 업'이라는 명령어가 이어진 것이었다.

피디불화설은 사실무근으로 밝혀졌지만 더 큰 문제가 생겼다. 해결책으로 3번 운전기사 곤촉이 1번 운전기사 우르겐과 함께 레로 충전기를 구하러 갔단다. 내내 불안하던 발전기도 수리를 위해 가져갔단다. 그들의 귀환이 앞으로의 일정을 결정한다. 레까지는 차로 대여섯 시간이 걸린단다. 새벽에 떠났지만 레 시내에서 소니 충전기를 구하기란 쉬운 일이 아니다. 심지어 오늘은 토요일이란다. 빨리 와야 한밤중이다. 과연 앞으로 우리의 촬영은 어떻게 될까? 상황에 나를 오롯이 맡겼다.

69

천막 안 부엌은 열악했다. 일단 도마가 없다. 우리가 가져간 플라스틱 미니 도마에, 과도를 썼다. 난로와 가스가 연결된 화기 하나가 전부다. 큰 키에 쪼그리고 앉아서 칼질을 하려니 여간 힘든 게 아니다. 어제 그 엄청난 음식을 해낸 이시초모가 존경스러웠다.

좁은 장소에 쪼그리고 앉아 어지럼증과 메스꺼움을 참으며 요리를 한다는 건 여행이 아니라 일의 영역이었다. 우리를 환대한 초겔리 식구들을 생각하면 이 정도 수고는 당연했다. 감자를 썰고, 양파를 썰고, 김치를 씻어, 차례로 볶았다. 프라이팬은 이시초모에게 빌린 속 깊은 큰 것을 썼다. 매운 것을 못 드시니 굳이 양념은 필요 없다. 이걸로 끝내기에는 심심하다 싶을 때 참치 통조림이 눈에 들어왔다.

참치를 넣을까 말까 고민하다 넣기로 했다. 옥수수까지 넣으니 구색이 맞았다. 감자도, 양파도 한 개면 충분했다. 구수한 냄새가 천막을 감싸 안았지만 저들에게 이 냄새가 어떨지 궁금했다. 우리에게 동남아의 향신료 냄새나 인도 커리의 강한 향처럼 반갑지 않을 터였다.

김치덮밥만 가지고는 허전하다 싶어 우리는 냉라면을 만들기로 했다. 라면국물은 너무 매워서 면만 건져 찬물로 씻고, 오이와 토마토를 곁들여 비장의 무기, '비비고' 간장소스로 맛을 내기로 했다. H가 몸 만들 때 닭가슴살 먹으러 즐겨 가던 '비비고'에서 받은 간장소스를 챙겨 온 게 주효했다.

"배터리 없다면서, 이런 거 왜 이렇게 자세히 찍어요?"

"그래도 그림이 연결은 돼야죠."

김치덮밥은 다 됐다. 이시초모에게 접시를 부탁했다. 마침 압력밥솥이 김을 쫙 빼고 있다.

이시초모가 눈치 빠르게 주걱을 건네준다. 그때 그녀가 볶은 김치를 가리키며 이야기한다.

"이건 우리 먹을 수 없어요."

"왓? 텐진. 왓 이즈 쉬 새잉?"

그녀는 부스러져 형체를 알 수 없는 참치를 가리키고 있었다.

"오늘은 모든 고기를 먹을 수 없는 날이랍니다. 한 달에 한 번 있는 날이래요."

"아, 이런. 그럼. 이걸 어떡해?"

"이시초모는 그래도 먹는데 부모님은 절대 안 드실 거래요. 부모님은 밥만 달라는데요."

그래도 어르신들에게 국수 몇 가락과 맨 밥에 김 몇 조각을 드리고 음식을 대접했다고 할 수는 없었다. 상황을 눈치 챈 어르신들의 표정은 대략난감이다.

결국 남겨놓은 양파와 감자를 새로 깎아 다시 볶았다. 훨씬 수월했다. 이시초모는 미안해서 어쩔 줄 몰라했다. H는 먼저 볶은 김치를 물끄러미 쳐다보고 있었다.

"됐어. 됐어. 나머지 그냥 우리가 먹으면 되고. 댁은 저 라면 요리에 집중해주세요."

P선배가 바쁜 손길에 카메라를 들이대며 말을 걸었다.

"무슨 날 때문에 못 드시는지 아세요? 다시 물어봐주시겠어요?"

"아이, 참 바빠 죽겠는데. 특별한 종교적인 날, 아까 며느님이 딱 그렇게 말했잖아요. 스페셜 릴리저스 데이."

P선배는 방송을 신경 쓰고, 우리는 음식을 신경 쓸 수밖에 없었다.

우여곡절 끝에 상이 차려졌다. 김치덮밥 옆에 김을 잘라 몇 장 놓았다. 그런대로 볼 만했다. 대접 받는 사람들이 먹을 만해야 할 텐데. 이시초모는 매의 눈으로 조리과정을 세밀하게 관찰했다. 대단한 것도 없었지만 그녀는 강한 호기심을 드러냈다. 김은 처음 보는 모양이다. 지대한 관심을 갖고 뚫어져라 쳐다보았다. 이시초모는 다시 확인했다.

"베지?"

"예스, 저스트 베지. 노 미트. 돈 워리."

이시초모가 할머니와 할아버지에게 고개를 끄덕였다. 할아버지가 먼저 밥 한 술을 떴고, 할머니가 이어서 김을 드셨다. 이시초모가 김을 들고 그냥 먹으면 되냐고 물었다. 김에 밥을 싸 먹는 법을 알려드렸다. 이시초모가 고개를 끄덕이며 밥을 김에 싸서 한 입을 먹었다. 오른손 엄지를 올린다. 맛있단다. 할아버지는 소리 없이 김치볶음을 밥에 비벼 잘 드셨다. 다행이다. 그때 H가 라면을 들고 들어섰다.

"아까 그 스푼 줘봐, 형, 그거 지금 든 거."

H가 면을 비비자 고소한 냄새가 천막 안에 퍼졌다. L피디가 입맛을 다시며 물었다.

"라면이 아니네요?"

"히말라야 정기가 담긴 시원한 물에 씻은 냉라면입니다."

H는 약간 흥분했다. 오이, 토마토를 얹었다. 삶은 계란이 아쉬웠다. 이시초모는 밥을 먹으면서도 우리의 동작을 유심히 보고 있었다. 할아버지는 다 드셨다. 할머니도 입맛에 맞으시는 모양이다. 할아버지는 심지어 더 달라셨다. H가 일단 비빔라면을 한 그릇 드렸다.

"그랜드파, 잇츠 베지 누들. 유 아 마이 게스트."

"베지? 노 미트?"

텐진이 이시초모를 대신해 고기가 없는지 확인했다.

"노 미트, 온리 베지."

할아버지가 조심스럽게 면발을 떴다. 맛을 보자 표정이 펴졌다. 할아버지가 드시는 것을 보고서야 할머니도 맛을 보았다. H가 조급한 마음으로 물었다.

"마끼엘라?"

"마낄라. 마낄라."

할아버지와 할머니가 웃음으로 화답했다. 이시초모도 맛있다며 고개를 끄덕였다. 손짓으로 우리도 먹으란다.

"우린 그냥 한 통에다 비비자. 아까 먼저 한 것도 먹어야지."

그때 이시초모가 김을 더 먹을 수 있냐고 물었다. 김을 자르며 할아버지와 할머니도 더 드시겠냐고 여쭈었다. 할머니가 더 드시겠단다.

"라다크에서 김 장사하면 대박 나겠는데."

할아버지는 김치볶음을 더 달라신다. 이만하면 됐다. H는 큰 냄비에 밥을 넣고 비볐다. 텐진이 스스럼없이 숟가락을 들었다. 마치 먹어본 것처럼 한 숟가락을 크게 펐다.

"텐진, 오케이?"

"베리 굿."

"그만 찍으세요. 제발. 빨리 와서 드세요."

"오케이. 에브리바디 마끼엘라."

"마끼엘라. 마끼엘라."

모두 박수를 치며 마무리했다. 밥 한 끼 해주고 이렇게까지 호들갑을 떨 줄은 이들은 상상도 못 했을 것이다. 어쨌든 생각보다 모든 것이 잘된 것 같아 마음이 좋았다.

"이제 오라니까. 배터리 없다면서? 선배님 좀 먹어."

"두 분이 맛있게 먹는 걸 이분들이 쳐다보는 걸 찍고 싶어서요. 어여 맛있게 드세요."

P선배의 그림 욕심은 식구들의 표정이었다. 식구들은 P선배가 원하는 만큼 충분한 표정을 지어주지 않았다. 우리가 아무리 밥을 맛있게 먹어도 식구들의 표정이 안 나오자 급기야 P선배가 양푼을 잡아챘다. 그러고는 남은 식재료를 모두 집어넣고 퍽퍽 비비더니, 우걱우걱 먹기 시작했다. 마치 걸신들린 사람 같았다.

"나 잡지 말고, 식구들 얼굴 잡으라니까."

귀찮은 이방인의 습격

70

인더스 강 지류 물은 꽤 차가웠다. 손에 물 묻히는 게 얼마 만인가. 나는 지금 설거지를 하고 있다. 요리 못하면 그릇만 쓴다고. 엄청난 그릇을 썼지만 이시초모는 자기 그릇은 맡기지 않았다. 여러 번 간곡하게 얘기해도 숟가락 하나 내주지 않았다. 마치 속옷 빨래라도 되는 양 고집을 부려 우리는 그냥 물러섰다. 이시초모는 그릇을 갖고 사라졌다. 집 그릇을 빼도 설거지 거리는 꽤 됐다. 다행히 P선배가 냄비를 붙들고 인서트 화면을 잡기 위해 사투를 벌인 끝에 음식 쓰레기는 전혀 없었다.

그릇을 챙겨 들고 천막에 들어서니 이시초모가 언제 어디서 설거지를 끝냈는지 돌아와 있었다. 작은 밥그릇을 내밀었다. 우리 것이 섞여 들어간 모양이다. 그러고는 우리가 씻어 온 그릇에서 접시 두 개를 꺼냈다. 살림 솜씨가 얼마나 야무질지 짐작이 갔다.

"저, 두 분 쉬셨으면 이제 집 구경 좀 찍죠."

"쉬긴 누가 쉬어요? 저희 설거지하고 왔는데요. 새벽 다섯 시부터 양젖 짜고, 똥 치우고, 양떼 몰고, 기도회 가고, 밥하고, 설거지하고, 지금 유목민 주부가 따로 없어요, 선배."

"형, 그냥 찍자. 그러시죠, 뭐. 어디부터 찍을까요?"

H는 꼭 저런 식이었다. 악역은 늘 내가 하고 자기는 일 열심히 하는 캐릭터로 자리매김했다. 그러고는 나한테 와서 힘들어 죽겠다고 이야기 하고, P선배가 눈만 껌뻑이면서 쳐다보면 일을 안 할 수가 없다고 투덜 대고. 어쨌든 매사에 최선을 다하는 태도는 본받아야 할지, 버리라고 해야 할지 고민해봐야 할 문제였다. 상황에 맡긴다면서 '쉬셨으면'이라는 단어에 핑 돌아 하루 일과를 나열한 치졸한 내가 못내 한심스러웠다. H는 이미 천막을 나선다.

"아뇨, H씨, 내부부터 찍어요."

천막 천은 검은 그물처럼 얼기설기 짜여 있었다. 야크의 털이었다. 얼 기설기 짠 빈틈으로 비가 샐 것 같았지만 방수효과는 만점이란다. 난로 는 연통을 천막 밖으로 연결해 연기를 뽑아냈다. 천막 위는 넓은 구멍이 뚫려 있었다. 태양열 주택처럼 햇빛도 받고 구름도 보며 밤에는 별도 볼 수 있었다. 낮에는 조명이었다.

"천장이 뚫려 있으면 비가 올 때는 어떡해요?"

H의 질문에 할아버지는 난로 옆에 있는 덮개를 펼쳐 보이며 천장 위 에 덮는 시늉을 했다. 살림은 단출했다. 일곱 식구의 살림으로는 믿어지 지 않았다. 늘 떠날 준비를 하고 사는 그들이 한편 부러웠다. 할머니는 옆에서 양털로 실을 뽑아냈다. 이시초모는 갓난아기를 업고 계속 우리 시중을 들고 있다. 평온한 하루에 끼어든 우리가 너무 오래 귀찮게 하는 것 같아서 미안한 마음뿐이었다. 이방인의 습격은 생각보다 귀찮았을 것이다. H는 지칠 줄 몰랐다.

"할머니, 그 실은 뽑아서 뭐 해요? 뭘 만드시는 건가요?"

"옷을 만들지요."

"아, 그래요? 그러면 양털로 만든 옷을 보여주실 수 있어요?"

할머니는 실을 뽑던 손을 멈추고 할아버지에게 몇 마디 말을 건넸다.

천막 둘레에 벽돌로 만든 수납장에서 할아버지가 자주색 카펫 같은 천을 꺼냈다. 펼치니 한 벌의 옷이었다.

"와우, 한번 입어봐라, H."

H가 옷 위에 덧입으려고 하자 할머니가 손사래를 치며 옷을 벗으라고 하셨다. H는 겉옷을 벗고 카펫을 걸쳤다. 할아버지는 친히 옷을 입혀주고 목덜미 옆 단추도 채워주시고 벨트도 둘러주셨다. 옷은 전신을 덮어 목을 감싸고 발까지 덮는 길이였다. 한겨울에도 춥지는 않겠다. H의 과잉반응은 이미 시작됐다.

"아이고, 사이즈가 나한테 딱 맞네. 아주 그냥 죽여줘요."

"P선배가 딱 원하는 장면이 나오네."

전통의상이나 명절 때 입는 옷이라기보다 긴 겨울을 나는 월동의상인 모양이다. 이시초모는 웃겨서 어쩔 줄 몰라했다. 할머니도 실 뽑는 손길을 멈추고 미소 지었다. 손녀딸도 천막 안을 뛰어다니며 생경한 패션쇼를 즐겼다.

"어때요, 이거? 어우, 나 이거 가져갈까 봐. 한국에서 한번 유행 좀 시켜볼까? 어때? 김재원, 웃고 있는 이유는 뭐야? 내가 거울이 없어서 이거 참. 뭐라고 말을 할 수가 없네."

웃음이 절로 나왔다. 석 대의 카메라가 웃는 사람들을 따로따로 잡았다. 그때 할아버지가 H에게 모자를 건넸다. H는 약간 옆으로 비껴 쓰고 온갖 포즈를 다 취했다. H는 좁은 천막을 런어웨이 삼아 모델 워킹까지 했다. 정지동작으로 포즈를 취하곤 연신 까불어댔다.

"올 겨울 가장 유행할 패션 라다크 양털 패션 어때요? 유행할 것 같지 않나요?"

이시초모는 연신 바닥을 치며 웃어댔고, P선배는 방송분량이 확보됐다면서 함박웃음을 지었다. 할머니도 할아버지도 손녀도 더 이상의 즐거움은 없었다. H와 함께 출장을 오길 정말 잘했다고 생각했다. 내가 절대로 할 수 없는 일들을 해주니 말이다. H는 할아버지와 할머니에게 큰절을 올렸다. 나도 옆에서 몸을 숙였고, 할아버지와 할머니도 맞절로 받으며 연신 '줄래'를 외치셨다 이방인의 습격이 모처럼 즐거운 웃음을 드린 것 같아 마음이 좋았다. H는 옷을 벗어 정성껏 개드렸지만 할아버지는 다시 펼쳐서 각을 맞춰 갠 다음 벽돌 수납장에서 집어넣으셨다. 큰 웃음 뒤에 오는 적막은 왠지 더 어색하다. 식구들은 모두 자신의 일로 돌아갔다.

천막을 나오니 세상이 바뀌었다. 잿빛 세상에서 노란 세상으로 조명이 바뀌었다. 해는 여전히 히말라야 산자락을 골고루 달구고 있다. 할아버지가 돌집 문을 열어서 보여주었다. 한편에 짐이 쌓여 있고, 반대편에는 카펫이 깔린 바닥에 이불이 쌓여 있다. 창고 겸 침실이다. 일곱 식구가 천막 안에서 함께 자는데 가끔 누가 오면 이곳에서 잔단다. 만약 어젯밤 우리가 여기서 잔다고 했으면 초겔리 부부가 창고에서 잤겠구나 싶었다. 습하고, 진한 냄새도 배어 있어 하룻밤은 모를까 계속 자기는 힘들어 보였다. 신혼부부의 은밀한 공간인 모양이다. 할아버지가 이 돌집을 직접 만들었단다. 어차피 두 달 있다가 떠나긴 하지만 매년 이맘때면 다시 돌아오기 때문에 요긴하게 사용되는 건물이었다. 천장에는 양가죽 자루가 여러 개 매달려 있었다.

돌집 옆에는 잿더미가 온기를 머금고 있었다. 그 안에는 냄비뚜껑을 엎어놓은 것이 보였다. 할아버지가 뚜껑을 여니 밀가루 빵, 난이 익고 있었다. 일종의 화덕이다. 한 번 익는 데 30분이 걸린단다. 항상 열기를 유지하고 이곳에 난을 굽는 모양이다. 구석구석에 삶의 지혜가 돋보였다. 잿더미 옆에는 아침에 만든 치즈가 굳고 있었다. 할머니가 치즈를 옮겨 다른 그릇에 담는다. 할아버지는 말을 하지 않을 때는 계속 주문을 외웠다. '옴마니 반메훔'이 그의 표정에 평안을 심었다.

천막 위로 기도깃발이 바람에 흩날리고 있었다. 유목민 천막에는 수

십 장의 기도깃발이 매달려 있었다. 기도깃발은 악귀들을 물리치고 양떼와 식구들을 보호하는 의미란다. 곧 옮겨 가게 될 지역도 보살피는 기원을 담고 있단다. 그들은 한 달 반 후에 50킬로미터쯤 떨어진 곳으로 또 이동한다. 옮겨 다니는 일이 번거롭지 않느냐는 H의 질문에 할아버지는 어깨를 올리며 정착하면 양들이 살 수 없다고 짧게 답했다. 그들의 삶은 양들을 위한 삶이었다.

우두두두. 빗방울이 떨어졌다. 빗방울은 곧 우박으로 바뀌었다.

"앗, 우박이다."

H는 이내 호들갑을 떨었지만 초겔리 식구들은 아무도 서두르지 않았다. 카메라 석 대와 우리 두 사람만 허둥지둥할 뿐이었다. 할아버지는 손바닥을 펴 우박의 크기를 가늠하고는 여유 있게 움직였다. 마치 비상조치 매뉴얼이 있는 것처럼 서두르는 기색 없이 각자 맡은 일을 처리했다. 종류에 따라 창고에 넣고, 천막으로 갖고 들어갔다. 우박 알갱이가 꽤 커졌다. 냉장고 조각 얼음 같았다. 머리에 맞으니 통증마저 느껴졌다. 우리도 따라서 천막 안으로 들어갔다.

할아버지가 차분하게 덮개로 지붕을 덮었다. 작은 키에 지팡이를 쓰는 모습이 무척 자연스럽다. 얼른 도왔지만 나는 키만 컸지 이 작업은 키 작은 할아버지가 훨씬 능숙했다.

우박 대처가 끝난 뒤에 평온이 찾아왔다. 천막 안은 지붕이 덮인 탓에 밤이 됐다. 천막을 치는 우박 소리는 함석지붕을 내리치는 빗소리와 달리 무겁게 들렸다. 사월에는 미로 들리고 칠월에는 솔로 들린다던 소설가 김연수의 단편소설이 생각났다. 이 소리는 도쯤 되리라. 할아버지는 늘 앉는 자리에 앉아 주문을 외우고, 할머니는 한구석에서 실을 뽑고 있었다. 큰손녀는 어제 받은 색연필로 색칠 놀이를 하고, 이시초모는 갓난아이를 업은 채 둥근 통을 꺼내 솔트티를 만들었다. 다섯 명의 이방인들만 할 바를 잃은 채 들뜬 마음으로 앉아 있었다. 이시초모의 티가 완성

되고, 찻잔에 온기가 담겼다. 묻지 않고 객을 대접하는 그녀의 마음 씀씀이가 고맙다. 솔트티는 우박이 몰고 온 서늘함을 달래주고 노곤한 몸을 풀어줬다. 나는 한구석에 쪼그리고 누웠다. 새벽부터 움직인 탓인지, 이제 이 집이 편안해진 덕분인지 히말라야가 선물하는 달콤한 낮잠의 포장지를 조심스레 열고 있었다.

71

"형, 아직도 자면 어떡해?"

H의 짜증 섞인 목소리가 들렸다.

"뭐 하는 거야? 오늘도 내가 다 일하고, 형은 이렇게 잠만 잘 거야?"

"무슨 소리야? 갑자기?"

"여기서 천하태평하게 자놓고 갑자기라고? 말이 그렇잖아. 난 지금껏 또 똥 치우고 왔단 말이야. 형, 솔직히 좀 너무한 거 아니야?"

"뭐가 너무해? 너, 왜 그래?"

나도 목소리가 커졌다. 아무리 내가 잠시 낮잠을 자고 자기가 일을 조금 더 했기로서니 이렇게 정색을 하고 흥분할 문제는 아니었다. 무슨 잘못을 했는지 나는 깨닫지 못하고 있었다.

"내가 말을 안 하려고 했는데, 솔직히 여기 와서 나, 꽤 힘들었어. 궂은일은 내가 다 하고 방송분량 채우는 것도 형은 전혀 신경 안 쓰잖아. 옆에서 빈정대기나 하고, 형 하고 싶은 것만 하고. 그러면서 잘난 척은 있는 대로 다 하고, 나 타박만 주고. 나, 솔직히 기분 나빠."

"너, 말을 좀 심하게 한다. 내가 뭘 또 그렇게 협조를 안 했기에."

"오늘만 해도 그렇잖아. 양젖 짜는 것도 나만 하고, 양들이 놀란다고 혼자 잘난 척하고, 그럼 난 뭐가 돼? 똥 치우는 것도 나 혼자 했잖아. 형은 오히려 나 불러서 이 똥 치우라고 하고. 밥할 때도 자기는 편한 것만 앉아서 하고 나가서 씻어 오는 건 다 나 시키고. 좀 너무한 거 아냐? 양 떼 몰러 가서도 좋은 인터뷰는 자기가 다 하고. 방송 안 나올 것 같은 건 다 나 시키고. 옷 입어보는 것도 내가 좋아서 한 줄 알아? 형이 안 하려고 하니까 억지로 한 거야. 바보 되고 싶은 사람이 어디 있어? 그리고 형은 준비도 하나도 안 해 왔잖아. 물휴지도 다 내 거 쓰고, 씹는 칫솔도 얼마나 비싼 건 줄 알아? 물도 내가 갖다 놓으면 형이 다 먹고. 자전거 탈 때도 그래. 내가 멈추라고 하면 자긴 더 탄다고 하고. 형이 멈추자고 하면 꼭 멈춰야 하고. 강물에도 나만 들어가게 하고. 형이 생각해도 좀 너무하지?"

H의 불평은 끝이 없었다. 아닌 밤중에 홍두깨라고 낮잠 자다 깨어나서 맞이하는 폭격치고는 좀 과했다. 처음에는 혹시 제작진이 우리가 싸우는 걸 원해서 시켰나 싶다가, 몰래카메라인가 의심도 해봤다가, 아무리 생각해도 이야기를 들어보니 진심인 것 같았다. 그렇다고 내가 그냥 미안하다고 하고 넘어갈 상황은 아니었다.

"말 다 한 거냐? 그랬구나. 네가 그렇게 힘든 줄 몰랐네. 미안하다. 그런데 어쩌지? 나도 너랑 같이 온 거 후회하고 있는데. 너는 사람 안 힘들게 하는 줄 아냐? 허구한 날 오버해서 사람 피곤하게 만들고, 수위조절 못 하고. 혼자 열심히 해놓고 뒤로 와서 불평하고. 내가 언제까지 참아줘야 하는데, 도대체?"

"아, 그랬구나. 그럼 형. 우리 여기서 그만두자. 내가 P선배한테 말할 테니까 형 혼자 찍어. 난 고산증으로 아파서 내려가는 걸로 하면 되겠네. 형이 원하던 거지? 애당초 따라오지 말았어야 했는데. 내가 바보다. 오늘 밤에 내가 아파서 쓰러진 걸로 하고 곤촉한테 말해서 차 타고 먼저 돌아갈게. 비행기 스케줄도 내가 바꿔서 먼저 서울 갈 테니까. 형 혼자 잘 찍고 와."

이건 아니었다. 난 도저히 혼자 찍을 수 없었다. 아무리 상황에 순응하기로 했다지만 유목민하고 생활하고 앞으로 남은 자전거 여정을 혼자 감당할 수는 없었다. 하지만 미안하다고 말하기에는 이미 늦었다. 아까 처음에 받아치지 말고 바로 꼬리를 내렸어야 했는데. 설마 돌아간다고 말할 줄이야. 이거 어떡하지. P선배가 말려주겠지. 아니 말려야 했다.

"어, 그래 좋아. 내가 돌아갈게. 네가 그렇게 잘하고 열심히 하는데 내가 돌아가야지."

마음과 다른 말이 흘러나왔다. 주워 담기에는 이미 늦었다. 그때 P선배가 들어왔다. 속으로 쾌재를 부르며 P선배가 말려주기를 기대했다.

"선배, H 내려간답니다."

"아, 네, 저도 밖에서 다 들었어요. 저도 H씨 마음 충분히 이해합니다. 솔직히 김재원 씨가 너무 성의 없게 해서 저도 힘들었거든요. 이제 그만 빠져주세요. 저희끼리 찍겠습니다. 그냥 아픈 걸로 하고 중간에 내려가시죠. 지금 곤촉도 배터리 가지러 가서 없기 때문에 레까지 데려다 드릴 수 없습니다. 조금 내려가면 큰 도로니까 걸어가셔서 지나가는 차 잡아타고 가세요. 레에서 가는 비행기 스케줄도 직접 바꾸시고요. 회사에는 아파서 중도하차한 걸로 보고하겠습니다."

자기가 내려가겠다던 H는 P선배의 말을 듣고는 가만히 있었다. P선배가 이렇게 말하는 걸 보니 적어도 몰래카메라는 아니었다. 솔직히 P선배가 들어올 때 몰래카메라를 외쳐주길 바랐다. 우리가 싸우는데도 L피디와 Y사장이 카메라를 돌리고 있었기 때문이다. P선배가 나의 중도하차를 명하고 나서 세 사람의 피디는 카메라를 접었다. 텐진은 그사이 텐트에 가서 내 짐을 챙겨 왔다. 도대체 이 몰래카메라는 누가 외쳐주는 것인가? 후회가 밀려왔다. 좀 더 열심히 할걸. 처음에 미안하다고 바로 사과할걸. 다시는 안 그러겠다고 말할걸. 하지만 이미 물은 쏟아졌고, 나의 귀환은 결정됐다. 나는 조용히 눈을 감았다.

72

"형, 무슨 잠을 그렇게 자? 시간 꽤 흘렀어. 우박도 그쳤고."

"어? 뭐라고?"

"무슨 낮잠을 그렇게 오래 자냐고? 형 피곤했나 보다. 난 벌써 밖에서 양 우리 다 치우고 왔는데. 편하게 눕지, 왜 그렇게 쪼그리고 있어?"

"어, 미안해."

"미안하긴 뭐가 미안해?"

"너 혼자 일 다 했다며?"

"웬 잠꼬대야? 그나저나 우리 종이 좀 더 가져올걸 그랬어. 색칠할 종이가 없으니까 어제 뜯어준 수첩 종이 여태 갖고 노네. 아휴, 안타까워. 형, 종이 좀 없지?"

"텐트 가면 이면지 많지. 내일 갖다 주자."

낮잠을 잤나 보다. 꿈을 제대로 꿨다. 제작진이 매일 두 사람은 언제 싸울 거냐고 물어보는 게 스트레스가 됐을까? 꿈에서도 바로 미안하다고 하지 못한 치졸한 내가 한심스러웠다. 그때 P선배가 들어왔다.

"일어나셨어요?"

"죄송해요. 제가 깜빡 잠이 들었네요."

"죄송하긴요. 제가 죄송하죠. 새벽부터 부려먹어서."

나는 마른세수를 하며 천막을 나왔다. 우박이 그치고, 해는 들어가고, 빛은 남아 있었다. 이시초모는 양가죽 주머니를 흔들고, 할머니는 잿더미를 살핀다. 할아버지는 지팡이를 짚고 주문을 외우며 먼 산을 바라본다. 아들 초겔리가 떠난 방향이다. 날씨가 궂은 터라 걱정이 되는 모양이다. 탕자가 돌아오기를 기다리는 아버지의 장면으로 쓰면 딱 좋겠다 싶었다. 할아버지의 뒷모습에서도 표정이 읽혔다. 할아버지의 동생 추장님도 아직 안 돌아오신 모양이다. 양떼가 나가고 돌아오는 일과에서 남자가 천막에 남아 있지 않다는 것은 위험한 일이다. 결국 자연스럽게 일처다부제가 자리를 잡았나 싶었다. 어떻게든 남자가 천막에 남아 있어야 하니 말이다.

아직도 꿈의 잔상이 마음을 떠나지 않는다. 이제 겨우 긴 여정의 반환점을 도는데 무의식 속에서는 보이지 않는 갈등이 움트고 있었나 보다. 갑자기 동행에게 고마움이 느껴졌다. 인생여정에서 얼마나 많은 갈등이 무의식 속에 둥지를 트는 것일까? 고마움의 대상에게 감사를 느끼지 못할 때 그 갈등은 점차 자라날 것이다. 갈등을 잠재울 수 있는 방법은 의외로 간단하다. 섭섭함과 고마움의 점수를 인식하고 고마움의 승리를 선포하는 것이다. 오늘도 나는 또 히말라야 야생의 삶에 던져졌다. 누군가에게 섭섭함을 느꼈다고 해도 분명 고마움의 점수를 넘지는 못한다. 때마다 고마움에게 승리를 선포하고 동행을 감사의 마음으로 대하는 것이 나의 숙제이리라. 무수한 인생의 동행에게 감사가 솟구쳤다.

양들의 귀환은 요란했다. 집집마다 돌아오는 양들이 저마다 울음소리로 귀환을 알린다. 목을 쭉 빼고 기다리던 할아버지는 벌써 개울을 건너 마을 어귀까지 다다랐다. 집을 떠나 집으로 돌아오는 게 인생이라지만 매일 혼자 몸도 아니고 4백 마리의 양떼를 데리고 떠났다 돌아오는 열두 시간의 여정이 얼마나 고단할까 싶었다. 양떼들의 귀환은 할아버지의 걱정 풍선을 터뜨리고 행복 전구에 불을 켰다.

어느덧 양떼들이 집 앞까지 다가왔다. 이제 양들은 돌문을 넘어 우리로 들어가 서로 몸을 부대끼며 따뜻한 밤을 맞이할 것이다. 그들은 서로의 존재가 서로에게 주는 따뜻함을 얼마나 고마워할까? 겁 많은 양들이 양 무리에서 느끼는 편안함은 인간이 공동체에서 느끼는 그것보다 훨씬 믿음직스러울 것이다 오늘도 목자는 자신의 시간을 다 바쳐서 한 마리 한 마리 이름을 외우는 4백 마리의 양들을 보살피고 돌아왔다. 양들에게 목자는 얼마나 큰 별일까?

기다림이
삶을 가르치는 시간

73

카르낙의 노마드들이 돌아오고 양들의 울음소리도 잦아들었다. 동네 아낙들이 초겔리의 천막으로 찾아들었다. 하나같이 보따리를 들고 있었다. 천막 앞에 자리를 편 할머니가 웃음으로 아낙들을 맞이했다. 아낙들이 보따리에서 물건을 꺼냈다. 버터에, 치즈에, 견과류에, 육포, 설탕, 온갖 먹거리였다. 괴나리봇짐을 들고 유목민 마을마다 물건 파는 사람들이 아닐까 싶었지만 자급자족하는 유목민에게 보따리장수가 팔 물건은 이런 것들이 아니리라. 어느덧 아낙이 열이 됐다. 아낙들은 물건을 다시 나눠 다른 가방에 나눠 담았다.

"텐진, 저 아주머니들이 지금 뭐하고 계신 건가요?"

"글쎄, 내 물어보리다."

텐진이 금세 조사를 마쳤다.

"내일 마을 대표로 목동 네 명이 마을 양들을 모두 데리고 멀리 떠난다는군요. 목초지를 찾아서 보름 동안 머물다 온대요. 네 명이 3천 마리의 양들을 몰고 40킬로미터 정도 떨어진 곳으로 간다니 먹을거리를 갖고 온 거예요. 먹거리는 마을 사람들 모두가 준비를 해주네요."

"그야말로 두레네, 아니 품앗인가?"

아낙들은 먹을거리를 넷으로 똑같이 나눴다. 한꺼번에 가져가서 나눠 먹는 것이 아니라 미리 똑같이 나눠 가방에 담아둔단다. 네 명의 대표목동은 3천 마리의 양떼들의 동서남북 끝에서 양들을 지킨다. 잠은 양떼 옆에서 작은 천막을 치고 잔단다. 당번 목동은 해마다 번갈아가면서 가는데 이번에는 초겔리가 뽑혔다. 초겔리는 내일 새벽 먼 길을 떠난다.

"고생하겠네. 내일도 비가 올 것 같은데."

정작 초겔리는 보이지 않았다. 그때 Y사장이 양 우리 앞에서 큰 소리로 우리를 부른다. 초겔리는 우리에서 양의 뿔을 잡고 있었다. 호주머니에서 빨간 맥가이버 칼을 꺼내 들었다.

"아, 뿔이 눈을 찌르는구나."

"이런, 어떡해? 뿔을 자르려나 보네."

양 뿔에 칼을 대자 양이 발버둥을 쳤다. 나도 얼른 우리 안에 들어가 양을 잡았다. 초겔리는 다시 양의 다리를 묶어 눕혔다. 머리를 잡고 다시 뿔에 칼을 댔다. 무딘 칼은 뿔에 자국만 낼 뿐 잘라지지는 않았다. 이미 여러 번 뿔을 잘랐던지 맥가이버 톱은 꽤 무뎌져 있었다. P선배가 맥가이버 칼을 내밀었다. 훨씬 새 것이다. 톱을 빼서 초겔리에게 전했다.

초겔리는 수줍은 미소를 지으며 새 칼을 받아 들었다. 새 칼도 뿔을 자르기에는 무리다. 어느새 양의 눈에 눈물이 맺혔다. 초겔리의 눈시울도 붉어졌다. 목자의 마음이 이런가 보다. 어느새 동네 사람들이 안타까운 마음으로 초겔리가 목동의 도를 실천하는 것을 지켜봤다. 양의 뿔이 쇠파이프 잘려 나가듯 떨어졌다. 모두 박수를 쳤다. 초겔리는 눈물 맺힌 얼굴로 수줍은 미소를 만들었다. 초겔리가 잘린 뿔을 던지고 양의 엉덩이를 들여다봤다. 항문 근처에 진물이 흐르고 벌레가 끼어 있었다. 장갑을 낀 초겔리가 항문 고름을 긁어내고 약을 뿌렸다. 양은 괴성을 지르며 발버둥 쳤다. 수술에 가까운 긴 치료가 계속됐다. 진물을 다 긁어내고 약을 발라준 초겔리가 손을 털었다. 양은 진이 빠졌는지 녹초가 됐다.

"굿 셰퍼드. 누가 아프고 어디가 안 좋은지 다 알고 있어. 오케이, 초겔리 존경스럽다."

초겔리는 당연하다는 듯 짐을 챙겨 양 우리를 나섰다. 우리는 다시 그에게 박수를 보냈다. 새벽같이 먼 길을 떠나는 그의 남은 밤이 애처로웠다. 이시초모와의 오붓한 밤을 기원했다.

그와 헤어진 양 우리 앞에는 잿더미가 열기를 머금고 있었다. 잿더미 속에는 빵 굽는 냄비가 있었다. 난이 익어가고 있었다. 빵 굽는 냄새가 허기진 40대 남성들을 꼬이고 있었다. 마침 한 아낙이 환한 미소를 지으며 걸어오고 있었다.

"줄래."

"왓츠 디스?"

알면서 물어보는 것도 때로는 지혜가 된다.

"짜빠티."

"와우."

아낙이 UFO 비행접시 같은 냄비의 뚜껑을 열었다. 노릇하게 잘 익은 짜빠티가 모습을 드러냈다. 우리 일행은 일제히 박수를 치며 함성을 질렀다. 아낙은 이미 뜨거운 짜빠티를 양손으로 번갈아 옮겨 잡으며 H에게 넘기고 있었다. H가 받자마자 뜨거운지 나에게 넘겼다. 나는 텐진에게 넘겼다. 텐진은 전혀 뜨겁지 않은지 능숙하게 짜빠티를 찢었다. 친절한 텐진은 우리 다섯 명에게 뻥튀기보다 조금 큰 짜빠티를 손바닥만큼씩 나눠주었다.

"호호, 진짜 맛있다."

"야, 꿀 찍어 먹으면 최고겠다."

이렇게 최고의 것을 최고의 순간에 먹으면서도 아쉬운 것이 생각나는 걸 보면 나는 참 간사하다. 허기진 배를 채우는 손바닥만 한 짜빠티도

진한 감사의 조건이겠거늘 거기서 꿀을 찾는 내가 얼마나 간사한지.

"마끼엘라. 마끼엘라."

아낙은 함박웃음을 머금었다. 분명 식구들의 저녁식사였을 텐데. 이 방 남자 다섯 명에게 빼앗기고도 맛있다는 소리에 좋아하는 모습을 보니 그녀의 진심이 느껴졌다. 아낙은 천막에 들어가 가루 봉지를 가지고 나왔다. 능숙한 솜씨로 물을 섞어 금세 반죽을 만들었다. 그러고는 비행접시 냄비에 반죽을 덜어 넣었다. 이방인의 습격으로 그들의 저녁식사는 30분 늦춰졌다. 어느새 동네 사람들이 모여 들었다. 다른 아낙이 짜빠티를 내밀었다. 그들의 저녁식사였다. 심지어 살구잼도 갖고 왔다. 다섯 남자는 따뜻한 밀가루 종이를 손바닥만 하게 만들어 살구잼까지 찍어 먹었다. 여행자의 허기가 라다크의 인심으로 채워졌다. 맨 처음 짜빠티를 준 아낙이 짜빠티 가루 봉지를 안긴다. 한사코 마다하는 나를 제치고 H가 받아들고 합장하며 '뚝재치(감사합니다)'를 연발했다. 그들의 미소를 닮은 카르낙의 달이 잿빛 하늘에 떠오르고 있었다.

74

밥상 앞의 피디들은 그다지 행복하지 않았다. 육신의 양식은 눈앞에 있지만 카메라의 양식은 다 떨어졌다. 충전기를 구하러 레로 떠난 우르겐과 곤촉은 아직 소식이 없다. 그들의 귀환을 철석같이 믿고 남은 배터리를 오늘 다 썼으니 그들이 돌아오지 않으면 바람 앞의 등불이다. 한 대 남은 충전기를 계속 돌려도 내일 촬영은 편집하듯 꼭 필요한 장면만 찍어야 한다. 그나마 오늘 밤에 새 발전기가 도착해야 했다. 난이 식고 있었다.

"일단 식사부터 하시죠."

"위성전화 못 쓰는 게 이렇게 답답할 줄 몰랐네요."

"두 분은 걱정하지 마세요. 그저 촬영하고 몸 관리만 신경 쓰세요."

P선배가 뭉클한 얘기로 편을 나눴다.

"그래도 같이 마음을 써야죠. 한 팀인데."

"잘 될 겁니다. 제가 아마존에서도 한 번 이런 일 있었거든요. 그때도 어떻게든 공수해 와서 찍었으니까. 히말라야 정도면 가뿐하죠. 돈 좀 더 들이더라도 제대로 찍고 가야죠."

상황에 순응하는 삶은 기다리는 삶이다. 상황을 바꾸려고 노력하기보다는 시간의 항아리가 채워져 그 일이 이루어지기를 기다리는 것이 순리를 따르는 것이 아닐까? 우리가 지금 이 상황을 바꿀 수는 없다. 직접 차를 몰고 레에 간다 해도, 두고 온 위성전화를 아쉬워하는 것도, 현지인 스태프들을 닦달하는 것도 문제를 해결할 수 없었다. 감사한 것은 누구 하나 불평하는 사람 없고, 짜증 내는 사람 없고, 화내는 사람도 없다는 것이었다. 심지어 술 한잔 찾는 사람도 없었다. 아마 라다크의 순수함이 우리의 마음 밭을 갈아 엎어놓은 모양이다.

오늘따라 요리사도, 헬퍼도, 자전거 수리공도 기운이 없어 보였다. 잔잔히 섞여오던 웃음소리도, 이야기 소리도 들리지 않는다. 텐진은 앉을 줄을 모른다. 아무것도 보이지 않는 캄캄한 산중에서 불빛 사냥꾼처럼 곤촉이 모는 자동차의 노란 불빛을 기다리고 있었다.

75

눈을 떴다. 오렌지빛 텐트 천장이 눈이 부셨다. 굉음이 귓가에 남아 있었다. 익숙한 소리였다. 발전기가 도착한 모양이다. 꽤 늦은 시간에 잠자리에 들었는데, 곤촉이 이제야 돌아온 모양이다. 다행이다. 옆에서 H가 새근새근 자고 있었다. 꿈이었구나.

꿈에 Q녀가 나타났다. 나에게 잘 지내냐고 물으며 자신을 도와달라고 했다. 기분이 이상했다. 히말라야가 내게 원하는 꿈의 제사는 무엇일까? 그녀의 환한 미소마저 불쾌하게 느껴졌다. Q녀를 만난 것은 18년 전이었다. Q녀는 나를 무척 마음에 들어했다. 가까운 지인들을 소개하며 알아두면 인생에 큰 도움이 될 거란다. 그즈음 Q녀는 출판을 준비하고 있었다. 원고 교정을 부탁했고, 나는 교정본을 여러 번 읽었다. 그 후로 소소한 부탁을 자주 해 왔다. 그녀는 그때마다 초콜릿을 선물했다. 우리는 일주일에 한 번씩 만나 함께 일을 했다. Q녀와 함께하는 매주 토요일 아침은 싱그러웠다. 8년을 만나던 즈음 내가 캐나다 유학을 가게 됐다. 우리는 3년을 헤어져 있었다. 가끔 전화로 살아 있음을 확인할 뿐이었다. 캐나다에서 돌아와 나는 제일 먼저 Q녀를 찾아갔다. 두 달 뒤 우리는 매일 만나는 사이가 되었다. 그렇게 5년이 흘렀다. 그동안 그녀의 모든 부탁을 들어주었다. 제자들도 돌봐주고, 논문 주제도 잡아주고, 자료도 찾아주고, 교정도 봐주었다. 그녀는 책과 초콜릿을 사주었다. 그리고 식사 약속 때마다 만나는 모든 사람에게 항상 초콜릿을 사주었다. 부담스럽다고 몇 번 이야기를 해도 막무가내였다. 내가 그녀의 부탁을 들어준 것은 그녀가 나와 함께 일하는 선배였기 때문이다. 하지만 나는 그녀의 초콜릿에 중독되고 있었다.

어느 봄날, 개편을 앞두고 Q녀가 교체된다는 소문이 돌았다. 우리는 교체를 막기 위한 작전을 펼쳤다. 하지만 교체는 기정사실이 되었다. 개편을 한 주 앞둔 목요일 아침, Q녀가 나에게 말했다. "내가 그만두는 게 아니라, 네가 잘린다네." 믿을 수 없었다. 그날 저녁 높은 분에게 전화가 왔다. 같은 내용이었다. 다음 날 그 어느 피디도 나의 교체 소식을 모르고 있었다. 심지어 수요일에 여성 MC 교체가 확정됐다고 통보 받았다며 나에게 잘못 알고 있는 것이란다. 하지만 교체된 사람은 나였다. 그 후로 Q녀는 나에게 아무 말도 하지 않았다. 미안하다는 말도, 수고했다는 말도 없었다. 나는 마지막 방송에서 큰절을 하고 스튜디오를 빠져나왔다. 순리를 따르기로 했다. 어느 간부에게도 억울함을 이야기하지 않았다. 단지 몇몇 선배가 미안하다고 말했을 뿐이다. 그 후로 Q녀와 나는 인사조차 나누지 않는다. 그랬던 그녀가 지금 꿈에 나타나 나에게 잘지내느냐고 묻는다. 자신을 도와달라고 한다. 그녀의 손에는 초콜릿이들려 있었다. Q녀는 고단한 히말라야의 밤을 훌쩍 가져가 버렸다.

들개 짖는 소리가 여전했다. 야크가 지나가는지 달빛에 비치는 묵직한 그림자가 텐트 앞에 머물다 사라졌다. 언제부터인가 발전기 소리에빗소리가 더해졌다. 텐트를 두드리는 소리가 점점 높아졌다. 나는 마지막 생방송 직전에 출연한 정신과 의사에게 물었다.

"제가 지금 황당한 일을 당했는데요. 이 책임을 나 자신에게 돌릴까요, 남에게 돌릴까요?"

"남에게 돌리세요."

"분노를 여러 사람에게 분산시킬까요? 한 사람에게 몰아줄까요?"

"한 사람에게 몰아주세요."

"요즘 사람을 만나면 자꾸 이 일을 물어봅니다. 자연히 안 좋은 이야기를 하게 되죠. 두 달 정도 식사 약속도 안 하고 사람들을 피하려고 하는데, 바람직한가요?"

"좋은 방법입니다. 분노가 잦아든 다음에 만나세요."

나는 혼자 해결하는 방법을 택했다. 걸어서 출퇴근하는 마포대교에서혼자 분노의 용변을 보았다. 혼자 말하고, 따지고, 욕하고, 분노했다. 그용변은 한강물에 흘려버렸다. 그러기를 한 달, 상담하는 신부님께 연락이 왔다.

"한번 뵙지요."

서너 번 신부님과 상담을 했다.

"잘 이겨내시는 모양이네요. 얼굴이 그리 막히지 않았습니다."

분노의 용변은 아주 좋은 방법이라고 했다. 내면을 들여다보는 좋은 기회로 삼으라고 했다. 신부님은 그맘때 나온 나의 책을 읽으셨단다. 내가 일찍 돌아가신 어머니와 중풍을 앓은 아버지 덕에 아들의 이미지에 머물러 있다고 했다. 누구를 돌보고 봉양해야 하는 아들의 정체성에서 빠져나오지 못했단다. 이제 아들의 정체성에서 벗어나 아버지의 정체성으로 넘어가야 했다. 굳이 누구를 보살피지 말고, 그냥 당당하게 살라고 했다. 내면의 아이의 소리에 귀기울이고 그 아이를 봉양의 철창에서 해방시키라고 했다. 그 순간은 인생의 큰 전환점이 되었다.

나는 원래 매체 인터뷰를 싫어했다. 내가 드러나고 과대포장되는 것을 좋아하지 않았다. 그즈음 나는 피하던 인터뷰를 감행했다. 5년을 진행한 프로그램 하차와 책 출판이 겹쳐 섭외가 들어왔고, 순순히 응했다. 기자들의 질문은 내 삶을 돌아보는 좋은 기회였다. 두세 달 사이에 열두 개 매체의 인터뷰가 들어왔다. 한 매체와 인터뷰를 하면 다른 매체는 거절하는 것이 상도의라고 생각했지만 그들의 상도의는 한 매체와 인터뷰를 하면 다른 모든 매체와도 인터뷰를 하는 것이었다. 나는 매체마다 조금씩 다르게 나를 표현하고 노출했다. 결국 나는 잃었던 자존감을 찾아냈다. 책은 제법 팔리다가 곧 잦아들었다. 책 표지에는 내가 하차한 프로그램의 진행자라는 큰 글자가 적혀 있었다. 어쩌면 나는 책 제목처럼 '마음 말하기 연습'을 하고 있었는지도 모른다. 그렇게 Q녀는 내 인생의 동심원 밖으로 벗어났고, 나도 더 이상 그녀의 인생에 머물지 않았다.

쉴 만한 물가,
푸른 풀밭을 찾아서

76

여전히 머리가 무거웠다. 아직 해가 떴다고 볼 수는 없었다. 비까지 오니 진한 회색 기운이 감돌았다. 양 3천 마리를 몰고 먼 길을 떠나는 초겔리를 생각하니 나는 천국에 있었다.

"선물 챙겨야지. 이시초모 줄 김하고, 할아버지 파스하고, 손녀딸 이면지 다 챙겼지?"

"아, 형, 우리 이 육포 초겔리 줄까? 멀리 가면 육포가 딱 아니겠어?"

바깥 공기는 찼다. 가는 비는 맞을 만했다. 피디들은 분주하고, 스태프 텐트는 조용했다. 아마 어젯밤에 발전기가 도착했으면 늦게 잠자리에 들었을 게다. 굳이 그들까지 우리의 새벽 얼굴을 볼 필요는 없었다. 오늘도 잰걸음으로 다섯 남자들이 일을 시작한다.

"어제 어떻게 됐어? 발전기 소리는 들리던데."

"아, 네. 그게 좀. 일단 발전기는 왔고요. 잘 되는데 충전기가 안 왔어요. 결국 델리에 부탁해서 오늘 아침 비행기로 오나 봐요. 곤촉이 바로 다시 레로 갔어요."

"헐, 힘들어서 어떻게 운전해?"

초겔리 식구들은 분주했다. 어제 새벽과 같은 그림이다. 이시초모는 양젖을 짜고 있었고, 할머니는 잿더미 앞에서 구운 빵을 꺼내고 있었다. 초겔리에게 줄 모양이다. 할아버지는 야크 똥을 치우고 있었다. 멀리 할아버지의 동생인 추장님이 보였다. 어제 대표자 회의에 갔다가 레에서 돌아온 모양이다. 얼른 가서 인사를 드렸더니 그 환한 미소로 어깨를 두드리며 맞아주었다. 그때 동네 아저씨가 양을 한 마리 끌고 왔다.

몇 마디 주고받더니 할아버지가 양 우리에 집어넣었다. 원래 이 집 양인데 어젯밤에 저 집에 가 있었던 모양이다. 방금 받은 양의 뿔 옆에 초겔리 색깔인 파란 페인트가 칠해져 있다. 양들도 멀리 떠나는 것을 아는지 오늘 울음소리는 유난히 높았다. 수학여행을 앞두고 들떠 있는 모양새다. 수학여행 앞둔 학생들이야 얼마나 신날까? 인솔교사가 힘들지. 인솔교사 초겔리가 아이를 안고 나왔다. 콩알만 한 아기가 머나먼 초원에서 아빠 눈에 밟힐 걸 생각하니 마음 한편이 시려왔다.

대표 목동 네 명이 천막 앞에 모였다. 추장님과 이야기를 주고받았다. 아마 여기서 회의를 하고 각자 위치에서 양들을 데리고 떠나는 모양이다. 목동들은 단출하게 가방 하나씩만 메고 있었다. 짐은 추장님이 차로 실어다 준단다. 하긴 그렇지 보름치 식량을 어떻게 지고 메고 갈까? 유목민들에게 이 낡은 지프가 얼마나 유용한 필수품인지 새삼 깨달았다. 추장님은 어제 차를 몰고 레에 다녀왔는데, 오늘 또 먼 길을 운전하실 모양이다.

H는 언제 들어갔는지 양 우리에서 양젖 짜는 이시초모와 농담 따먹기를 하고 있었다. 참 바지런도 하지. 뭐가 그리 재미있는지 말도 안 통하는 두 사람이 잘도 웃고 있었다. 남편을 멀리 보내고 마음 한편이 허전할 이시초모를 위로하고 있었다. H가 억지로 양을 잡아끌었다.

"놔둬, 놔둬. 힘들어한다."

"나도, 나도. 임드러란다."

이시초모가 내 말을 따라했다. 이시초모는 어제도 우리의 대화를 많이 따라했다. 단어를 잡아내는 능력이 뛰어났다. 자주 사용하는 단어는 심지어 뜻도 아는 눈치였다. 탁월한 언어적 감각을 키워줄 수 있는 환경에 있었으면 큰일을 했겠다 싶었다.

"오, 탁월해. 굿. 엑셀런트."

"타걸해."

H가 말을 받아 장난을 시작했다.

"난 예뻐요. 미스 라다키입니다. 일도 잘해요."

"난 예뻐요. 미스 라다키입니다. 일도 자래요"

긴 문장도 정확했다. 이시초모는 정말 예뻤다. 스무 살에 시집와서 고단한 유목민의 며느리를 감당하기에는 아까운 외모였다. 환하게 웃을 때마다, 영어로 대화할 때마다 그녀가 여기 있기 아깝다고 생각했다. 그녀도 우리 같은 이방인들이 다녀갈 때마다 얼마나 힘들까. 그녀가 우리더러 세 번째 손님이란다. 첫 손님은 독일 사람 둘이 3년 전에 와서 하루 종일 머물다 갔단다. 두 번째는 일본 청년이 작년 여름에 열흘을 머물다 갔단다. 같이 자고 먹고 생활하며 라다크 말도 배우고 갔단다. 그 청년이 잠까지 자고 간 경험이 있어서 우리가 첫날 잔다고 했을 때 크게 당황하지 않았던 모양이다. H는 이시초모의 말을 받아 노래 한 소절을 불렀다. 요구르트 '불가리스' CF에 나왔던 멜로디다.

"라다키이."

"라다키이."

그녀는 음정까지 똑같이 따라했다. 짧은 여흥이 그녀의 허전한 마음을 달래주길 바랄 뿐이다. 양젖 짜는 것을 옆에서 돕던 할머니가 아까부터 손목을 계속 잡고 쳐다보고 있었다. 뭔가 싶어 가까이서 보니 손목시계였다. 라다크 촌부에게도 시계는 있다. 충격이었다. 시계 없이 살기가 얼마나 색다른 체험인지 깨닫게 했다. 19세기 말 미국에 만연했던 신경

증의 원인이 그때 막 나온 시계였다는데 이제 히말라야에서조차 시계가 필수품이 됐다. 할머니는 아들이 떠나는 시간을 초조하게 기다리는 모양이다.

"초겔리, 이거 육포거든요. 배고플 때 먹어요."

"생큐."

육포를 받아드는 초겔리의 손이 살짝 떨렸다.

"아휴, 안쓰럽네. 그 가방에 뭐 들어 있는지 볼 수 있어요?"

H는 초겔리가 메고 있던 작은 어깨가방을 받아들었다. 그리고 딱히 주인이 허락한 것도 아닌데 가방을 열었다. 초겔리의 표정은 변하지 않았다. 아기 젖병만 한 작은 유리병이 나왔다.

"이건 뭐예요?"

"밀크."

"아, 우유를 받아 가는구나. 가다가 편하게 먹으려고 작은 병에 덜어 가는 모양이네. 다 가는 길에 먹을 건가 봐. 야크 고기 말린 것하고 빵, 과자, 물, 말린 과일도 있네요. 이건 뭐예요?"

"살구, 살구 말린 것."

"역시 살구가 많이 난다더니 많이들 먹는구나."

할머니가 초겔리에게 얼른 천막으로 들어가라고 손짓했다. 밥 먹으라는 엄마의 마음이 느껴졌다. 초겔리가 우리에게 눈인사를 던지고 천막으로 들어갔다. P선배가 우리도 따라 들어가라 했다. 이번에는 피디의 마음이 느껴졌다.

냄비에 뭔가 끓고 있었다. 걸쭉하니 어제 아침에 먹은 뚝바 같았다. 곡물가루 끓인 걸 한 그릇 먹고 가야 먼 길 떠나는 헛헛한 속이 든든하겠지. 초겔리는 직접 국자를 들고 그릇에 뚝바를 덜었다. 우리에게도 주려는지 여러 그릇을 만들고 있었다.

"아내가 해줄 줄 알았더니 알아서 그냥 먹는구나."

그때 이시초모가 들어왔다. 할아버지에게 갓난아이를 받아 젖을 물릴 모양이다. 초겔리는 직접 푼 뚝바를 우리에게 권했다. 먼저 먹으라고 하자 자기 그릇을 챙겨 숟가락으로 뚝바 국물을 떴다. 이시초모는 자연스러운 몸짓으로 이방 남자들 앞에서 아기에게 젖을 물렸다. 돌아앉지도 않는 건 엄마의 자존감이었다.

"남편에게 한마디 하라고 하세요. 텐진."

텐진의 주문을 받자 이시초모가 손사래를 쳤다. 부부간의 정이 말 한마디로 다 표현될까?

"쑥스러우시구나. 그럼 초겔리가 아내에게 한마디 하세요."

H가 〈러브 인 아시아〉라도 진행하듯 부부에게 한마디씩 할 것을 재촉했다. 텐진의 요구를 받은 초겔리도 웃기만 할 뿐 아무 말이 없었다.

"내가 없는 동안 잘 부탁해, 이런 말이라도 한마디 하라고 하세요. 사랑한다고 하거나."

텐진의 통역을 들은 두 부부가 박장대소했다. 그들에게 타인 앞에서 사랑의 인사를 나누는 것은 있을 수 없는 일이었다. 부디 지난밤에 오붓한 정을 나눴으리라 믿어본다. 괜히 우리가 따라 들어와서 부부의 마지막 시간을 방해한 것 아닌가 미안해졌다.

양들의 대이동이 시작됐다. 어제만 해도 시차를 두고 움직였는데 오늘은 일제히 떠난다. 동네 아저씨들이 초겔리에게 악수를 청했다. 자신의 양들을 잘 부탁한다는 마지막 인사를 하러 온 모양이다. 우리도 일단 초겔리를 따라 나섰다.

"아이고, 쟤네들 싸운다. 저거 뿔 받는 거 봐라."

그때 초겔리가 돌을 능숙한 솜씨로 팔매질을 해 싸우는 양들 앞에 떨어뜨렸다. 양들이 깜짝 놀라 서로 떨어졌다.

"초겔리 잘 갔다 와요. 멀리 떠나서도 건강하고. 힘내고, 알았죠?"

"초겔리, 당신은 훌륭한 목자예요. 이 양들은 당신 같은 목자를 만나서 행복할 겁니다. 며칠 동안 신세 많이 졌어요. 잘 대해줘서 고마워요. 당신에게 많이 배웠어요. 고마워요. 건강하고 꿈을 이루기를 내가 기도할게요."

텐진이 통역하는 동안 나는 초겔리를 힘껏 끌어안았다. 키 작은 초겔리와 어깨를 맞추려니 구부정하게 숙여야 했다. 좁은 어깨가 유난히 안쓰러웠다. 고개를 비켜 안는데 눈물이 핑 돌았다. 그에게서 진한 양 냄새가 났다. 고단한 삶에서도 양들을 생각하는 목자의 마음을 배우고 간다고 생각하니 초겔리는 나에게도 참 좋은 스승이었다. 초겔리의 점퍼가 유난히 낡고 추워 보였다. 순간 내 다운재킷을 벗어줄까 했지만 워낙 큰 옷이라 더 우스꽝스러울 것 같았다. 그리고 내가 견뎌야 할 히말라야의 남은 날도 생각나서 괜한 마음을 잠재웠다.

H도 초겔리를 안았다. 텐진도 초겔리에게 진한 인사를 건넸다. 멀리서 할머니와 할아버지, 이시초모와 딸들이 초겔리를 바라보고 있었다. 가족의 소중한 작별을 방해한 것 같아서 초겔리에게 부모님께 가서 인사하라고 손짓했다. 그는 됐다고 손사래를 치며 떠났다. 그가 여러 번 뒤를 돌아보다가 양들을 향해 뛰어갔다. 양들은 목자의 생이별을 아는지 모르는지 하염없이 울어대며 앞에 있는 양을 쫓아갔다. 돌아서는데 아기 업은 이시초모의 붉은 눈시울이 비쳤다. 할머니는 손으로 눈을 훔쳤다. 초겔리가 향하는 동쪽 하늘에는 유난히 햇살이 밝았다.

줄래로 만나고,
줄래로 헤어지다

77

아까부터 동네 젊은 아낙 두 사람이 텐트 주변을 서성였다. 낯은 익었다. 한 사람은 어제도 다녀갔다. '줄래'로 반갑게 맞이했지만 그녀들은 떠날 줄을 몰랐다. P선배가 한국 과자 몇 개를 줬다. 새침한 미소로 받아들고 주머니에 넣는다. 천막에 있는 아이에게라도 갖다 주려나 보다. 그녀들은 두런두런 천막 사이를 한참을 둘러봤다. H는 벗고 일광욕을 즐기고 싶었는데, 여인들이 갈 조짐이 전혀 없었다. 우리가 무심하게 각자의 일로 돌아가자 그녀들이 아예 자리를 잡고 앉았다. 뭐가 그리 즐거운지 꺄르르 꺄르르 웃음소리가 개울 흐르는 소리를 이긴다.

혹시 저 아낙들이 이시초모를 시기하지 않을까? 유목민 마을에서 이방인의 습격은 부러움의 대상이다. 이방 남자들과 함께 이야기하고 밥 먹고, 웃는 시간은 지루한 일상에 한 잔의 칵테일 같은 신선함이다. 안 그래도 예쁘고 젊은 이시초모가 시기의 눈총을 받을 만한데 이방 남자들에게 날리는 눈웃음이 예쁠 리 없었다. 괜한 소설 쓴다 싶어 생각의 빗장을 닫았다. 그녀들이 우리 텐트에 있어도 애당초 습격한 이방인은 우리인 걸 감히 어찌 나가라 할 수 있겠는가?

우리는 오늘 초카 호수로 떠난다. 풀어놨던 짐을 정리하느라 H는 분주했다. 나는 늘 짐을 챙기는 스타일이고 H는 펼쳐놓는 스타일이다. 나는 꺼낸 짐이 옷가지뿐이지만 H는 살림이 많았다. 씻고, 바르고, 머리에 쓰는 것도 많고, 속옷도, 양말도 자주 갈아 치웠다. 랜턴에, 씹는 칫솔에, 비타민에, 온갖 물건들이 다 나와 있었다. 호텔에서도 그랬다. 나는 짐 싸는 데 5분, 그는 50분이었다. 잘 씻고 잘 벌려놓는 그가 깔끔한 건지, 안 씻고 안 벌려놓는 내가 깔끔한 건지는 답이 없었다. 나는 남은 짬을 쓰기 위해 책을 펼쳐 들고 바닥에 주저앉았다.

"사탕이랑 과자랑 한 주머니가 있네. 이것도 손녀딸 줄까?"

"어차피 사탕이 뭔지 잘 모르는 것 같더라. 엊그제 준 것도 이시초모가 바로 가져갔잖아. 못 먹게 하는 걸 수도 있지. 색연필도 주고, 종이도 주니까 그림공부 열심히 하겠지."

"그럴까?"

"색연필도 처음 보는 건가 봐. 첫날 수첩 뜯어주고 그림 그리라고 했을 때, 봤어? 선만 그려놨어. 동그라미도 없고. 한 번도 안 해봤을 가능성이 많아. 내가 동그라미랑 네모랑 세모랑 그려줬거든. 다음 날 보니까 비슷하게 따라했더라. 우리나라는 돌도 되기 전에 문화센터 다닌다고 난린데. 참, 뭐가 맞는 건지 모르겠다."

"그랬구나. 아이가 눈에 선하네."

"그나저나 우리 초겔리한테 육포 잘못 준 것 같아."

"왜, 멀리 갈 때 육포만 한 게 어디 있어?"

"아니, 이 사람들이 소고기, 돼지고기 안 먹잖아. 육포는 소고긴데. 탈이라도 나면 어쩌지?"

받음직한 선물은 무엇일까? 받는 사람이 필요한 것을 민망하지 않게 전해주는 것일 게다. 기분과 상황과 필요를 충분히 고려해야 한다. 형편이 어려운 학생들에게 장학금을 주는 단체들이 어린 학생들을 불러다가

장학금을 준다고 생색을 내며 사진까지 찍는다. 가정형편이 어렵다는 얘기도 빼놓지 않는다. 아이들의 마음은 어떨까? 감사한 마음에 수치심을 더한다면 그 선물은 이미 받음직하지 않다. 우리도 미처 초겔리 식구들에게 줄 선물을 준비하지 못했다. 그냥 우리가 갖고 있는 것들을 남겨 주고 왔을 뿐이다.

우리는 남은 식구들이 적적할까 봐 천막에서 시간을 더 보냈다. 식구들의 일상에 다시 스며들어 야크 똥도 치우고, 야크 젖도 짜고, 치즈도 만들고, 술도 담그고, 실도 뽑으며 어제보다 더 바쁜 일상을 보냈다. 젖을 짜기 위해 남은 양이 30마리 정도 됐다. 물론 새끼들도 남았다. 이제 제법 친해졌는지 양들도 우리를 피하지 않는다. 이시초모는 여전히 아기를 업고 양들의 일상에 손을 보탰다. 매일 저녁 양들과 돌아오던 남편이 오늘 밤에는 없다는 생각에 그녀의 마음 한편이 허전할 것이다.

아들의 부재도 일 년에 서너 번 찾아오는 일상이지만 쉽지는 않은 모양이다. 할머니는 미소를 잊은 채 묵묵히 일만 했고, 할아버지는 먼 산을 바라보며 언제나처럼 주문을 외운다. 옴마니 반메훔, 그 표정에는 평안함과 동시에 간절함이 깃들어 있다. 그가 바라는 건 무얼까? 제발 그가 믿는 신이, 그가 기도를 드리는 신이 힘이 있는 신이기를 빌었다.

헤어질 때가 됐다. 그들에게 얻어 가는 교훈은 참 많은데, 우리는 그들에게 아무런 감동도 주지 못했다. 주섬주섬 챙겨 온 부끄러운 것들을 내밀기조차 민망했지만 이것마저 드리지 못하면 더욱 서운할 것 같았다. 천막 안으로 모셔서 예를 갖춰 인사를 드리기로 했다

"잠깐 안으로 들어가세요. 우리 이제 인사 드리려고요."

무슨 말인지 안다는 듯 식구들은 말없이 들어갔다. 처음 왔을 때처럼 빙 둘러앉았다. 초겔리는 먼 길을 떠났고, 추장님도 목동들에게 짐을 갖다 주기 위해 떠났다. 이제 할아버지, 할머니, 며느리 이시초모와 두 손녀딸이 있었다. 그들의 표정은 첫날보다 더 상기됐다.

"저희가 며칠 동안 많이 배우고 갑니다. 감사의 마음으로 한국식으로 큰절 올리려고요."

우리는 큰절을 올렸다. 다시 뭉클했다. 두 분 어르신은 어색한 표정으로 고개를 숙였다. 그분들은 연신 줄래로 화답했다. 이시초모도 엷은 미소를 지으며 부모님 곁을 지켰다.

"저, 이거, 부끄러운 건데요. 드리고 가고 싶어서요."

H는 할아버지에게 파스를 선물했다. 관절염을 앓고 있는 무릎을 만지며 전해드렸다. 약간의 진통제도 드렸다. 정말 참을 수 없을 정도로 아플 때 드시라고 말씀드렸지만 괜히 약이 독이 될까 염려스러웠다. 하지만 이게 최선이다. 할머니와 이시초모에게는 김을 주었다. 이시초모는 환한 얼굴로 연신 고맙다는 말을 했다. 아이에게는 챙겨 간 이면지를 선물했다. 엄마 뒤에 내내 숨어 있던 아이가 함박웃음을 짓는다. 얼른 가서 색연필을 꺼내 왔다. 그리고 이시초모에게 접착식 메모지를 주며 어떻게 사용하는지 보여줬다. 종이 없는 일상을 살아온 이들에게 어떤 도움이 될지는 모르지만 없는 것보다 낫기를 바라는 마음이었다.

"하여튼 그동안 정말 감사했고, 저희들 많은 것을 느끼고 갑니다. 건강하시고, 그리고 저희 여러분의 안녕과 평안을 항상 기도하겠습니다."

"아버님, 한 말씀 해주세요."

할아버지는 손에 염주를 돌리며 말을 이어갔다. 알아들을 수는 없었지만 마음이 읽혔다. 바로 말에 곡조가 붙었다. 어르신은 노래를 하고 계셨다. 구슬픈 가락은 꽤 오랫동안 이어졌다. 이방인의 습격을 받아준 친절한 그들의 미소 섞인 사흘이 영상으로 스쳐갔다. 왠지 뭉클했다. 이들이 우리보다 행복하기를 진심으로 빌었다. 텐진이 '나의 축복은 당신들과 함께 한다. 항상 웃고 행복하라',는 뜻이라고 간단히 설명해주었다. 말보다 표정이 보였고, 마음이 읽혔다. 그들의 진심은 이미 우리 마음에 깃들었다. 어머니께도 말씀을 부탁 드렸지만 한사코 손사래를 치셨다.

이시초모에게도 한마디 하라고 손짓했다.

"난 예뻐요. 미스 라다키입니다. 일도 잘해요."

"와우."

아침에 한 이야기를 정확히 따라했다. 박수와 환호를 보냈다.

"라다키이."

그녀는 박수에 격앙된 듯 요구르트 불가리스 CM송 곡조를 외쳤다.

최고의 환송인사였다. 반갑고 고마운 마음 뒤로 우리가 그녀의 잔잔한 가슴에 돌을 던진 건 아닌지 걱정스러웠다. 물론 괜한 걱정이리라. 단지 그녀의 탁월한 재능이 더욱 아쉬워졌다. 아이는 옆에 엎드려 이면지 위에 온갖 색연필로 네모와 동그라미를 그리고 있었다.

"이별은 짧아야 해요. 아들도 떠났는데 더 허전하시겠다. 그만 일어서죠."

이별을 재촉하며 우리가 먼저 일어섰다. 식구들도 따라 나왔다. 천막을 나서자마자 P선배가 따라붙었다.

"저, 아예 여기서 자전거 타고 떠나는 걸로 찍을게요. 그래야 연결이 맞을 것 같아요."

"자전거 안 가져왔잖아요?"

"제가 아까 일하실 때 가져왔어요."

"잘하셨네요. 그러시죠."

천막 옆에는 자전거와 안전모자, 심지어 배낭까지 그림처럼 놓여 있었다. 마치 드라마 소품 같았다. 우리는 헬멧을 쓰고 자전거를 끌고 언덕 위로 올라섰다. 식구들도 다 따라 나왔다.

"그만 들어가세요. 저희 여기서 갈게요."

여러 번 말씀 드려도 고개만 끄덕일 뿐 어르신들은 우리의 뒤를 말없이 따르셨다. 우리는 자전거를 타고 미끄러지듯 평평한 곳으로 내려갔다. 거기서 진짜 마지막 말을 할 작정이었다.

"줄래. 줄래."

"줄래, 줄래."

이들에게 줄래 이상의 인사가 있을까? 더 이상 아무리 감동스런 우리 말 인사도 필요 없었다. 그저 줄래가 전부였다. 줄래로 만남이 시작됐고, 줄래로 이별을 시작한다. 우리에게 다음은 없을 것이다. 그저 그들의 줄래, 평안을 바랐다. 자전거에 올라탄 채, 한쪽 발을 내리고 뒤로 돌아 손을 흔들었다.

"그만 가자. 한번 떠나면 저기 안 보이는 데까지 쭉 가는 걸로 하자."

"알겠어, 형."

H의 눈시울이 붉었다. 우리는 떠났다. 자전거 페달을 힘차게 밟았다. 자전거를 탄 이후에도 자꾸 뒤꼭지가 당겼다. 결국 뒤를 돌아보고 한 손을 놓아 손을 한 번 더 흔든다. 그들은 여전히 손을 흔들고 있었다. 이내 곧 오르막이 나와 우리는 힘찬 발짓에 뒤를 잊었다. 우리가 떠난 자리에서 할아버지가 구슬픈 가락의 노래를 부르고 있었다.

행운은 모두를 위해 동쪽에서 비치는 햇빛이 도달하는 것이다.

행운은 누구에게나 온다. 그러므로 모두는 행복하다.

행운의 신호는 산에 있는 나무에서 온다.

행운은 하늘에서 오고, 구름에서 오고, 바람에서 온다.

행운은 누구나 볼 수 있다. 행운은 행복이다.

우리는 그 노랫소리를 들을 수 없었다. 하지만 그의 마음만큼은 내 귀에 크게 들렸다.

초모리리를 향하다

해발고도 4,520m

담요가 바람에 펄럭입니다

78

히말라야의 태양이 유감없이 위력을 발휘하고 있었다. 앉아만 있어도 지쳤다. 동네 아낙들은 어느새 자리를 뜨고 H는 옷을 벗고 매트리스 위에 엎어졌다. 초겔리 가족과의 이별의 여운은 생각보다 진했다. 레로 간 곤촉은 아직도 무소식이었다. 전화가 없는 터라 막상 우리가 길을 떠나면 뒤따라올 방법도 없었다. 속이 안 좋아 건너뛰려 했던 점심을 요리사 니마의 솜씨에 감복하고 엄청나게 먹었다. 입은 행복했지만 속은 더부룩했다. H가 김연아, 공유 놔두고 테이블 위에 있는 인도 커피 뚜껑을 열었다. 그러고는 식은 물에 커피를 타 단숨에 들이켰다.

79

곤촉은 분명히 디블링으로 올 것이다. 지나가는 곤촉을 놓쳐서는 안 된다. 우리는 디블링으로 가서 기다리기로 했다. 디블링은 생각보다 멀었다. 카르낙으로 올 때 내리막의 기쁨을 누렸다는 것은 디블링으로 돌아갈 때 오르막이 있다는 얘기였다. 그 오르막을 나와 H는 있는 힘을 다해 달리고 싶었으나 나도, H도 속이 편치 않았다. 조금 전 인도 커피를 타 마시던 H의 모습이 떠올랐다. 우리의 속사정을 아는지 모르는지 히말라야는 바닥에 돌들을 깔아났다.

"돌길이 계속되니까 엉덩이를 들고 탔는데. 방귀가 계속 나오네."

"형, 나도 계속 방귀가 나와. 엉덩이를 들면 좀 낫겠구나."

"들었을 때 괄약근 힘 빠지면 큰일 난다. 수위조절 잘 해야 해."

수위조절은 인생의 숙제다. 평생 끌어안고 가야 하는 나의 인생 과제다. 무슨 일을 하든 지나치지 않고 모자라지도 않게 적당한 수위를 유지한다는 것은 참 힘들다. 농담할 때도, 설득할 때도, 비난할 때도, 지나치면 일을 그르치기 십상이다. 물론 부족하면 효과가 없다. 요리할 때도, 운동할 때도, 게임할 때도, 적당한 수준을 유지하지 않으면 맛이 없고, 지치기만 하고, 게임머니를 잃기도 한다. 하다못해 블루마블 게임을 해도 수위조절을 해야 할 판인데, 히말라야 자전거 트래킹에서 수위조절을 못 하면 여행 망치고, 방송도 망치고, 인생까지 한심해지는 거다. 게다가 괄약근 조절 실패는 생각만 해도 악몽이다.

계속되는 오르막에 잠시 쉬고 싶었지만 또 다들 몰려와 걱정할 테니 미안해서라도 빨리 가야 했다. 이들이 없었으면 우리는 여기까지 오지도 못했다. 인생이라고 뭐 크게 다르랴. 인생 여정에서 한 번 쉬기라도 할라치면, 넘어지기라도 하면, 다치기라도 하면, 많은 인생 식구들이 함께 기다리고, 걱정해주고, 치료해주고, 위로해주고, 돈 내주고, 그들의 인생을 허비하기 마련이다. 어디 부모님이나 배우자만 기다리고 걱정할까? 친구들도, 동료들도 분명 나의 쉼은 혹은 나의 아픔은 누군가에게 민폐다. 하긴 민폐와 민폐가 어우러진 삶이 인생이라지만 그것도 주고받을 때 얘기지 일방적인 민폐는 상대방이 짜증 나기 마련이다. 모든 인생은 자신의 길을 묵묵히 최선을 다해 갈 때 각자의 삶이 아름다워지는 걸 게다. 일단 인생은 뒤로하고, 히말라야 산길부터 부지런히 달려야 하는 것이 우리의 숙제였다.

구름은 어딜 그리 열심히 가는지 조금씩 부지런히 움직였다. 가끔은 우리보다 빠른 것 같았다. 우리나라에서도 가을 하늘의 구름은 눈을 다른 데로 돌렸다가 바라보면 분명 움직여 있다. 마치 '무궁화 꽃이 피었습니다' 놀이를 하듯 눈을 감았다 뜨면 구름은 나 몰래 움직이고 있었다. 라다크의 구름은 '무궁화 꽃이 피었습니다'를 잘 못한다. 보고 있는데 움직인다. 쳐다보고 있으면 움직이는 것이 보인다. 하늘이 가까워서 그런지 구름이 바빠서 그런지 여하튼 구름의 움직임이 보인다는 것은 신기했다. 하늘 도화지의 구름 그림이 계속 바뀌었다. 문제는 내가 하늘을 볼 여유가 없다는 것이다. 자전거를 타고 오르막을 오르느라 피똥을 싸며 달리고 있었기 때문이다. 초겔리 식구들과 생활할 때 하늘을 충분히 봐둘 걸 그랬다.

오르막은 힘들다. 내리막은 신난다. 당연하다고? 무슨 말씀? 인생은 반대가 아닌가? 성공가도 오르막은 신난다. 실패가도 내리막은 비참하다. 하지만 오르막이 있으면 내리막이 있는 법. 산길의 오르막은 내리막을 기대하며 참아낸다. 하지만 인생의 내리막은 이미 오르막을 거치고 난 후다. 이미 오르막을 오를 때 내리막을 준비하고 있었어야 한다는 이야기다. 인생, 참 힘들다. 신경 쓸 게 이렇게 많으니. 문제는 신경 쓸 여력이 없다는 것이었다. 그냥 힘들 뿐이고. 가야 하니 갈 뿐이다.

계속되는 흙산 끝으로 설산이 나타났다. 저 하늘에 눈이 오나 보다. 내 산이 맑아도 그들의 산은 눈보라가 친다. 그때 옆에서 달리던 H가 불렀다.

"형, 안 되겠어. 나올 것 같아."

"여기 완전히 허허벌판인데. 조금만 더 참아봐."

H가 멈췄다. 나도 따라서 앞서가는 부엌 차 뒤칸에 앉은 Y사장에게 신호를 보냈다.

"H, 됐어. 저거다. 저거."

"뭐가?"

"저 담요. 담요로 내가 가려줄게. 담요 어때?"

나는 냅다 뛰었다. 텐진은 어리둥절해서 무슨 일이냐고 물었다. 부엌차 짐칸에 타고 있던 Y사장에게 짐 덮은 담요를 내리라고 했다. 나는 담요를 받아 텐진을 데리고 다시 뛰었다.

"왓츠 롱? 재원."

"히 이즈 푸잉."

텐진이 웃으면서 상황을 파악했다. H는 위치를 잡고 허리춤을 잡고 있었다. 나와 텐진은 H 앞에서 담요를 펼쳐 커튼을 만들어 양쪽 끝을 잡았다. H는 담요 뒤에서 이미 바지를 내렸을 것이다. 텐진의 얼굴에는 웃음이 가시질 않았다.

"아, 창피해서 미치겠다, 진짜. 아악."

H는 담요 뒤에서 소리쳤다.

"그래도 아무도 못 봐. 이거 기가 막힌 아이디어 아냐?"

카메라 석 대가 점점 가까이 다가왔다. P선배가 엄지손가락을 치켜올렸다. Y사장이 점점 외곽으로 돌아 담요 뒤를 기웃거리고 있었다. 측면 공격이었다.

"형, 이 사람들 뭐야?"

"내가 해줄 수 있는 건 이게 전부야. 이것도 팔 열라 아파. 들고 있는 것도 힘들어. 흐흐."

그때 갑자기 바람이 불어 담요를 들춰 올렸다.

"악, 혀엉."

H가 괴성을 질렀다.

"알았어. 미안, 미안."

나는 담요 위 모서리를 들고 아래 모서리를 발로 밟았다. 어느새 모든 현지인 스태프들이 담요 주변에 모여들었다. 피디들은 담요를 놓으라고 손짓한다. 텐진은 담요를 꽉 부여잡고 웃음을 참느라고 어쩔 줄 몰라했다. 엄청난 굉음의 방귀 소리가 난 직후 뭔가 내용물이 쏟아지는 소리가 들렸다. 바람이 엄청난 냄새를 실어 날랐다. 헛구역질이 나왔다. 텐진도 웃으면서 코를 막았다. 냄새는 작업의 완성을 뜻하기도 한다.

H는 바지춤을 잡으며 나왔다. 굳이 담요 뒤를 확인하고 싶지 않았다. 우리는 괄약근 조절 문제로 차를 태워줄 것을 주장했으나 안타깝게도 곤촉이 차를 가져가는 바람에 두 대의 차에는 빈자리가 없었다. 우리는 지금 똥도 제대로 못 싸는 이상한 세상을 달리고 있다.

곤촉을 기다리며

80

"여기 라다크 맞아? 히말라야 맞느냐고요?"

"무슨 소리예요? 선배님들 우리 여기 왔었잖아요? 기억 안 나세요?"

그때 우리는 자고 있었다. 5,328미터 고지 타그랑 라를 오르는 힘겨운 여정 이후 우리는 신나는 내리막길을 상상했었다. 현실은 달랐다. 싱그러운 바람은커녕 히말라야의 음침한 바람과 자전거가 일으키는 엄청난 흙먼지, 길에 널린 울퉁불퉁 큰 돌들 때문에 한겨울 돌 뿌린 봅슬레이 경기장에 던져진 오래된 자전거 같았다. 잠시 멈춰 볼일을 보고 난 후 나는 그냥 주저앉았던 모양이다. 길과 날씨의 요상함을 감지한 P선배가 승차를 명령했고, 우리는 차를 타고 디블링에 진입했었다. 잠결에 L피디가 깨우는 소리를 들었지만 잠을 걷어낼 수는 없었다. 당연히 기억이 안 날 수밖에.

디블링 분기점은 사막지대를 방불케 했다. 마치 일부러 뒤로 물린 듯 산 병풍이 저 멀리 보인다. 흙먼지 돌길 대신 모래평원이 펼쳐졌다. 차가 다니기에 길인 거지, 차만 없으면 그냥 사막이다. 작은 건물 두 동. 굳이 휴게소라 이름 붙이지 않아도 쉬어갈 수밖에 없다. 밥뿐 아니라 잠

도 해결해주나 보다. 사막이 흙산의 오아시스가 됐다. 비록 보이지 않아
도 상상력을 자극하여 담요 뒤에서 대국민 망신을 예고한 H의 낯빛은
창백하다. 탈이 나도 잔뜩 난 모양이다. 차도 얼어 탈 수 없어 두 사람
모두 근근이 자전거에 실려 여기 내동댕이쳐졌다.

곤촉은 아직이었다. 우리는 이제 더 이상 움직일 수 없었다. 텐진은
도로에 나가 눈에 불을 켜고 있었다. 헬퍼도 함께 있는 것으로 보아 한
사람의 눈보다 네 개의 눈이 낫다고 생각하는 모양이다. 배터리는 떨어
졌고, 한 대의 충전기로 촬영을 강행할 수는 없다. 곤촉을 만나지 못하면
촬영을 접거나 다른 대안이 필요했다. 무용지물 휴대전화가 새삼 IT 강
국 대한민국의 40대 중반 남성들의 무기력을 보여줬다.

벌써 H는 세 번째 화장실을 들락거리고 있었다. 화장실이라야 휴게
소 뒤쪽 쓰레기 더미였다. 그래도 쓰레기 산이 꽤 높아 몸은 감출 수 있
었다. 명색이 휴게손데 이동식이라도 기대했지만 가려진 화장실조차 욕
심이었다. 밀크티가 나왔다. 따뜻한 단맛이 하루 중 가을에 접어드는 이
때 큰 위안이 됐다. H에게도 권했다.

"안 돼. 어떻게 먹어? 속이 이런데."

"속을 좀 다스려야 하지 않을까?"

"인도 물로 무슨 속을 다스려? 아무리 끓여도 소용없는 것 같아."

"한방소화제부터 찾아볼게."

자전거 탈 때 아무리 배낭이 무거워도 약만큼은 넣어 다녔다. 하긴 알
약이 무거워야 얼마나 무거울까마는. 염소 똥같이 생긴 한방소화제는
과식을 하거나 불안할 때마다 틈틈이 먹은 터라 넉넉하지는 않았다. 하
루하루 시간이 흐른다는 것은 내 소유가 없어지는 것이었다. 도시라면
원할 때 빈 것을 채우지만 히말라야에서는 그냥 비워가는 것이었다. 새
생수병을 H에게 내밀었다. 그가 말없이 받아먹었다. 차라리 곤촉이 늦
게 오기를 바랐다.

주방에서는 주인 아주머니가 어두운데 불을 켜지 않고 일을 하고 있었다. 전기가 없지는 않으리라면 깜깜한 데서 능숙하게 칼질을 하고 불을 다루는 라다크 아낙의 실루엣에 장모님의 모습이 겹쳐 보였다.

윗집에 사시던 어머니는 늘 캄캄한 부엌에서 일하셨다. 불 좀 켜시라고 하면 다 보인다며 마다하셨다. 장인과 두 분이 마루에서 TV를 보실 때도 굳이 불을 켜지 않았다. 휴일 저녁 아랫집 사는 셋째 사위가 갑자기 들이닥쳐 왜 동굴에 사시냐고 잔소리를 해대야 할 수 없이 두 개의 스위치 중에 하나를 켜곤 하셨다. 이래봐야 50원 아끼는 거라고, 오히려 눈이 더 나빠진다고 말씀 드려도 다 산 사람 눈 나빠지는 것보다 50원이 더 소중하다며 웃곤 하셨다. 몸에 밴 절약습관을 누가 말리랴. 히말라야 사막 한가운데서 식당을 하는 저 아낙도 같은 마음이려니 생각했다.

어두운 주방에서 팔팔 끓는 라면이 나왔다. 아까부터 진동한 구수한 카레 냄새의 주인이었다. 굶주린 다섯 남자의 시선이 따라갔다. 항상 말은 H가 시작했다.

"라면 맛있겠다."

"드실래요?"

P선배가 제안했다.

"그럴까? 형은?"

"속 안 좋다면서? 무슨. 놔두세요. 곧촉 오자마자 떠날 텐데요. 뭐."

그때 우리 곁으로 빡빡머리 아저씨가 걸어왔다. 누군가 싶었는데 1호차 운전기사 우르겐이었다.

"아니, 저 양반 언제 머리를 민 거야?"

"그랬더라고. 형 못 봤구나. 난 엊그제 레에 가서 밀고 온 줄 알았는데. 개울가에서 자기가 밀었대. 덥다고. 대단하지?"

"잘 어울린다."

울퉁불퉁한 민머리가 언뜻 타이슨을 연상시켰다. 그는 늘 껄렁하게 돌아다니며 몇 마디 말로 우스개 시비를 걸었다. 오늘도 H에게 손짓으로 뭔가를 내놓으라고 한다.

"싸뚜르. 싸뚜르."

"아이 돈 노."

H가 모른다고 손사래를 치자 우르겐은 내놓으라고 계속 손짓을 하며 사라진다.

"아까 아침에도 너한테 싸뚜르라고 했잖아. 싸뚜르가 뭐야?"

"몰라. 아침부터 계속 저래. 뭐가 없어졌다고 나보고 내놓으라는 거야. 그리고 저거 P선배가 쓰고 있는 모자. 너도 있으면 자기 달라고 며칠 전부터 그랬거든. 내가 제일 만만한가 봐."

길목을 지키던 텐진이 지그맷을 대신 세워놓고 우리 쪽으로 왔다.

"헤이. 텐진, 왓 이즈 싸뚜르?"

싸뚜르는 냄비뚜껑이란다. 어제 이시초모 식구들에게 식사 대접을 하면서 주방에서 냄비를 빌려갔는데 냄비 뚜껑이 없어졌다는 것이었다. 냄비뚜껑 내놓으라고 저러는 거란다. 신경 쓰지 말란다. 자기가 해결했단다.

선선했던 바람이 쌀쌀해졌다. 그래도 카메라가 안 보이니 대화가 자유로워졌다. 늘 눈만 뜨면 카메라를 들이대던 피디들은 배터리를 전쟁터 식량 아끼듯 했다. 역시 불행에는 다행한 일이 슬쩍 섞여 있기 마련이다.

H도 잠들었고, 가방에서 책을 꺼내 들었지만 통 읽히질 않았다. 책은 눈으로 읽는 것이 아니라 머리로 읽는다는 얘기가 맞다. 정신이 사나우니 책인들 들어올 리가 있나. 해가 떨어졌다. 곧 달이 뜰 태세다. P선배가 다가와 L피디와 Y사장을 불렀다.

"어쩔 수 없이 여기서 캠핑하는 것이 낫겠어요."

"……."

"왜 말들이 없어요?"

"마음대로 하세요. 뭐, 저희야 상황을 따라가는 거니까."

우리는 1호차에 들어가 있기로 했다. 바람이 제법 겨울 흉내를 내고 있었다. 민머리 우르겐이 또 싸뚜르 타령을 했다. 시간이 얼마나 흘렀을까? 스르르 잠이 들었다. P선배가 차문을 열면서 우리를 깨웠다.

"저, 준비 다 됐습니다. 텐트로 가시죠."

"아, 네, 걸어가나요?"

밖은 이미 충분히 어두웠다. 캠핑장까지 걸어서 이동하잔다. 몸은 천근만근이었다. 차에서 내려 보니 사막 벌판 한가운데 텐트 세 동이 있었다. 그것도 한가운데였다.

"여기서 자요?"

"네, 방법이 없네요."

세찬 칼바람이 을씨년스럽게 불었다.

81

근처에 캠핑장이 없어 결국 벌판에 텐트를 쳤단다. 광활한 대지, 둘레 4킬로미터 공터 한복판에 달랑 텐트 세 동이 서 있다. 그동안 캠핑장에서는 일곱 동의 텐트를 쳤었다. 오늘은 스태프들이 차 안에서 잔단다. 부엌은 휴게소 식당을 빌렸단다. 현지인 스태프들까지 거부한 황량한 사막 한복판에 우리를 내던진 것이다. 그래도 출연자 텐트 한 동만 달랑 있는 것이 아니라 피디들 텐트까지 같이 있다는 것은 무척 다행이었다.

바람은 엄청났다. 차에서 짐을 들고 옮기는 1백 미터 여정이 시베리아 한복판에서 하는 4킬로미터 행군 같았다. 발에 물집이 잡혀 발가락 슬리퍼로 갈아 신었는데, 순간 모래바람에 먼지투성이가 됐다. 히말라야 산바람은 텐트마저 날려버릴 기세였다. 얼른 우리가 들어가 앉아야 텐트를 지탱할 수 있겠다. 짐을 텐트 벽에 둘러 스며드는 바람을 막았다. 이미 바람을 불러들인 텐트는 썰렁했다. 얼른 옷을 꺼내 입었다. 갑자기 〈1박 2일〉 혹한기 훈련이 됐다. 문제는 H의 화장실이었다. 몸을 숨길 만한 곳은 있어야 하는데, 여기는 여의도 광장 한복판이니 그런 게 있을 리 없었다. 바람을 뚫고 150미터를 걸어가 사막 카페 뒤편 쓰레기 산으로 가야 했다. 한밤중에 소식이 오면 대략난감이었다. 그때는 조명 없는 암흑천지니까 아침 상황 생각 안 하고 그냥 일을 치르는 수밖에 없다. L피디가 텐트를 두드렸다.

"식사 안 하세요?"

"응, 안 먹으려고."

"참, 곤촉 왔어요. 충전기 두 대 구해 왔어요. 근근이 갈 거 같아요."

"와우, 잘됐다. 곤촉은 괜찮아?"

"얼굴이 퀭해요."

"안 그러면 이상한 거지. 완전히 기절하겠다."

"저희는 오늘 밤새 충전하려면 두 시간에 한 번씩 갈아 끼워야 해요. 선배님들 잠 깨면 어쩌죠? 죄송해요."

"별말씀을 다 하십니다. 곤촉 왔으니까 됐네. 우리는 잡니다."

"네, 안녕히 주무세요."

얼른 잠자리를 파고들었다. 선잠이 들었을 무렵 세찬 바람 사이로 P선배의 기척이 들렸다.

"재원 씨, H씨 주무세요?"

"아뇨. 무슨 일이세요?"

"저기, 아까 쉬던 휴게소에 게스트 하우스가 있어요. 큰 방이 하나 있는데, 두 분 거기 가서 주무시죠. 아무래도 안 되겠어요. 제가 생각을 잘못 한 것 같아요."

"네? 괜히 돈 들잖아요."

"아뇨. 아주 싸요. 하룻밤에 한 사람당 3천 원 정도예요. 내일 또 자전거 타야 하는데 H씨 속도 안 좋고요. 거긴 적어도 바람은 없잖아요. 이불도 있어요."

구미가 당기는 제안이다. 솔깃했다. 침낭 속 H도 다 듣고 있었다.

"그럴까? 형. 아까부터 너무 추웠거든."

"그럴게요. 먼저 가 계세요."

생각지도 못한 게스트 하우스의 하룻밤이라니. 이불이 더러우면 어떻고, 냄새가 나면 어떠랴? 〈1박 2일〉 비박 복불복에서 실내가 당첨된 기분이다. 히말라야 바람 소리는 사자의 포효 같았다. 텐트 밖을 나서니 말 그대로 시베리아 칼바람이다. 옆 텐트 L피디는 아직 있는 모양이다.

"L피디, 안 옮겨? 안에서 잔다며?"

"우리는 아녜요. 두 자리밖에 없대요. 선배님들만 가시는 거예요."

"뭐?"

그럼 우리도 갈 수 없었다. 다섯 명이 한 팀인데 무슨 부귀영화를 누린다고 우리만 따뜻한 방으로 기어 들어갈까? 갑자기 더러운 이불이 불쾌해졌다. 꾸리꾸리한 냄새 때문에 잠도 안 올 것 같았다.

"그럼 우리도 안 가지. 도로 들어가자."

끝 텐트에서 우리 얘기를 들은 P선배가 고개를 내밀었다.

"아니, 왜요?"

"어떻게 우리만 가요? 우리를 어떻게 보고."

우리는 냉큼 텐트로 들어가 다시 침낭 속에 몸을 비벼 넣었다. P선배가 텐트로 고개를 들이밀었다.

"고집부리지 말고 옮기세요."

"이게 무슨 고집이에요? 여기도 훌륭해요."

"그러지 말고 나와요. 선배 말도 안 듣고."

"우리 계속 자게, 그만 지퍼 닫아주세요."

참, 잠 한 번 자기 되게 힘들다. 디블링에 온 게 언젠데, 아무 하는 일 없이 아직도 잠을 못 자네. 오, 주여. 사랑하는 자에게 주신다던 잠을 왜 제게는 안 주십니까? 진정 저를 사랑하시지 않는단 말씀입니까?

초모리리를 향하다

히말라야 새는 반음 낮게 운다

82

Q녀가 또 히말라야의 단잠을 앗아갔다. 첩첩산중, 악몽이었다. 열두 살, 둥근 기둥에 현란한 장식이 달린 엄청난 압박감의 물체가 나를 짓누르는 꿈을 가끔 꾸던 이후 최고의 악몽이었다. 무엇보다 단잠이 속상할 정도로 아쉬웠다. 밤마다 계속되는 히말라야 꿈의 제사는 나에게 무조건적인 용서를 강요하고 있다.

계속되는 생각의 요청을 애써 무시한 채 라다크의 단잠을 초대했다. 좀처럼 오려 하지 않았다. 그동안 들리지 않던 소리가 들려왔다. H의 신음 소리. 산모의 진통 간격이 줄어들 듯 잦아지는 그의 끙끙 소리는 감기를 받아들이는 앓는 소리였다.

늦은 밤 텐진이 넣어준 카펫 같은 담요가 추위를 한 아름 막아주었지만 분명 담요의 무게는 버거우리라. 옆 텐트 부스럭 소리가 염려를 나눠 가졌다. 갓난아이 젖병 물리듯 두 시간에 한 번씩 충전기에 배터리를 갈아 끼우는 일은 L피디와 Y사장의 몫이었다. 부스럭, 푸드득 소리에 코고는 소리가 섞였다. 누가 젖병 담당이고, 누가 코를 고는지 문득 궁금해졌다. 시계 없이 마음대로 생각하고 심야의 영접이 주는 여유를 마음껏 즐기고 싶었다.

'제발 요의만은 느끼지 않게 해주세요.' 간절한 기도가 얼마나 많이 내 생각의 입을 빠져 나갔던가. '오줌만은 제발.' 방귀가 아는 체를 했다. 오줌 기도만 했더니 방귀가 섭섭했나 보다. 변의에 마음을 쓰는 사이 요의가 참았던 속내를 드러냈다. H의 신음, L 혹은 Y의 코 고는 소리, 요의의 보채기, 방귀의 향연, 라다크 심야 영겁은 순간 엉망이 됐다.

마음을 정했다. 일단 내가 해결할 수 있는 문제를 풀어보기로 했다. 헤드랜턴을 챙겨 침낭을 밀쳐내고 텐트 지퍼를 더듬거렸다. 암흑천지가 조금 걷혔다. 흙산의 윤곽이 보였고, 하늘에는 구름의 흔적이 아이 오줌 싼 이부자리처럼 자국을 남겼다. 별은 모습을 드러내지 않았다. 도시의 안목에게 히말라야의 별들은 쉽사리 허락되지 않는 모양이다. 하늘 닿은 땅이라 구름의 권력이 무척 강했다. 땅은 여전히 검고 흙산의 윤곽은 쥐색이고 구름의 흔적은 잿빛이었다. 하늘의 색깔은 딱히 단어가 떠오르지 않았다.

히말라야의 대지는 여전히 잠들어 있었다. 서울 남자가 검은 흙빛 대지에 해를 띄웠다. 바지춤을 내려 마른 땅에 샛노란 비를 내렸다. 신의 기분이 이런 것일까? 암흑천지 태초에 빛을 내고 물을 들이며 참았던 창조의 욕구를 풀어냈다. 헤드랜턴 불빛은 삼중 동심원 태양계를 그려냈다. 지구 한편에 빛이 들었다. 흙산으로 둘러싸인 사방을 훑어보며 한 바퀴 돌았다. 빛이 드는 도시가 달라졌다. 아, 태양이 도는구나. 촉촉한 대지의 물기는 땅 속에 스며들고, 노란 향기는 산바람이 말렸다. 한참을 서 있었다. 나에게 이 순간은 절대로 다시 오지 않는다. 나는 나만의 천지의 유일한 신이 됐다.

나만의 혹성에서 나는 신이었다. 태양계에서는 나는 그 질서를 따라야 했다. 태양계의 질서에는 아무 힘을 미치지 못한다. 태양계의 상황에 순응할 뿐이다. 하지만 내 혹성에서는 신이다. 멀리 도로로 차가 지나갔다. 운전기사는 내 지구의 태양이 보일까? 차, 또한 자신만의 지구의 해를 떠우기 위해 가던 길을 가버렸다. 사막의 오아시스 휴게소 불빛이 등대처럼 반짝였다. 나는 또다시 자신自神이 된다. 이제는 대지에 비를 내릴 의지도 능력도 없었다. 한참을 그 자세로 멍하니 서 있었다. 10년 전 독도 동도 정상에서 사방이 둘러싸인 채 360도를 돌고 느낀 황망한 느낌의 정체가 나를 또다시 찾아들었다. 불안도 함께 엄습했다.

독도의 황망함 다음 날 나는 턱뼈가 부러졌다. 우측 하악 과두부 골절. 혹시 이번에도 또 다치는 것은 아닐까? 여전히 산은 흙빛, 땅은 암흑, 구름은 잿빛이다. 순간 내가 다른 대지에 빛을 비추는 것을 잊었음을 떠올렸다. 신도 바쁘겠구나. 딴생각할 틈도 없다. 한 바퀴를 돌았다. 헤드랜턴 불빛이 옅어졌다. 건전지가 약해졌을까? 새벽 미명이 나타났을까? 둘 중 하나 아니 둘 다인지도 모르겠다. 산 뒤, 구름 사이로 해의 기운이 느껴졌다. 일출이 얼마 남지 않은 모양이다. 저쪽이 동쪽이로군.

15년 전 세 살 아들과 아내와 함께 찾았던 정동진 일출이 떠올랐다. 수백 명과 함께 맞은 일출의 감흥은 수백분의 일이었다. 독도는 보름 동안 내게 일출을 하루도 허락하지 않았다. 나는 안다. 라다크도 내게 일출을 허락하지 않을 것을. 나의 인내 없음은 잠깐의 기다림을 용인하지 않을 것이고, 나의 고단함은 편안한 잠자리를 마다하지 않을 것이다. 그래도 아까웠다. 혼자 누리는 라다크 일출이 새삼 크게 다가왔다. 오줌 싸러 나왔다가 너무 오래 머물렀음을 깨달은 것은 노란 아디다스 발가락 슬리퍼 위에서 얼어가는 맨발의 감촉 때문이었다. 텐트로 들어가 침낭과의 밀회를 시도했다. 돌이켜보니, 밥 먹고 돌아서면 헛헛하고 똥 싸고 돌아서면 묵직한 것이 라다크의 나그네더라. 방금 싸고 들어왔는데도 어딘가 개운하지 않다. 나그네의 먹고 싸는 삶은 이리도 고단한 것인가.

라다크의 일출이 못내 아쉬워 바깥 동태를 살폈다. 여전히 일출의 기운만 느껴질 뿐이었다. 신이 되기 전 나를 괴롭힌 소리들은 어느새 잦아들었다. 한동안 고요가 흘렀다. 고요를 살포시 비집고 들어온 것은 놀랍게도 새소리였다. 의아했다. 이 밤, 사막 산으로 둘러싸인 허허벌판에 새소리라니. 내가 신이 될 수 없음을, 상황을 주도할 수 없음을 다시 깨달았다. 새소리를 즐겼다. 두 마리? 아니 세 마리인가? 소리가 달랐다. 분명 음이 떨어졌다. 아하, 히말라야의 새는 반음 낮게 우는구나. 어느새 파고든 코 고는 소리에 새소리가 무안한 듯 잦아들었다.

신기했다. 눈을 감았다. 떴다. 이런 해가 떴겠군. 얼른 지퍼 문을 열어보니 뜬 해가 구름 뒤에 숨어 있었다. 역시 도시의 안목에게 별을 보여주지 않았던 히말라야는 이방인에게 일출도 선물하지 않았다. 심야의 영겁으로 안개처럼 사라지는 먼지 같은 존재를 나만의 지구의 신으로 만들어주었을 뿐이었다. 이제 잠들기에는 아까운 시간이다. 주섬주섬 책과 수첩을 꺼내 들고 텐트 밖, 히말라야로 나왔다.

조금 전 맛본 세상과는 전혀 다른 나라였다. 하늘에 빛이 발했고, 흙에 빛이 물들었고, 땅은 빛을 머금었다. 얼른 낚시 의자를 찾아 펴고 앉았다. 책을 펼까 하다 수첩을 펴고 심야의 영겁을 써 내려갔다. 분명히 히말라야의 새들은 반음 낮게 울었다. 그때 옆 텐트에서 스멀스멀 기어 나온 코 고는 소리의 주인공은 P선배였다.

사막 카페의 아침

83

요리사 니마가 굽는 팬케이크 냄새가 기가 막혔다. 미국 IHOP (International House Of Pancakes)에서 먹는 것과 다르지 않았다. 어제 저녁을 굶었더니 오늘 아침 뱃속은 날씨만큼이나 개운했다. 팬케이크에 살구잼을 발라 먹었다. 더 이상의 아침식사가 없었다. 니마, 너를 최고의 요리사로 임명하노라.

사막 카페의 아침이 분주했다. 한쪽에서는 주인아주머니도 반죽을 밀어 프라이팬에 뿌리고 있었다. 난을 굽나 보다. P선배만이 카메라를 들

고 어슬렁거렸다. 아침햇살이 쌀음료 이름이 아니라 해가 쏟아내는 싱그러운 빛줄기라는 것을 알려주기 딱 좋은 그림이 눈앞에 펼쳐졌다. 흙산마저도 반짝이 가루를 뿌린 듯 영롱하게 빛나고 있었다.

"저 방이었어요."

P선배가 주방 옆문을 가리키며 말한다.

"네?"

"어제 두 분 모셔다 주무시게 하려던 방이요."

'BEDROOM AVAILABLE HERE'라고 붉은 페인트로 적힌 벽 옆에 난 문으로 들어가니 서른 평대 아파트 애들 방만 한 크지 않은 방이 나왔다. 누울 곳이 내무반처럼 기역 자로 꺾여 있고, 이불과 쿠션이 놓여 있었다. 아라비안나이트를 찍으면 딱 좋을 분위기였다. 인도 영화에 어울릴 화려하지만 촌스러운 이불. 냄새는 없었다. 이불도 더럽지 않았다. 자라면 제법 따뜻하게 잤을 법한 방이지만 안 오길 잘했다. 창문이 없었다. 코가 안 좋은 우리는 아마 밤새 킁킁거렸을 것이다. 그때 H가 배를 문지르며 들어섰다.

"괜찮아?"

"아니, 지금 또 한 판 쏟고 왔어. 엄청 따뜻한 데가 있는 것처럼 얘기하더니 여기예요?"

"잠깐이라도 누워."

"물론 우리가 나이가 많지만, 그렇다고 바람 쌩쌩 부는 천막에 피디들만 남겨놓고 갈 수는 없었다는 게 우리의 진심이요."

"혹시 두 분 저랑 다음에 미국 횡단 여행 한번 하실래요?"

"혹시 우리를 위로하기 위해서 제안하시는 건 아니죠? 괜히 그런 생각이 드네요."

"아니, 진짜 나중에 대륙 횡단을 한두 달 해도 재밌을 거 같아요. 오토바이는 어때요?"

"Y 아나운서가 오토바이 아주 잘 타요. 데리고 가세요."

"저 여기 근육이 생겼어요. 이거 보세요. 완전 울퉁불퉁 아니에요?"

"어, 형, 진짜 장난 아니다."

"이거 완전 히말라야 근육이에요."

"인정할게요. 근데 두 분은 다리에 쥐는 잘 안 나시나 봐요?"

"마치 쥐가 났으면 좋겠다는 얘기로 들리네요."

방에 들어온 텐진이 진심 어린 눈빛으로 H의 안부를 물었다. 어젯밤 텐진이 넣어준 담요 덕분에 잘 잤지만 아직 속은 안 좋다고 했다. 텐진은 따뜻한 물을 많이 마시라고 했다. H는 고맙다며 엄지손가락을 치켜세웠다. 왠지 자리를 비켜줘야 할 것 같은 애틋한 분위기였다. 텐진이 P선배를 데리고 나갔다. 뒤를 이어 바로 민머리 운전기사 우르겐이 들어왔다. H에게 또 싸뚜르를 외치며 냄비뚜껑 내놓으라고 난리다. 심지어 머리를 가리키며 챙 모자를 달라고 조르곤 휑 나가버렸다.

"아우, 형, 어쩌지? 난 모자 텐진 줄 건데. 형 모자 우르겐 주면 안 될까?"

"하는 거 봐서."

"누가 하는 거? 나? 아니면 우르겐?"

"둘 다."

그때 P선배가 들어왔다.

"두 분 더 누워 계세요. 집 주인이 어제 두 사람이 안 잤어도 돈을 달래요."

"아이고 마음대로 되는 게 하나도 없네. 지금이라도 5천 원어치 누워 있어야겠네."

"그게 인생이에요."

84

저편 하늘이 맑아서 다행이다. 우리는 티격태격 씻고 싸고 먹고 시간을 보냈다. 살며 사랑하며 배우며 다니는 것이 여행이라지만 어쩌면 씻으며 먹으며 싸며 다니는 것이 진정한 여행이리라. 일반적으로 돈키호테는 살짝 미친 사람으로, 쥘리엥 소렐은 야심가로, 프루스트의 인물들은 속물로, 도스토옙스키의 인물은 프로이트 식의 친부 살해 욕망이나 동성애 욕망에 사로잡힌 자들로 해석되곤 한다던데, 〈세상을 품다〉에 비쳐지는 우리 두 사람은 혹시 '덤 앤 더머'로 비치지 않을까 심히 걱정된다.

H의 수위조절

85

다시 달렸다. 오늘은 진득하니 초카 호수를 향해 달려야 했다. 우리는 더 바랄 것이 없었다. 아니 욕심이 없었다. 하지만 P선배는 하고 싶은 게 많았다. 특히 외국인 관광객을 찾고 있었다. 유목민하고는 충분히 교감이 됐는데, 라다크 자전거 트래킹을 검증받기 위해서는 우리 같은 외국인이 필요했다. 타그랑 라로 가는 길목에서는 몇 사람 만났지만, 타그랑 라를 떠난 이후로는 만나지 못했다. 특히 캠핑장에서는 한 번도 본 적이 없었다. P선배가 화면에 담고 싶은 장면은 캠핑장에서 외국인 관광객들과 노는 장면이었다. 거리에서 외국인만 보면 인터뷰를 시도했지만 그다지 재미있는 장면은 나오지 않았다.

우리는 다리에 근육이 생길 만큼 부지런히 달렸다. P선배와 텐진이 탄 1호차, 2호차인 부엌 차 짐칸에 Y사장이 타고, 그 뒤를 자전거 두 대가 달리고, 뒤에 L피디가 탄 3호차가 따르는 대형으로 꽤 오래 달렸다. 그때 저 멀리 도랑이, 아니 개울이, 아니 어쩌면 강이 보였다. 각 차량의 반응은 모르겠지만 우리 둘은 저걸 자전거를 타고 건너느냐, 아니면 끌고 건너느냐를 고민해야 했다. 얕은 물을 다리를 든 채 건너는 장면이 몇 번 있었지만 이번 도랑, 개울, 강은 그럴 만한 깊이는 아니었다. P선배가 좋아할 만한 장면이다. 1호차도, 2호차도 강을 그냥 건너갔지만 우리는 일단 멈춰 섰다. 우리가 멈추자 모든 차량이 멈췄다.

"P선배 우리 그냥 타고 건너볼게요. 탄력 받으려면 조금 뒤에서 다시 와야겠는데요."

"아, 그래요? 그럼 잠깐만 쉬었다가 갈게요."

P선배에게 그림 욕심이 생긴 모양이었다. 높은 언덕에 Y사장을 보내고, 자전거에 고정식 카메라를 설치한다. P선배는 강 건너에서, L피디는 우리 뒤에서 화면을 잡기로 했다. 좀 요란하게 건넌다 싶었다. 나는 H를 따로 불렀다.

"너, 절대 빠지면 안 된다. 그건 완전 오버야. 너, 몸도 안 좋아. 어제 밤새 앓았어. 여기서 물에 빠지면 지금 날씨도 안 좋은데, 완전히 감기 직방이야. 절대 빠질 필요 없어. 그냥 멋있게 건너도 그림 되는 거야."

"혹시 P선배가 빠지길 원하는 거 아냐?"

"그래도 안 돼. 절대 안 돼. 제발 이기적이 되세요."

수위조절을 철저하게 다짐받고 준비가 됐다는 P선배의 말에 따라 우리는 출발지점에 섰다. 그러고는 마치 처음 강을 본 사람처럼 행동했다. 강 앞에서 박세리의 양말 벗는 장면이 떠올랐다. 신발을 벗고 발목양말을 벗었다. 마치 박세리처럼 발목까지만 하얀 발이 모습을 드러냈다. 양쪽 양말을 벗은 내가 앞서서 출발했다. 깊이는 무릎보다 조금 깊고 너비는 10미터가 안 돼 보였다. 탄력 받아서 잘 달려 나가면 가능해 보였다.

"자, 가자."

좋다. 가속도가 잘 붙었다. 발을 들어 바퀴가 돌을 타게 했다. 이 정도면 건널 수 있었다. 어, 앞에 큰 돌이 있다. 가만, 멈춰야 하나? 그때 H의 탄성과 함께 물에 빠지는 소리가 들렸다. 나는 반사적으로 멈췄고, 뒤를 돌아보았다. H가 앉아 있었다. 얼른 내 자전거를 물 밖으로 내놓고 텀벙텀벙 물로 다시 들어가 H의 자전거를 들고 나왔다. 나는 바지까지 젖었고, H는 가슴까지 주저앉았다. 결국 이 오버쟁이가 또 일을 냈다. 분명 일부러 그런 거 아니라고 하겠지만 군이 잘 넘어가고 싶은 마음도 없었을 게다. 나는 아무 말도 하지 않았다. 바위 위에 앉아 신발을 벗었다. P선배가 걱정스런 얼굴과 함박웃음의 중간 표정으로 다가왔다.

"괜찮으세요?"

"보시다시피 그렇죠. 뭐. 그림은 잘 나왔죠? H의 살신성인은 인정해주세요."

나는 바지를 벗어 짰다. 물이 쭉 빠졌다. 기능성 등산복이라 빨리 마르겠지. 다행히 속옷은 젖지 않았다. H는 옷을 갈아입으라는 말을 듣지 않았다. 텐진이 담요를 가져왔다. 그는 진심으로 걱정하고 있었다. H가 담요를 뒤집어썼다. 발이 더 문제였다. 물이 워낙 차서 동상이 걸릴 것 같이 시렸다. 이미 빨갛다. H는 더 심했다.

L피디와 Y사장은 카메라를 들이대고 표정으로 우리를 위로했다. 현지인 스태프들이 자전거를 부엌 차에 싣고 있었다. 더 이상 자전거를 탈 수 없다고 생각한 모양이다. P선배가 다가왔다.

"아무래도 안 되겠어요. 일단 차 타고 가고, 좀 마르면 다시 타시죠."

텐진이 H를 부축해서 3호차로 데려갔다. 텐진이 미리 뒷자리에 담요와 신문을 깔아놨다. 젖은 옷으로 앉는 사람을 위한 세심한 배려였다. H가 차에 타자마자 엉덩이를 들썩였다.

"팬티를 아예 벗으려고."

"지금?"

두 대의 카메라가 계속 우리를 따라왔다.

"어이, 그만 찍어. 이 정도 했으면 됐지. 지금 팬티 갈아입는단 말이야."

피디들이 웃으면서 카메라를 거둬들였다. 텐진이 따뜻한 물을 가져왔다. 요리사 니마에게 말해 급히 불을 피운 모양이다. 다른 담요로 따뜻한 찻잔을 든 H를 둘러줬다.

"형, 이거 마셔도 될까? 속 아직 안 좋은데."

"감기나 배탈이나 마찬가지지 뭐."

"형, 나, 유목민 같지? 담요에서 이시초모 냄새 난다."

멀리서 온 손님

86

세찬 비바람이 몰아쳤다. 다행히 우리가 초카 호수 부근에서 내려 자전거로 캠핑장에 들어갈 때까지는 비가 오지 않았다. 끄물끄물하던 날씨가 비를 쏟기 시작한 것은 현지인 스태프들이 텐트를 치려던 때였다. 텐트 안에 있어도 축축함이 느껴졌다. 비는 텐트를 내리치고, 바람은 텐트를 흔들었다.

물에 빠지지 않도록 그토록 당부했건만 히말라야 도강은 H의 발목을 잡아끌었고 라다크의 바람은 마름을 허락하지 않았다. 허리 아래만 담근 나도 그토록 추웠건만 온몸을 담근 그는 말해 무엇하랴. 그의 무모한 열정은 나의 차분한 잔소리로는 도무지 수위조절이 안 된다.

헬퍼 밤바가 빗속을 헤치고 뜨거운 물을 갖다 줬다. 수통에 뜨거운 물을 담아 핫 팩을 만들어 H의 다운재킷 안에 넣어주었다. 머리에 찬 수건을 뒤집어 얹었다. H는 배앓이로 어제저녁부터 속을 비운 데다, 물에 빠지는 바람에 온몸에 열을 머금었다. 입에 신음을 달고 있다. 모처럼 간병인이 됐다. 해가 지기 전인데도 비바람 때문에 텐트 안은 어두웠다. 텐트 중앙에 매달린 전등을 켰다. 밝아졌다기보다 등 바로 아래 빛이 떨어졌다. 빛이 만든 원 안에 책을 집어넣었다.

따르릉. 따르릉. 전화 소리가 유난히 날카롭다. 또 누군가 시차를 잘 못 계산해서 전화를 한 모양이다. 머리맡 시계가 새벽 4시를 가리킨다. 잠든 지 겨우 한 시간이다. 중간고사 준비를 하느라 조금 전 3시까지 책상에 앉아 있었다. 아내는 전화벨 소리를 못 듣는 모양이다. 포기하지 않는 벨 소리에 마루로 나가 전화를 받았다.

"아버지다, 재원아."

"아, 네, 아빠."

아버지는 미국으로 전화를 건 적이 없었다. 내가 늘 주일 아침 시간에 맞춰 전화를 드리곤 했다. 아버지의 전화는 불길한 징조였다.

"아무래도 들어와서 장례식을 치르고 가야겠다. 내가 많이 아프다."

"아빠, 어디가 어떻게 아프신데요?"

"……."

"아빠, 아버지."

몇 번을 불러도 아버지는 말이 없었다. 전화를 끊고 다시 걸었다. 통화 중 신호가 나온다. 수화기를 올려놓지 못하고 쓰러지신 걸까? 아내가 문 앞에 서 있다. 내 얼굴에서 죽음의 생각을 읽었을까 봐 겁이 났다.

"전화번호수첩 좀 갖다 줄래?"

서울은 토요일 저녁이다. 어제 후배 C가 며칠 전 아버지를 찾아뵀었다는 전화가 왔었다. 그때만 해도 아무 말 없었는데. 다시 한 번 집에 전화를 걸었다. 역시 통화 중이었다. 급히 사촌누님과 사촌형님, 친구 S와 후배 N에게 전화를 걸었다. 아버지가 쓰러지셨으니 얼른 집에 가봐 달라고 부탁했다. 장인에게도 전화를 넣었다. 항공사에 전화를 걸어 급히 서울행 표를 알아봤다. 너무 이른 시각이었다. 무조건 공항에 가기로 했다. 옆집 사는 유학생 J 부부에게 두 시간 떨어진 잭슨공항까지 태워 달라고 부탁했다. 30분 후에 만나기로 하고 얼른 아내와 짐을 챙겼다. 옷 두어 벌 넣고 집을 나서려다 다시 돌아가 짙은 감색 양복을 넣었다. 넉 달 전 결혼식 때 맞춘 옷이었다. 서둘러 J 부부에게 짧은 감사 인사를 먼저 전했다. 공항 가는 길에 무슨 이야기를 했는지, 무슨 생각을 했는지 아무런 기억이 없다.

공항에서 LA로 가는 가장 빠른 비행기를 탔다. 두 번의 긴 비행에서 아버지와 함께한 스무여덟 해가 영화처럼 지나갔다. 미시시피를 떠난 지 스무 시간 만에 김포공항에 도착했다. 전화를 돌려 아버지가 가야병원, 삼성병원을 거쳐 경희대 한방병원에 계신 것을 확인했다. 병원에서 후배 N이 큰 눈물로 나를 맞이했다. 병실 복도에 장인이 서 계셨다. 병실 침대에 누운 아버지가 두 팔을 벌렸다. 나는 그때 처음 아버지를 안았다. 아버지는 중풍병자였고, 나는 중풍병자의 외아들이 되었다.

병원에서 먹고 자는 생활이 시작됐다. 신혼인 아내는 친정으로 들어갔다. 장모는 매일 아내 손에 도시락을 보냈다. 장인은 출근하듯 병원을 오가셨다. 사촌누님과 친구 S가 과천 집에 제일 먼저 도착해서 119에 연락을 해 문을 뜯고 집에 들어갔단다. 아버지는 전화기 옆에 쓰러져 계셨고, 양방병원에서는 아버지의 입원을 거부했다. 겨우 시작한 한방치료는 기약이 없었다.

나는 기저귀를 갈아드렸고, 목에 달린 호스에 죽을 넣어드렸다. 시간이 흐르면서 걸음마를 가르치고, 말을 가르치고, 밥을 떠 넣어드렸다. 28년 전 아버지가 갓 태어난 나에게 그리하셨던 것처럼 나는 똑같이 했다. 입원실 보조침대는 184센티미터 청년에게는 침대가 아니었다. 아버지의 기침 소리를 들으며 잠이 들었다. 아버지는 나의 환자였다. 그렇게 아버지는 병원에서 새로운 인생을 시작하셨다. 아버지의 새 삶은 이역만리에 있던 아들을 곁에 둘 수 있었다. 그리고 그 가을 성수대교가 무너졌다.

"형, 가서 밥 먹고 와."

"밥은 무슨? 나도 속 안 좋아서 안 먹어도 돼."

"형, 나 이거 핫 팩 물 좀 바꿔줄래?"

빗줄기가 가늘어졌다. 아직 초카 호수는 보지 못했다. 곧바로 캠핑장으로 들어섰기 때문이다. 이번 캠핑장은 진짜 캠핑장이었다. 깔끔했다. 개수대도 있었고, 심지어 화장실도 있었다. 이런 호사가 있나. 무엇보다 복 받은 사람은 P선배였다. 여전히 외국인 관광객 타령을 하던 P선배에게 이제는 꿈도 꾸지 말라며 타박했었다. 초카 호수 캠핑장에는 다른 손님이 있었다. 놀라지 마시라. 심지어 우리처럼 자전거 여행을 다니는 영국에서 온 수학여행단이 머물고 있었다. 24명의 고등학생과 4명의 교사들, 바로 P선배가 원하던 그림이었다. 헬퍼 밤바에게 뜨거운 물을 부탁하고 식탁 천막에 들어섰다. 피디 세 사람이 모여 있다.

"H씨는 좀 어때요?"

"그렇죠. 뭐. 배탈에, 감기에."

"아이고, 큰일이네."

"P선배는 복도 많아요. 미국 의사들이 지나가더니, 이번에는 영국 수학여행단이 기다리고 있네."

"우리도 그 얘기 하고 있었어요. 외국인들 섭외하러 돌아다녔거든요. 옆 텐트에 있는 중년 부부가 분위기는 좋은데, 조용히 지내고 싶다고 했고요. 영국 애들한테 갔더니 오늘 생일파티가 있대요. 심지어 우리를 초대했어요. 대박 아녜요?"

Y사장이 침을 튀기며 흥분된 어조로 이야기했다.

"근데 H씨가 저래서 갈 수 있겠어요?"

"아깝네요. 못 일어날 것 같던데. 그냥 저 혼자 가죠. 아깝긴 하다. H가 괜찮았으면 그동안 연습했던 노래 한 곡 뽑아주면 딱인데. P선배 복이 마무리가 안 되네."

그때 밤바가 뜨거운 물을 가져왔다.

"저 들어갈게요. 핫 팩 갈아줘야 해서."

"이따 데리러 오면 가기로 했거든요. 준비해주세요. H씨한테도 한번 물어보시고요."

텐트로 가서 뜨거운 물을 갈아줬다. 머리 위 찬 수건도 생수를 부어 다시 짜서 얹어줬다.

"왜 이렇게 오래 걸렸어?"

"피디들하고 얘기하느라고. 여기 영국 수학여행단이 있대. 심지어 생일파티에 참석해달라고 했대. 너는 못 간다고 했어. 안 아프면 노래 한 곡 쫙 뽑을 텐데. 나 혼자 갔다 올게."

H가 주섬주섬 일어서 앉았다.

"왜 너도 가려고?"

"가야지, 나 이런 것 때문에 욕먹기 싫어."

"누가 널 욕해. 안 가도 돼. 다 얘기했어."

"이제 괜찮아졌어. 가야지. 내 양말 어디 있어?"

그는 일어섰다. 피디들은 아이돌이라도 만난 것처럼 두 손을 들고 기뻐했다. 선물이라도 갖고 가야 할 텐데, 하는 내 말에 Y사장이 넓은 쟁반을 내밀었다. 요리사 니마가 오늘 저녁 메뉴로 피자를 만들었단다. 심지어 딤섬까지 만들어서 파티용 선물로는 최고였다. P선배는 없던 복도 만들어내는구나.

역시 젊음은 좋았다. 식당용 천막에 놓인 긴 탁자 앞에 고등학생 20여 명이 늘어서 있었다. 요란한 음악, 풍성한 음식, 큰 박수가 우리를 환영했고, 우리는 피자와 딤섬을 내려놓았다. 곧 생일케이크가 조이라는 남학생 앞에 자리를 잡았다. 축하 노래가 이어지고 촛불을 껐다. 아이들이 급히 준비한 간단한 선물을 전달했다. 나도 선물을 꺼냈다. 일단 에너지 바 하나, 그리고 씹는 칫솔을 담은 둥근 통을 꺼내 이게 뭔지 아냐고 물었다. 대뜸 애들이 씹는 칫솔이라고 말했다. 영국 제품이란다. 어쨌든 수학여행 중에 줄 만한 선물이었다. 서양의 파티처럼 자유로운 대화가 이어졌다. 이들은 40일 동안 수학여행 중이란다. 하이킹 열흘, 래프팅 열흘, 바이킹 열흘이란다. 자전거 여행이 끝나면 델리 관광을 한단다. 타지마할까지 가는 여정이란다.

엄청난 사실은 자전거 여행에 숨어 있었다. 스물 넉 대의 자전거는 오르막에서는 차 지붕 위로 올라간단다. 자전거는 평지와 내리막에서만 타고 오르막에서는 타지 않는단다. 우리는 오르막도 탄다고 했더니 어떻게 그럴 수 있냐며 놀란다. 내심 긴 수학여행을 즐기는 아이들이 부러워졌다. 지난봄 세월호 사고로 멀리 떠난 아이들에게 더 미안해졌다. 그들에게 이런 즐거움과 기쁨을 훔쳐 간 것은 어른들이었다. 4월에 배가 침몰하고 나는 그들에게 미안함을 전하고 싶었다. 매일 〈6시 내 고향〉을 진행하면서 그들을 위로하고, 국민들의 동참을 촉구하는 말을 한마디라도 하려고 노력했지만 결국 두 달을 넘기지 못했다. 잊지 않겠다고 행동하겠다고 한 약속을 지키지 못한 것 같아 아쉬웠다. 작은 움직임이 세상을 바꾼다던 노란 리본 운동은 작은 움직임이 카톡 프로필 사진만 바꾸는 용두사미로 끝났다. 온 국민이 그 아픔만큼은 잊지 않기를 바란다. 같은 마음으로 영국 수학여행단이 안전하게 여행을 마치기를 바랐다.

H가 갑자기 학생들의 주의를 집중시켰다. 생일 선물을 준비했단다. 조금 전까지만 해도 누워서 끙끙 앓던 친구가 왜 저러나 싶었다. 그의 선물은 뮤지컬 〈지킬 앤 하이드〉에 나오는 '지금 이 순간'. 뮤지컬의 본고장 영국의 아이들은 열광했다. 그는 노래했다. 한국어 가사였지만 노래를 아는 그들에게는 영어로 들렸으리라. 그의 노래는 아이들의 함성 속에 끝까지 이어졌다. 하지만 그 노래는 그가 환자라는 사실을 기억해내고 고음 불가로 마무리됐다.

87

불편도 습관이 된다. 아픔도 삶이 된다. 고산증 증세가 사라진 건 아니었다. 이제 적응이 되어 참을 만할 뿐이다. 노천 용변도 편안해졌다. 오히려 캠핑장 화장실이 생경했다. 씻지 못하는 것도, 텐트에서 자는 것도 더 이상 불편이 아니었다. 자연스러운 삶이 되었다. 다만 한 가지, 한밤중에 깨서 잠 못 드는 밤을 보내는 것은 두렵기까지 했다. 아무래도 시계가 없다 보니 일과가 끝나면 자연스레 곧바로 잠을 자곤 했다. 초저녁에 잠드니, 결국 한밤중에 깰 수밖에 없다. 여전히 세 시간 반 차이 나는 한국 시간으로 살고 있나 보다.

오늘은 작전을 바꿔 잠을 미뤘다. 파티가 끝나고 H는 그대로 쓰러졌다. 피디들은 멀쩡한데 왜 아프다고 했냐고 나를 거짓말쟁이 취급했다. 잠든 H를 간호한다는 명분으로 잠을 미루기로 했다. 최대한 잠의 시작을 늦추기로 했다. 실내등을 켜고 책을 폈지만 활자를 보기에 달빛은 어두웠다. 결국 초카 호수의 밤에 나는 과거를 초대했다.

상담자 : 참 구김살 없이 잘 크신 것 같아요. 그런 말 많이 들으시죠?

내담자 : 네, 그렇긴 한데요. 근데 그게 제가 엄마 없이 자란 걸 알고 꼭 위로하는 소리처럼 들려서 마냥 기분이 좋지만은 않아요. 한편으로는 좋죠. 엄마가 기뻐하시겠다 싶다가도 내가 그렇게 안 보이려고 연기를 하나 싶기도 하고, 양가감정(兩價感情. 모순감정)이라고 할까요. 두 가지 느낌이 섞여 있어요. 모든 일이 그렇지만요.

상담자 : 그런 얘기 말고 또 어떤 질문을 많이 받으시나요?

내담자 : 왜 아버지 재혼 안 하셨냐는 질문이죠. 혼자 20년 살다가 돌아가셨는데 마치 제가 재혼 안 시켜드린 것처럼 많이 말씀하시죠. 제가 중고등학교 다닐 때는 교제하시는 분이 있었거든요. 저랑 인사도 하고 재혼 생각도 하신 것 같은데. 첫 번째 분은 갑자기 돌아가셨어요. 그래

서 충격이 더 크셨고, 두 번째 분은 저보다 아래인 아들도 있고 같이 밥
도 먹고 꽤 진지하게 생각하신 것 같은데. 결국 안 하시더라고요. 나중
에 친척들한테 이유를 말씀하셨다는데. 재혼해서 잘 살면 좋은데 나중
에 그 사람이 먼저 죽으면 아버지가 너무 힘드시고 아버지가 먼저 돌아
가시면 새어머니 모시기에 제가 너무 힘들 거라고 하셨대요.

상담자 : 아, 생각이 깊으셨군요. 글쎄요. 아들 입장에서는 돌아가신 지
몇 년 만에 엄마의 자리를…….

내담자 : 저는 딱히 싫지는 않았던 것 같아요. 물론 막 좋지는 않았지만
아버지가 나에게만 관심을 집중하지 않고 다른 데도 신경을 썼으면 좋
겠다고 생각했던 것 같아요. 그래서 교제하실 때 늦게 들어오시면 좋았
던 것 같네요. 어머니의 빈자리를 누구에게 넘겨준다는 생각보다 엄마
는 엄마고 새엄마는 새엄마다, 이런 생각이었을까요. 더 이상 엄마 없는
이야기는 안 들어도 되겠다는 이런 생각도 했던 것 같고.

상담자 : 어머니 생각을 늘 하고 계신 게 아닐까 하는 생각이 드네요.
그냥 엄마로서.

내담자 : 글쎄요. 그냥 엄마가 준 돌로 만든 인형, 어머니가 미용사셨는
데 그때 쓰시던 가위, 그리고 제가 갓난아이 때 쓰던 만화가 그려진 수
건 이불, 이런 것들이 옆에 있는 걸 중요하게 여겼던 것 같아요. 미국 유
학 갈 때도 가져갔고, 결혼해서도 어디 있는지 꼭 신경 썼던 것 같네요.
저도 모르게 엄마로 느꼈을까요?

상담자 : 그러면 아직도 갖고 계신 건가요?

내담자 : 그게, 제가 새로 꾸민 가정이 안정되고 나니까 애도 크고 집사
람과의 물건들이 소중한 것들이 생기니까 그런지 애틋한 마음은 없어지
는 것 같아요. 돌멩이 인형은 어디 있는지 모르겠네요. 만화 수건 이불
은 작년에 드디어 너무 헐어서 잠깐 걸레로 만들어 쓰다가 버렸어요. 가
위는 아마 어디 있을 거예요. 예전에는 없앤다고 생각하거나 어디 있는

지 모르면 좀 불편했는데. 지금은 아무렇지도 않군요.

상담자 : 편해지셨다는 얘기네요. 누구나 오래 간직하는 소중한 물건이 있기 마련인데 그 물건들이 다 어머니랑 관련이 있다니까 재미있네요. 어머니 돌아가신 날은 언제인가요?

내담자 : 12월 8일이죠. 무척 추웠던 기억이 있어요. 기일에도 따로 추도식을 안 한 지는 오래됐는데 항상 기억은 하고 혼자만의 생각 세리머니를 하지요. 하지만 누군가와 이런 얘기를 나누지는 못했어요.

상담자 : 그렇군요. 어떻게…… 산소는 가끔 가세요?

내담자 : 그게 좀……, 아버지 계실 때는 철마다 갔는데……, 아버지 돌아가시고 나니 잘 안 가게 되더군요. 참 죄송한 일인데……, 그렇다고 그분들을 잊거나 하지는 않았죠. 그런데 산소는 잘 안 가게 돼요. 그냥 의무감에서 절기 때나 가게 되곤 하죠. 언젠가 상담하시는 분하고 이야기하는데. 산소 잘 안 가는 게 아버지에 대한 애도가 잘 안 돼서 그런 거 아니냐고 하던데 진짜 그런 건가요?

초카 칸타빌레

88

파란 하늘 밑에 하얀 눈이 소복하게 쌓였다. 하늘은 구름이 그림을 만들고, 호수는 하얀 눈이 장식을 담당했다. 초카 호수는 소금호수였다. 호수 주변으로 하얀 소금이 마치 바지선 모양으로 떠 있었다. 하늘과 호수가 동색이고 구름과 소금이 같은 빛깔이었다. 하늘과 구름이 편 먹고 호수와 소금이 짝이 되어 놀이를 하는 것 같았다.

개운했다. 라다크에 온 이후로 가장 푹 잔 밤이었다. 이른 아침, 어제 내린 비 덕분에 하늘도 깨끗했다. P선배와 함께 초카 호수 구경에 나섰다. 정확히 말하면 그의 카메라와 함께했다. H도 몸이 한층 가벼워진 눈치다. 긴 잠에 일찍 깼는지 초카 호수 나들이를 간다고 했더니 따라나섰다. 차를 타고 5분 정도 이동했다. 우르겐이 운전하는 1호차를 탔다. 그는 또 H에게 '싸뚜르'를 외치며, 모자를 내놓으라고 성화다. 무슨 코믹 배우 같은 그의 표정연기가 아깝다. 초카는 호수라고 부르기에는 꽤 넓었다. 흙산이 둘러싸고 광활한 바다 같은 호수 위에 간간이 소금이 덮여 있었다.

여행 인생에서 떠오르는 호수 세 곳이 있다. 캐나다 퀘벡에서 〈도전 지구탐험대〉 촬영차 개썰매 대회에 참가했었다. 눈 덮인 깊은 산중의 개썰매는 새로운 경험이었다. 늘 달리고 싶어하는 개들이 주는 속도의 묘미는 깊은 산 눈 덮인 자연을 즐기기에 적당했다. 하루는 썰매를 끌고 비박을 했다. 개들과 깊은 산속에서 지새는 밤은 추위만 감수하면 색다른 체험이었다. 그때 지나간 눈 덮인 호수는 광활함 그 자체였다. 나무로 빽빽이 들어찬 산세에 아무것도 없는 드넓은 하얀 광장이 나타난 것이다. 호수를 가로질러 대형 도화지에 개들의 발자국을 찍고 썰매가 두 줄을 그으며 가는 길은 왕의 행차보다 뿌듯했다.

보름 동안 볼리비아를 둘러본 적이 있다. 가족과 함께 잘 아는 선교사님이 돌보는 작은 교회들을 돌아보면서 선교사님의 사역을 알리는 동영상을 만들었다. 선교지만 따라다니는 우리 식구가 안됐던지 선교사님 부부는 잠시 헤어질 것을 제안하셨다. 당신들은 다른 선교지로 가고, 우리는 그곳에서 멀지 않은 우유니 소금 사막을 다녀오라는 얘기였다. 멀지 않다 하셔서 그러마고 했다. 가깝다던 그곳은 심야버스로 열 시간을 가야 했다. 현지인의 두꺼운 옷에서 나는 냄새와 좁디좁은 좌석, 화장실 없는 휴게소는 인내의 경주였다. 물론 그럴 만한 가치는 충분했다. 눈앞에 펼쳐진 소금호수의 광활함은 하얀 사막이었다. 선글라스를 껴도 눈부신 소금 빛과 아무리 달려도 끝이 보이지 않는 소금호수가 주는 장엄함은 두려움의 대상이었다. 곳곳에 마련된 소금건물 기념품점은 이곳이 관광지임을 알려주기에 충분했다. 이틀 동안 머물고 다시 선교사님 부부를 만나러 돌아가는 여정에서 우리는 확인했다. 그 심야에 열 시간을 달렸던 산길은 그야말로 절벽과 비탈길의 향연이었다. 우리는 암흑 속에 졸음 가득한 운전사의 죽음의 경주에 동승했던 것이다.

이스라엘의 감흥은 어려서부터 교회를 다닌 우리 부부에게 어린 시절 할머니에게 듣던 동화 나라 같은 환상 체험이었다. 3년 동안 캐나다에서 살다가 돌아오는 길에 두 달 동안 세계여행을 했고, 이스라엘에서 열흘을 보냈다. 〈세상은 넓다〉를 진행할 때 크리스마스만 되면 출연했 던 선교사님께서 친절한 가이드가 되어주셨다. 그 어느 교회 하나 뭉클 하지 않은 곳 없고, 그 어느 돌 하나 말하지 않는 것이 없었다. 갈릴리 호수는 내 마음의 호수였다. 잔잔한 물 표면 위에 진정한 평안이 스며들 어 있었다. 호숫가를 거닐던 예수님, 그분을 따르던 열두 제자들, 그분 의 말씀을 듣던 무리들이 눈앞에 그림동화처럼 나타났다. 베드로가 탔 을 법한 배도 고즈넉한 그림처럼 잔잔한 호수를 흔들고 있었다. 갈릴리 는 내 마음이었다.

초카 호수 앞에서 호수 여행의 파노라마가 지나갔다. 눈물이 핑 돌았 다. 마치 내가 겪은 세 곳을 한자리에 모아놓은 것 같았다. 퀘벡의 산 속 호수, 소금 덮인 우유니, 갈릴리의 잔잔한 물결. 초카는 내 기억을 짜깁 기해 또 하나의 새로운 호수를 만들어냈다. P선배의 요청에 따라 소금 이 만든 바지선에 올라 소금 조각을 떼어내고 맛을 보며 카메라 앞에서 이곳이 소금호수임을 알렸다. 잘 굳지 않은 소금바닥은 늪처럼 발을 끌 어 들였다. H가 푹푹 빠지는 소금섬을 건너 더 깊이 들어갔다. 그리고 는 못다 한 꿈을 펼쳤다.

지금 이 순간, 지금 여기
간절히 바라고 원했던 이 순간

나만의 꿈이, 나만의 소원
이뤄질지 몰라. 여기 바로 오늘

지금 이 순간, 지금 여기

말로는 뭐라 할 수 없는 이 순간

참아온 나날, 힘겹던 날들
다 사라져간다. 연기처럼 멀리

지금 이 순간, 마법처럼
날 묶어왔던 사슬을 벗어던진다

지금 내겐 확신만 있을 뿐
남은 건 이제 승리뿐

아무 말을 할 수 없었다. 박수만 쳤다. 혼자 치는 박수가 초카 호수에
수만 명 청중의 박수처럼 울려 퍼졌다. 지금 이 순간 여기에 가장 잘 어
울리는 노래였다. 라다크에서 애타게 찾아 헤매던 절실한 소원을 진정
신이 허락하기를 바랐다.
　"세상에 초카 호수에서 이 노래 불러본 사람 있으면 나와보라고 해."
　"세상에 초카 호수에서 이 노래 들어본 사람 있으면 나와보라고 해."

89

"거기 양파 좀 줘."
"여기, 형. 이거 마살라 가루만 넣어도 맛은 나겠지?"
"그럼. 거기 완두콩도 좀 까줄래?"
"이거 결국 쓰는구나."
　아침식사를 직접 하기로 했다. P선배는 레에서 텐진의 제수씨에게 배
운 커리 요리를 해 먹기를 원했다. 아침부터 커리를 먹어야겠냐고 반문

했지만 지나온 여정에서 그럴듯한 식사는 거의 없었다며 프로그램의 완성도를 생각해달라는 진지한 요청이었다. 말 잘 듣는 출연자니까 피디가, 그것도 선배가 시키는 대로 하기로 했다.

솔직히 커리를 만드는 과정은 어렵지 않았다. 양파와 감자를 썰어 볶다가 마살라 가루를 넣은 다음 달이라는 작은 콩 같은 곡물을 넣고 물을 듬뿍 부은 다음 압력밥솥을 닫고 끓이면 된다. 밥을 짓기에 무리가 있어서 국수를 삶아 커리에 비벼 먹기로 했다. 참, 레에서 장을 보면서 노점상 할머니에게 샀던 콩도 까서 넣기로 했다. 문제는 물의 양이었다. 시링한테 배울 때 압력밥솥에 물을 유난히 많이 넣고 끓인 기억이 났다. 우려와 달리 결과는 걸쭉한 커리였다. 그때의 경험과 기억을 되살려 우리도 물을 많이 부었다. 시링이 그때 부었던 만큼을 기억해냈다. 시간이 지나고 압력밥솥이 치지직 소리를 냈을 때, 우리는 기대 반 설렘 반으로 뚜껑을 열었다. 이런, 국이었다. 커리 국. 그래도 맛은 기가 막혔다. 특급호텔 뷔페에 나오는 붉은 채소수프의 맛을 기억하는가? 절묘한 커리 맛의 채소 커리 수프는 국수와 묘한 조화를 이루었다. P선배는 이게 뭐냐고 타박이 이만저만이 아니었다.

오늘 아침식사는 인도 스태프들과 함께 먹기로 했다. 제작진을 위한 음식과 스태프들을 위한 현지 음식, 우리가 만든 '채소 커리 누들 수프'까지 진수성찬이었다. P선배가 현지인 스태프들에게 우리 음식 평가를 요청했다. 혹평을 기다렸던 P선배의 바람과 달리 자전거 수리공 지그맷도, 싸뚜르를 외치던 우르겐도, 항상 우리 편인 텐진도, 헬퍼 밤바도 오른손 엄지를 치켜 올렸다. 여기까지는 그럴 수 있었다. P선배가 카메라를 요리사 니마에게 들이댔다.

"정말 최고네요. 어떻게 이런 맛을 냈어요? 진짜 맛있어요."

P선배가 진짜냐고 여러 차례 확인했다. 그는 진지한 표정으로 진짜 맛있다는 말을 반복했다. 심지어 한 그릇을 더 달라고 했다. P선배는 라

다크 사람들이 마음이 참 좋다며 투덜댔고, 우리는 그냥 웃었다. 설거지를 하던 중, 드디어 그 물건이 나타났다. H가 소리쳤다.

"우르겐, 우르겐. 싸뚜르. 싸뚜르."

그가 찾던 냄비뚜껑이 우리 짐 속에 들어 있었다.

90

"스톱, 스톱."

3호차에 탔던 L피디가 소리치며 넘어진 자전거 너머로 뛰어들었다.

"아, 안 돼, 안 돼. 뻗쳐. 다리를 눌러. 다리를."

"어디, 여기요? 괜찮으신 거예요?"

"아니, 가만히 있어봐. 갑자기 쥐가 나가지고."

앞서가던 H가 뛰어왔다. 어느새 텐진이 내 다리를 누르고 있었다.

"살살해, 살살. 푸시, 푸시, 푸시, 히어. 발끝을 누르라고 해."

"이렇게? 아이, 참. 형, 여기 다리에 상처 크게 났다."

"괜찮아. 괜찮아. 안 돼. 안 돼. 나 여기 밴드 있어."

H가 상처에 물을 부었다. 가방 속 비상약 주머니에서 얼른 밴드를 꺼냈다. 초카 호수를 떠난 지 한 시간쯤 지났을까? 어젯밤 숙면으로 힘을 얻어 조금 무리다 싶게 타긴 했다. 하지만 이렇게 쥐가 날 줄이야. 아침식사 준비 중에 P선배는 영국 수학여행단을 환송하기 원했다. 요리를 멈추고 가서 작별인사를 했다. 그들도 환한 얼굴로 우리를 응원했다. 그들은 차 석 대 지붕에 여덟 대씩 스물네 대의 자전거를 올려놨다. 역시 안전을 위해 오르막에서는 타지 않는다는 것이다. 출발하면서 이 얘기를 꺼냈지만 P선배는 들은 척도 안 했다.

"이런 데서 염증 생기면 안 된단 말이야, 형."

"빨리 가자. 창피하다."

H는 염증을 걱정했고, 나는 상황을 종료시키려 했다. 텐진과 L피디와 Y사장과 P선배도 한 마디씩 거들었다. 말은 사람의 마음이다. 그 마음을 해석하는 데는 듣는 사람의 마음상태도 중요하다. 우리는 다시 자전거에 올라탔고 그들은 다시 차에 올라탔다. 중천에 오른 햇살은 뜨거웠지만 싱그러웠다. 습도가 낮다는 것이 여름을 아름답게 했다. 왼쪽 종아리가 욱신거렸다. 엊그제 '두 분은 다리에 쥐는 잘 안 나시나 봐요?'라며 눈을 껌뻑이던 P선배의 모습이 생각났다.

텐진이 떠났다. 초카에서 초모리리로 가는 길, 텐진이 더 이상 우리와 함께하지 못한단다. 왜 이런 얘기를 꼭 일본인 단체 관광객이 내린 복잡한 휴게소에서 요리사 니마가 싼 도시락을 까먹던 시간에 해야 할까? 그는 레로 향하는 차를 얻어 타고 간단다. 텐진은 초모리리로 들어갈 수 없었다.

텐진은 우리가 도착하기 전, 미리 초모리리로 가서 유목민을 섭외했었다. 하지만 앙모 부장이 촬영허가를 받지 않았고, 늦게 신청했지만 당국은 허락하지 않았다. 촬영이 취소되면서 유목민들은 화가 났고, 우리는 일정을 변경해 카르낙으로 가서 초겔리 식구들을 만난 것이다. 텐진이 초모리리에 들어가서 만약 그 유목민들을 만날 경우, 여러모로 난처해지기 때문에 텐진이 먼저 떠나기로 했다. 내일부터 벨기에 팀의 가이드를 맡기로 했단다. 생각보다 이른 이별이었다.

H는 텐진과의 이별을 힘들어했다. 급히 P선배에게 봉투를 얻어 1백 달러를 집어넣고, 접착식 메모지를 꺼내 고맙다는 둥, 당신 같은 가이드는 없었다는 둥 낯간지러운 영어 문장을 적어 내려갔다. 그러고는 우르겐이 싸뚜르와 함께 그렇게 원하던 챙 모자를 선물했다. 둘의 포옹은 길고 진했다. H는 그가 차를 얻어 탈 때까지 기다리기 원했지만, 텐진도, P선배도, 우리의 밀린 일정도 긴 기다림을 원하지 않았다. H는 붉은 눈시울로 그를 남겨두고 차에 올라탔다.

"형, 나는 아플 때 담요를 건네준 텐진의 표정을 잊을 수가 없어."

그렇게 그들은 이별했다.

초모리리가 가까워지자 뭔가 분주하다. 초모리리는 일 년에 한 번 곰파 축제로 사람들을 불러 모은다. 축제를 하루 앞둔 초모리리에서 우리는 이번 여행을 마무리한다. P선배가 한 가지 포기하지 못한 장면이 있었다. 초모리리로 가는 길에 온천이 있다고 들은 P선배는 온천에 두 남자가 몸을 담그고 계란을 익혀 먹는 장면을 원했다.

하지만 우르겐이 데려간 온천은 그냥 뜨거운 땅이었다. 일본의 벳푸같이 김이 모락모락 올라오는 공간도, 터키의 파묵칼레처럼 층층이 물이 터져 나오는 공간도 아니었다. 심지어 우리 두 사람이 몸을 담글 공간은커녕 세수할 공간도 없었다. 두어 군데 허탈한 곳을 지났지만 P선배의 열정은 식지 않았다.

지그맷이 아는 곳이 있다고 해 한 곳만 더 들르기로 했다. 얼마나 더 갔을까? 왼쪽은 흙산, 오른쪽은 사막평원지대를 지나는데 50미터쯤 떨어진 곳에서 김이 모락모락 났다. P선배는 차에서 내려 뛰어갔다. 세숫대야만 한 웅덩이에서 가느다란 물줄기가 30센티미터 높이로 치솟고 있었다. 물은 뜨거웠고, 소리는 요란했고, 주변은 황량했다.

"에이, 이걸 온천이라고 하기는 좀 그러네요."

"두 분 자전거 내리는 것부터 여기서 놀라고 계란 넣었다가 익혀 먹는 것까지 찍겠습니다."

우리는 그의 열정을 마다할 수 없었다. 방송에 안 나가리라 확신했지만, 출장의 매끄러운 마무리를 위해 순종하기로 했다. 자전거를 내려서 '형, 저게 뭘까?' '그러게 한번 가보자.' '형, 온천이다.' '그러게. 물이 뜨겁네.' '형, 여기 계란을 넣어보자.' '그럴까?' 이런 대화로 촬영을 계속했다. 그때였다. 25인승 버스가 도로에 서더니 열두세 명의 외국인 관광객이 우리 쪽으로 다가왔다. 그들은 무엇을 하냐고 물었고, 우리는 온천에서 계란을 삶고 있다고 했다. 그들은 탄성을 지르며 카메라 세례를 퍼부었다.

P선배는 참 복이 많다. H가 쓰러졌을 때 미국인 의사가 나타나고, 비내리는 캠핑장에 영국 수학여행단이 와 있더니, 허접한 온천에 단체 관광객이 지나간다. 마치 드라마처럼 잘 짜인 각본에 의해 섭외된 외국인들이었다. 대단한 것이 없는 것을 눈치챈 그들은 계란이 익기 전에 가던 길로 떠났고, 우리는 30분을 기다려 반숙도 채 안 된 계란을 까먹고서야 P선배의 열정을 잠재울 수 있었다.

초모리리의 남두육성

91

초모리리가 나타났다. 하늘빛만큼 파란 호수가 하늘과 맞닿아 자신도 하늘이라고 주장한다. 물결은 잔잔하다. 마치 파란 얼음 같다. 배가 떠 있어도 그림으로 착각할 만큼 고요하다. 물이 있다는 증거인지 물에 비친 흙산에 초록빛이 물결친다. 호수인가 보다. 하지만 모두 멈출 생각을 안 했다. 캠핑장을 찾아가나 보다 하며 계속 달리다 보니 호수가 끝났다. 꽤 크다던 호수가 생각보다 작았다.

"이건 싱게리리 호수예요. 초모리리에 오는 사람들이 모두 초모리리로 착각했다가 진짜 초모리리의 모습을 보고 더 놀라죠. 초모리리는 한두 시간 더 가야 해요."

곤촉의 설명을 듣고 초모리리가 더 기대됐다. 라다크 지도를 보면 파란 얼룩이 세 군데 나온다. 라다크의 3대 호수는 초카, 판공초, 초모리리다. 초카는 우리가 들러 온 소금호수이고, 판공초는 인도 영화 〈세 얼간이〉 마지막 장면에 나오는 호수다. 중국과의 국경지대에 있다. 실제로 중국에 속한 부분이 더 넓단다. 레에서 동쪽으로 150여 킬로미터 떨어져 있고, 초모리리 가는 길 중간에서 갈라진다. 아시아에서 가장 큰 염호로 해발 4,200미터에 있다. 영화 이후 관광객이 부쩍 늘었단다. 초모리리는 레 동쪽 220킬로미터에 있고, 길이 24킬로미터, 폭 8킬로미터란다. 관광객이 그리 많지는 않단다. 레에서 멀기도 하지만 가는 길이 워낙 험해서 그렇단다. 우리도 초카에서 초모리리 가는 길에는 자동차 신세를 많이 졌다.

'초모리리와 판공초 중에 어디가 더 좋았어요?' 라다크 사람들이 관광객에게 흔히 묻는 질문이다. 가장 많은 답변은 '초모리리는 못 가봤어요,' 2위는 '초모리리가 더 좋아요'란다. 라다크 노란 책을 쓴 두 여인은

이곳에 오래 살다 보니 많은 것을 알고 있었다.

광활한 초모리리가 모습을 드러냈다. 차로 한참을 가도 끝이 보이지 않았다. 호수와 하늘이 동색이고, 구름과 설산이 같은 색이다. 아쉽게도 라다크는 우리에게 회색 초모리리를 선물했다. 하늘도 회색빛을 띠고 마치 호수인 양 천장을 가리고 있다.

인근 마을은 분주했다. 내일이 축제라고 알리는 현수막이 곳곳에 걸렸고, 유난히 외국인들이 많다. 자전거도 꽤 많았다. 어찌나 반갑던지. 캠핑장은 이미 공간이 별로 없다. 하이킹족은 나귀와 함께 다니고, 바이킹족은 지프와 함께 다닌다. 어느 팀이든 현지인 스태프들이 같이 다니기 때문에 캠핑장은 분주했다. '초모리리 레이크 뷰 호텔' 간판이 보였다. 캠핑장 바로 옆에 있는 천막 호텔이었다. 대형 천막을 2인실 크기로 나누고 안에 간이침대를 넣었다. 세면대가 마련된 화장실이 파란 천으로 된 문 사이로 언뜻 보였다. 텐진이 떠나던 휴게소에서 만났던 일본인 관광객들이 초모리리 레이크 호텔 투숙객이었다. 공터에는 마을 주민들이 빙 둘러서 회의를 하고 있었다. 내일 있을 곰파 축제와 관련한 전달 사항이 많은 모양이다.

텐진의 공백은 곤촉과 지그맷이 메웠다. 곤촉의 영어가 여의치 않아 지그맷이 통역을 맡았다. P선배와 두 사람이 축제 일정을 알아보러 간 사이 초모리리 호숫가를 달리는 장면을 L피디, Y사장과 촬영했다. 광활한 호수 앞에서 다시금 입이 다물어지지 않았다. 해발 4,520미터에 호수가 있구나. 이렇게 크구나. 파란 하늘에 비친 모습은 정말 아름답겠구나. 탄성을 연발하며 자전거로 달렸다. 꽤 달렸는데도 호수 끝이 보이지 않았다. 우리를 찍던 카메라도 보이지 않아 다시 돌아왔다. 자전거를 세우고 걸었다. 일산 호수공원을 걸어본 이후 해질 녘 호숫가 산책은 무척 오랜만이었다.

내가 인생에서 겪은 퀘벡, 우유니, 갈릴리 호수에 버금가는 이 장관은 우열을 가리기 힘들었지만 그 규모만큼은 세계 최고 수준이었다. 이 멋진 비경이 어떻게 세상에 알려지지 않았을까 하는 의구심마저 들었다. 보석은 흙속에 숨어 있는 것일까? 포르투갈 리스본에서 기차를 타고 한 시간쯤 간 신트라에 있는 로카 곶, 유라시아 대륙 끝에서 느낀 감흥이 떠올랐다. 바다에 맞닿은 유라시아 땅 끝의 감흥은 하늘과 맞닿은 4,520미터 고지에 있는 호수에서 느낀 감흥과 크게 다르지 않았다. 초모리리 호수 석양에 잠깐 해가 들어왔다. 곧 없던 무지개가 떠올랐다. 잠시 고개를 돌린 순간 이내 쌍무지개가 됐다. 다시는 물로 세상을 멸하지 않겠다던 하늘의 약속이 떠올랐다. 이미 하늘과 호수는 날 품고 있었다.

저녁은 성찬이었다. P선배가 한국 음식 보따리를 풀었다. 초겔리 식구들을 대접하고 남은 참치와 깻잎 통조림, 라면, 한국 쌀, 김치 한 봉지. 이 정도면 마지막 만찬으로 충분했다. 내일은 종일 축제를 촬영하고 레로 여덟, 아홉 시간에 걸쳐 심야이동이다. 새벽에 도착하자마자 델리로 떠나는 아침 비행기를 탄다. 그날 인천으로 가는 심야비행기를 탄다. 빡빡한 여정에서 잠다운 잠은 오늘뿐이고 밥다운 밥 또한 마지막이리라. 샤워는 집으로 미루었다.

니마는 역시 요리사였다. Y사장의 코치로 찰진 한국 밥과 김치찌개, 참치라면을 기가 막히게 끓여냈다. 김치찌개에는 레에서 장을 볼 때 뒤로 숨겼다가 돈이 모자라 차마 사지 못한 햄도 들어 있었다. P선배가 나의 아쉬움을 보다 못해 따로 계산해서 사 왔단다. 작은 감동이 일었지만 이내 김치찌개가 주는 매콤한 감동에 밀려났다. 니마는 무사히 여행을 마친 것을 축하하는 케이크를 구워냈다. 그는 진정한 요리사였다. 우리가 직접 밥을 해 먹어서 그렇지, 니마의 요리만 먹고 자전거를 탔다면 훨씬 더 높이 날아 다녔을 것이다. 엄홍길 대장이 인도 산행을 가신다면 강력 추천하고 싶은 요리사였다.

상황에 순응하며 살아온 이 여정에 복은 곳곳에 숨어 있었다. 텐진도,

니마도, 지그맷도, 밤바도 우리의 필요를 충분히 헤아렸고, 세 명의 운전기사도, 세 명의 피디도 우리를 잘 이끌어주었다. 어쩌면 그들의 고마움을 모르고 넘어갈 뻔했다. 고산증세가 심하다고, 잠자리가 불편하다고, 화장실이 없다고 불평하다 보면 나를 도운 이들의 살뜰한 보살핌은 묻힌다. 어디 인생이라고 크게 다르랴. 나의 오늘이 있기까지 도와준 나의 인생 스태프들의 얼굴이 하나둘 스쳐 지나갔다. 초모리리의 밤은 그렇게 밀려왔다.

92

새 밀레니엄이 밝았지만 나에게는 휴대전화가 없었다. 삐삐 이후 휴대전화가 보급된 지 꽤 지났지만 아날로그형 인간인 나는 문명기기를 거부했었다. 당시 80명의 아나운서 중 휴대전화가 없는 사람은 단 둘이었다. 나와 10년 위 선배 한 명뿐이었다. 나에게 섭외가 와도 삐삐로는 신속한 연락을 취할 수가 없어 번번이 밀린다는 당시 TV부장님의 심한 지청구로, H가 내게 작은 상자 하나를 내밀었다. 017 휴대전화였다. 만원 한 장에 구입했단다. 거부할 수 없는 상황이었다. 금요일이었다. 아나운서실 주소록 빈칸에 전화번호를 기재하고 주말을 보냈다. 월요일 아침 9시 35분. 나는 당시 〈아침마당〉 MC 교체 과도기에 한 달 넘게 대타 진행을 맡고 있었다. 내 휴대전화에 첫 신호음이 울렸다. 아내였다.

"아버님이 돌아가셨어."

"알았어. 곧 갈게."

차분히 옷을 갈아입었다. 올 일이 온 것뿐이었다. 행정반에서 휴가 처리를 했다. 담당 부장에게 부고를 알렸다. 당시 진행하던 라디오 프로그램 피디에게도 부재를 알렸다. 〈아침마당〉 사무실에 올라가 내일부터는 대타를 할 수 없다고 말했다. 차분하게 차에 올라탔다. 파란 프라이드

왜건을 몰며 파천교를 넘어서는 순간 눈물이 폭포수처럼 터졌다. 아버지의 인생이 마음에 들어찼다. 하염없이 흐르는 눈물이 옷을 적셨다. 아버지의 휠체어는 늘 파란 프라이드 왜건 넓은 트렁크에 실려 있었다.

아들 내외를 미국에 보내고 홀로 쓰러진 아버지는 침대를 벗어나지 못했다. 급히 귀국한 아들, 며느리의 병간호를 받았다. 그 후로 아버지는 아들의 아들이 되었다. 기저귀, 밥 한 술, 걸음마, 말 한 마디도 아들 없이는 할 수 없었다. 유학을 포기한 아들은 곧 아나운서가 됐다. 아버지는 긴 눈물로 축하했다. 출근해야 하는 아들은 친한 친구를 낮에 데려다 놨다. 밤에는 퇴근한 아들이 다음 날 출근 전까지 곁을 지켰다. 하지만 그 아들은 석 달 후 춘천 발령을 받았다. 아버지는 한사코 마다하던 간병인을 받아들일 수밖에 없었다. 며느리는 그래도 매일 병실을 찾았다. 아들은 새벽 근무를 하며 매일 오후 네 시 병실 문을 들어섰다가 여덟 시 반 병실 문을 나서 경춘선 막차를 탔다. 며느리는 일주일에 하루를 따라 내려갔다가 다음 날 함께 올라오곤 했다. 아들이 서울로 다시 발령을 받고 아버지도 퇴원했다. 집 안방에 침대가 들어오고 걷기 연습을 할 운동기구도 주문제작해서 들여왔다. 손자가 태어나고 그렇게 또 다른 행복이 이어졌다. 아들은 프로그램 말미에 늘 '건강하게 지내십시오'라는 말로 아버지를 바라봤다. TV 속, 아들의 인사를 들은 아버지는 매일 울었다. 그 아버지가 아들이 TV에 있을 때 돌아가셨다. 서른세 살 아들은 하늘 아래 부모형제 없는 고아가 되었다.

별똥별이 올라갔다. 하늘에 포물선이 그어졌다. 유성우가 떨어지는 장면은 TV에서 봤지만 별이 올라가는 것 같은 포물선은 처음이었다. 누가 폭죽을 터뜨렸을까? 늦은 밤 화장실을 갔다가 히말라야가 허락한 별자리를 봤다. 은하수 물결도 충만했다. 라다크 하늘이 이랬었구나. 작은 감동이 밀려왔다. 중학교 과학 괘도만큼이나 선명한 별자리였다. 북두칠성일까? 남두육성일까? 정호승 시인의 '북두팔성'이 생각났다.

아빠, 왜 북두칠성이야?
별이 일곱 개니까.
그럼 내가 별이 되면?
그야 북두팔성이지.

오늘은 누가 별이 된 걸까? 원래는 북두팔성이었다고 들은 기억이 났다. 아기의 탄생은 남두육성이, 사람의 죽음은 북두칠성이 관장한다던데, 하늘로 오르는 별똥별을 보고 아버지를 떠올렸다. 아버지는 내가 밖에 있을 때 돌아가셨다. 엄마는 내가 내 방에서 언뜻 잠들었을 때 돌아가셨다. 그래서 나는 집을 떠나면 식구들을 걱정하는 모양이다. 별을 쳐다보면 가고 싶다. 어두워야 빛나는 그 별에 셋방을 하나 얻고 싶다던 안도현 시인의 시가 아니더라도 그 별에는 아버지와 어머니가 사신다. 별이 유난히 밝다. 라다크의 별 선물은 아버지였다.

93

파란 초모리리가 우리에게 왔다. 라다크는 우리를 배신하지 않았다. 회색 초모리리도 멋있었지만 파란 초모리리를 놓친다면 다시 못 올 이곳에 대한 아쉬움이 컸으리라. 곰파 축제라도 축하하듯 파란 초모리리는 싱그러운 햇살을 내뿜고 있다. 역시 하늘과 호수는 동색이다. 구름은 하얀 물감 덩어리다. 저렇게 선명할 수가 없다. 흙산에 흩뿌려진 초록빛과 호수에 흩뿌려진 은빛 물결이 하늘 아래 땅과 물이었다. 태초에 궁창을 나누시고 흐뭇해하시던 하나님의 마음이 이랬을까?

잠은 잘 잤다. 쥐가 날 때 다친 종아리가 욱신거렸다. 상처가 크지는 않았지만 속으로 곪지 않았을까 싶었다. 항생제나 소염제를 먹으면 좋겠는데 준비해 온 약을 초반에 L피디 치통치료를 위해 다 써버렸다. 아침부터 아랫배가 묵직했다. 어제 들여다본 캠핑장 철판 화장실은 들어설 수조차 없었다. 내용물이 넘쳐나서 발 디딜 틈도 없었다. 여기는 노천 화장실이 없다. 사람들이 워낙 많아 은폐, 엄폐가 불가능하다. 이른 아침부터 안 보이던 H가 배를 쓸며 내려왔다. 아직도 속이 안 좋아 어제 한국식 만찬에도 불참했던 H가 일을 치른 모양이다. 약이 부실한지, 지독한 장염인지 배앓이 끝이 무척 길기도 하다.

"괜찮아? 어디서 봤어?"

"어, 조금 나아졌어. 옆에 일본 사람들 묵는 좋은 텐트 있잖아. 거기 수세식 화장실 있던데, 그냥 곰방와 하면서 들어가면 돼. L피디도, Y사장도 다 갔다 왔대."

"그래? 그래도 들키면 어떡해?"

"누가 알아? 형도 갔다 와."

찜찜했다. 하지만 더부룩한 아랫배는 체면 따위는 잊으라고 종용하고 있었다. 개울을 넘어 초모리리 레이크 호텔 마당으로 들어섰다. 아무도 없었다. 열린 파란 문 사이로 하얀 좌변기가 보였다. 휴지도 그림같이 매달려 있었다. 얼른 들어가서 문을 닫고 조용히 일을 봤다. 난 1분 30초면 끝나니까. 깔끔한 뒤처리를 끝내고 문을 열었다. 너무 일찍 끝낸 게 화근이었을까? 어제 본 일본인 여성 가이드가 지나간다. 하필이면 관광객도 아니고 가이드람.

"두 유 스테이 히어?"

"노."

"유 캔 낫 유즈 댓 토일렛."

"오, 소리."

난 이렇게 화장실 도둑이 됐다. 하지만 난 강력히 주장한다. 마치 책

도둑이 신성한 것처럼 화장실 도둑도 신성하다. 나는 다짐했다. 다시는
그 화장실에 가지 않기로.

94

사람이 죽었다. 40대 후반의 외국인 남성이 고산증세로 심장마비를
일으켜 현장에서 사망했다는 소식이 캠핑장을 메웠다. 지그맷과 곤촉이
축제 일정을 알아보러 나갔다가 듣고 왔다. 급히 병원으로 옮겼지만 이
미 숨은 끊어졌고, 국적은 아직 모른단다. 고산증세로 사람이 죽는구나.
새삼 큰 숨을 들이마셨다. 4,500 고지라 그런지 어제부터 호흡이 편하
지는 않았다. 5,300 고지를 찍었어도 답답하긴 매한가지다. 죽음 소식
이후에 호흡이 더 느려졌다. 어젯밤 별똥별의 포물선이 다시 눈앞에 그
려졌다. 죽음을 관장하는 북두칠성이 제 몫을 했듯이, 분명 초모리리 어
디선가 남두육성도 제 몫을 했으리라. 어느 집인지 그 집 아기의 울음소
리가 듣고 싶다.

세상에서 가장 지루한 축제

95

스피툭 곰파 축제는 8시부터 시작이라는 소문은 낭설이었다. 다음으로 유력했던 10시 시작도 아닌가 보다. 외국인 관광객들은 10시 전에 이미 곰파를 메웠지만 현지인은 아무도 없었다. 안내도 해명도 없이 시간이 흘렀다. 우리는 9시부터 곰파 주변을 맴돌았다. 곰파 옥상은 호수와 하늘이 눈높이로 보였다. P선배가 마무리 인터뷰를 원했다.

"한 말씀씩 해주시죠. H씨부터."

"라다크의 바람과 미소와 정을 배워 가요. 라다크의 바람이 얼마나 소중한지, 라다크의 미소가 어떻게 나오는지, 라다크의 정은 우리의 정처럼 얼마나 따뜻한지 하나하나 배웠습니다. 오늘은 이 풍경을 보면서 라다크 인의 미소가 마음에서 우러나올 수밖에 없다고 생각했습니다."

"재원 씨는요?"

"가슴 벅찬 장면을 볼 수 있어서 일단 무척 감사하네요. 세 가지를 배웠어요. 하나는 바람이에요. 눈에 보이지 않으면서 우리에게 큰 위로가 되잖아요. 둘째는 사람이고요. 곁에 있다는 것만으로도 얼마나 소중한지요. 세 번째는 가람. 우리말로 강이죠. 가는 곳마다 쉴 만한 물가가 있어서 얼마나 고마운지 모르겠습니다. 라다크 사람들이 이곳을 찾는 전 세계 사람들을 위한 행복 전령사가 됐으면 좋겠습니다."

"여기 어울리는 노래가 딱 있네요. '너의 그 한마디 말도 그 웃음도 나에겐 커다란 의미.'"

"이 노래도 딱 어울리는데, '내가 만일 하늘이라면 그대 얼굴에 물들고 싶어. 붉게 물든 저녁 저 노을처럼 나 그대 뺨에 물들고 싶어. 내가 만일 시인이라면 그댈 위해 노래하겠어. 엄마 품에 안긴 어린아이처럼 나 행복하게 노래하고 싶어. 세상에 그 무엇이라도 그댈 위해 되고 싶어. 오늘처럼 우리 함께 있음이 내겐 얼마나 큰 기쁨인지.'"

"오, 오늘 노래 되는데."

"사랑하는 나의 사람아 너는 아니, 워~ 이런 나의 마음을."

곰파 마당이 잘 보이는 2층 난간에 자리를 잡았다. 옥상에서 인터뷰하는 동안 Y사장이 자리를 지키며 졸고 있었다. 제법 자리가 찼지만 시간이 흘러도 시작할 기미는 없었다. 가면 쓴 동자승이 너스레를 떨며 하얀 천으로 관광객 목을 조르고 돈을 내놓으란다. 재미 삼아 입장료를 모으는 모양이다. P선배가 H에게 당해줄 것을 원했고, 동자승은 1백 루피를 챙겨 갔다. 마당에는 성자가 될 청소부만이 비질을 하고 있었다. P선배의 인터뷰는 계속됐다.

"직업 특성상 시간에 얽매이는 삶을 사는데 여기서는 시간에 자유로울 수 있어서 좋았죠. 자라면 자고 먹자면 먹고. 처음에는 불편했는데 지내다 보니까 무척 편하더군요. 시계 없이 살 수는 없겠지만 적어도 시간의 지배를 받진 않을 생각이에요. 시간을 지배하면서 살아보는 연습을 해야 할 나이가 됐죠. 좋은 것 배웠습니다, 덕분에."

"라다크 3행시 지어볼까요? H씨,"

"라."

"라르고. 라르고. 라르고. 천천히. 천천히."

"다."

"다 이루리라. 다 이루리라."

"크."

"크산티페가 기다리는 우리 집에 가기 전에."

"무슨 뜻이죠?"

"크산티페라고 소크라테스의 무시무시한 악처가 있어요. 집에 돌아가면 무시무시한 우리 집사람이 기다리고 있으니까요."

"재원 씨도 한번 하시죠."

"전 그런 거 못 해요."

"두 분 성향이 다르다는 것은 원래 알았지만, 이렇게 양쪽 끝으로 다른 성격을 보여주셔서 방송에는 도움이 많이 됐어요. 저도 많이 배우고, 프로그램도 재미있을 거예요."

"아니, 갑자기 왜 이렇게 감동 모드로 바뀌시는 거예요?"

"라다크 곰파 축제의 의미는 알고 계시나요?"

"동자승의 가면도 굉장히 무시무시하잖아요. 경건함 속에서 치르는 이 의식은 실은 사후세계를 표현하고 있는 거래요. 사후세계가 얼마나 무서운지 일반 백성들에게 보여줘서 평소에 덕을 쌓고 선한 행동을 많이 하도록 권하는 거죠. 축제라는 이름은 다른 나라 사람들이 붙인 거고, 실은 하나의 의식이죠. 여긴 중국 사람은 들어오지 못해요. 중국과 접경지대고 국경 분쟁지역이기 때문에 절대 못 오고 동양 사람은 일본 사람이 대부분이고 한국 사람은 채 10퍼센트도 안 되죠. 오늘은 사진작가 그룹이 한 팀 온 모양이에요."

"어, 악단들이 입장하네요."

해가 중천에 떠서야 공연이 시작됐다. 큰 나팔 소리와 함께 자줏빛 승려들이 등장했다. 악단의 반주가 시작되고 마당에 선 여섯 명의 승려들은 단순한 몸짓을 했다. 마당에는 관광객의 입장이 금지됐다. 하지만 곧 승려의 안내로 일본 사람이 좋은 자리에 카메라 달린 삼각대를 세웠다. 승려들의 몸짓과 악단의 반주는 계속됐다. 춤사위는 바뀌지 않았다. 우리가 기다리는 것은 책에서 본 북청사자놀이 같은 화려한 탈춤이었다. 승려 대기실 쪽에 있는 Y사장이 진행이 더디다고 손으로 불평한다. 초모리리 전경을 찍는다고 아침에 산꼭대기에 올라간 L피디는 아직 돌아오지 않았다. 단 10초의 장면을 위해 동쪽 꼭대기와 서쪽 정상을 오른 불쌍한 L피디는 참 착하다. 몸짓 담당 승려들이 들어갔다가 곧 다시 나왔다. 작은 북을 들고 있었다. 북채의 긴 기역자 모양으로 휘어진 끝에 방울이 있었다. 몸짓은 택견보다도 단순했다.

선배는 지그맷에게 자세한 진행상황을 알아봐 달라고 부탁했다. 옆자리도 지루한 진행 탓인지 주인이 계속 바뀌었다. 아까 승려의 안내로 좋은 자리에 카메라 삼각대를 세운 관광객을 다른 승려가 와서 데리고 나갔다. 그는 순순히 따라갔다. 시간제였을까?

"H씨는 라다크 인의 삶과 문화에 대해 어떻게 생각하세요?"

"처음에는 좀 답답했거든요. 빨리 했으면 하는 마음이 들었는데 진정한 느림의 미학이 여기 있더군요. 고산지대라 빨리 할 수 있는 여건도 안 되고 시간과는 동떨어진 사람들이라 빨리 한다고 달라지지도 않죠. 이들의 삶은 충분히 존중받고 또 본받을 만한 부분이 있어요."

"재원 씨가 생각하는 라다크의 삶이란?"

"인생 그래프가 일직선이 아닐까요? 우리는 둥근 사람도 있고, 꺾은 선 그래프도 있고, 다 다르지만 이들은 비슷해요. 혹시 라다크 어에는 행복이라는 단어는 없지 않을까요? 어찌 보면 당연한 것이기 때문이죠. 성공이라는 단어도 없을 것 같아요. 큰 의미가 없거든요."

여전히 북 치는 승려들이 단순한 몸짓을 계속했다. 자리를 뜨는 관광객이 늘고 있었다. 아까 승려가 데리고 나갔던 카메라 삼각대 일본인이 또 다른 승려의 안내로 좋은 자리에 섰다. 참, 우리 인생은 사연도 많다.

아까부터 종아리가 욱신거렸다.

"북 치는 게 꼭 우리네 재미없는 인생 같지 않냐?"

"내 인생 최고의 지루한 축제."

"이제 큰 결단을 내릴 때가 된 것 같아요."

P선배가 입을 열었다.

"혹시 두 분 축제를 끝까지 다 보고 싶으세요?"

"아뇨, 저희는 괜찮은데, 큰 탈 쓴 사자 그림 찍으셔야 하잖아요."

"그게 확실하지가 않대요. 나와도 늦게 나온다는데, 원래 오늘 밤에 심야이동을 해서 바로 공항 가려고 했는데요. 다들 컨디션이 안 좋잖아요. 저도 힘들고요. 곤촉도 레를 몇 번씩 왔다 갔다 한 데다가, 우르겐이 그러는데 가는 길이 보통 험한 길이 아니래요. 솔직히 밤길은 책임 못 진다네요."

"그래서 혹시?"

"어제 관광객 한 사람이 죽었다고 하니까, 굳이 10초, 20초 쓸 화면을 위해서, 어쩌면 안 쓸지도 모르는데, 열한 사람이 열 시간을 힘들 필요가 없을 것 같아서요. 그냥 지금 올라갔으면 해서요. 가서 샤워하고 호텔에서 자면 내일 비행이 깔끔한데, 열흘 동안 씻지도 못하고 인천 가는 밤 비행기까지 타면 옆 사람한테도 예의가 아니잖아요. 괜찮겠어요?"

"역시 훌륭한 리더시군요."

앞으로 가야 할 길이 나를 걷게 한다. 앞으로 가는 사람은 머무는 그 자리에서 결코 편안함을 못 느낀다. 우리는 그렇게 떠났다. 초모리리 곰파 축제는 인연이 아니었다. 때로는 기다리지 않는 것도 지혜이리라. 열한 명의 대원은 개운하게 파란 초모리리와 작별했다. 한참을 달려도 호수는 끝나지 않았다. 호수 물에 발을 담글 수 있는 수변지역이 나와 차를 세웠다. 나는 다리 통증이 심해졌다. H는 배앓이로부터 완전히 회복한 모양이다. 너스레가 한창이었다.

"조금만 더우면 수영해도 되겠다. 자연보호지역에, 국경지대라 더 아름다운가 봐. 물론 우리나라에 이런 곳이 있다면 횟집이 열 군데에, 노래방이 열 군데 생겨서 금방 더러워졌을 테지만 여기는 자연 그대로의 태고의 땅이라서 정말 좋다."

P선배의 인터뷰 병이 다시 살아났다.

"일주일 동안 자전거 여행을 하셨는데 어떠세요?"

"아, 몸은 무지하게 힘들고 괴롭고 고통스러웠지만 초모리리 호수에 모든 걸 다 던져버리고 갈 수 있을 만큼 대자연이 아름답고 평화롭고 정말 오길 잘했다는 생각이드네요."

"재원 씨는요? 다리를 많이 절룩거리시네요."

"항상 끝에는 뭔가가 있는 모양이에요. 좀 어렵고 힘들어도 끝에 분명히 뭔가 있으니까 걸음을 재촉해야죠."

오랜만에 물수제비를 떴다. 초모리리 호수 은빛 물결에 라다크 돌멩이가 다섯 번 튀어 올랐다. 저 멀리에서 밤바가 물수제비를 뜬다.

우리에게 다음이 있을까?

96

넘어진 자리에 머물지만 않아도 인생은 앞으로 나갈 수 있다. 하지만 쓰러진 자리에서 그대로 남아 있거나 아프다고 되돌아간다면 여행의 종착역은 멀어진다. 여행자의 허기는 다음 마을이 채운다. 우리는 여행자의 허기를 채우면서 넘어진 자리에 머물지 않았다. 지금 우리는 라다크 자전거 대장정을 마치고 파란 초모리리를 마음에 담은 채 레로 돌아가는 중이다.

라다크 여행상품은 꽤 다양하다. 산과 강과 하늘의 엄청난 파노라마는 다양하게 즐길 수 있다. 나귀와 함께 하루 20여 킬로미터를 걷는 하이킹은 럼체에서 초모리리를 가는 코스뿐만 아니라 잔스카르 계곡, 누브라 계곡 등 다양한 루트가 있다. 자전거로 하루 40킬로미터 정도 이동하는 바이킹은 지프가 따라 다닌다. 산악자전거 전문가들은 바이커의 에베레스트라고 하는 카르둥 라 5,606미터 고지를 오른단다. 급류 탐험의 스릴을 위해 잔스카르 강 래프팅에 도전하는 사람도 있고, 산악인들은 레에서 멀리 보이는 설산 6,150미터 스톡 캉그리를 찾는다. 초카, 판공초, 초모리리 3대 호수를 찾아 차로 이동하는 경우는 사파리라 부른다.

초모리리에서 레로 가는 220킬로미터를 달려보니 왜 사파리라고 부르는지 알겠다. 한국에서 220킬로미터 거리면 세 시간도 채 안 걸리지만, 라다크 산길은 사막 레이스에 버금간다. 빠르면 여덟 시간, 운 나쁘면 열 시간도 더 걸린다. 복불복 게임이 숨어 있기 때문이다.

인도는 흔히 '로드 블록'이라는 도로 막힘 상황이 잦다. 우리도 네 번의 기다림이 있었다. 한 번은 1호차가 펑크 났고, 한 번은 산사태가 나서 공사차량을 기다렸다. 한 번은 앞차가 고장 나서 기다렸고, 한 번은 이유도 모르고 긴 기다림의 행렬 끝에 붙어 있었다. 인도는 이런 일이 다반사라 기다리는 사람들이 큰 불평을 하지 않는다. 그냥 마냥 기다린다. 밖으로 나와 인더스 강줄기에 발을 담그기도 하고, 먼 설산을 바라보기도 하며, 일행과 자리를 펴고 앉기도 한다. P선배는 기나긴 사파리 여정을 카메라에 담았다. 흙산이 이어지다가 사하라 사막이 이어지고 대평원이 이어졌다. 양과 야크들의 행렬에 시간을 빼앗기기도 했다. 한번은 절벽과 절벽 사이에 연결된 외나무다리를 건너는 소들의 행렬을 보기도 했다. 파란만장한 히말라야 지프 여정은 사파리였다.

우르겐은 전속력으로 달렸다. 손잡이를 잡지 않을 수 없을 정도로 험산준령에서 자동차 레이스를 펼쳤다. 아마 집에 가서 따뜻한 밥을 먹고 싶었으리라. 우리도 한국 식당에 가고 싶은데 그리고 왜 아니겠냐마는 그래도 살아서 돌아가야 했다. P선배는 옆에서 '슬로'를 외쳤다. 운전석은 오른쪽, 조수석은 왼쪽이다. 조수석에 마치 운전자처럼 앉아서 왼쪽 창으로는 카메라를 돌리고, 오른쪽으로 운전자를 달래는 P선배가 오늘은 여유로워 보였다.

산사태가 나서 돌을 치우는 동안 하늘과 험산의 조화를 카메라에 담다가 문득 들꽃이 눈에 들어왔다. 흙산 사이에 수줍게 얼굴 내민 노란 들꽃은 투명꽃 같았다. '자세히 보아야 예쁘다. 오래 보아야 사랑스럽다. 너도 그렇다'던 나태주 시인의 시상을 이 히말라야 노란 풀꽃이 그대로 머금고 있다. 오늘 어쩌면 그 누구의 눈에도 띄지 않았을 들꽃을 주인공으로 사진을 찍었다. 카메라 액정 가득히 꽃을 집어넣고 셔터를 눌렀다. 화면에 뜬 사진에는 흙산을 배경으로 한 그루 꽃나무가 있었다. 한 번도 주인공인 적이 없었을 이 풀꽃 인생이 가슴 시리게 다가왔다. 어쩌면 인도 이름을 가진 이 꽃은 나로 인해 오늘 처음으로 들꽃, 혹은 풀꽃이라 불렸으리라. 인간은 평지에서도 넘어진다던 어느 시인의 말이 히말라야 들꽃을 보며 뭉클하게 다가왔다. 들꽃들은 말하리라. '인간은 참 힘들겠다. 뿌리가 없어서 말이야.'

긴 여정 끝에 레에 도착하자마자 나는 우르겐에게 챙 모자를 씌워줬다. 그는 엄지손가락을 치켜 세웠다.

97

한국 식당은 아직 문을 닫지 않았다. 알바라고 주장하던 부사장이 산악인으로 돌아온 초췌한 우리를 반갑게 맞았다. 기꺼이 문 닫는 시간을 늦추겠단다. 떠나기 전날 시켰던 메뉴를 그대로 주문했다. 닭이 떨어져 닭볶음탕은 안 된다는 걸, 닭 빼고 감자로만 만들어달랬다. 그때 젊은 처자가 P선배 이름을 부르며 다가왔다. 교양국에서 일하던 행정요원이었다. 두 달 동안 배낭여행 중이란다. 얼굴이 익었다. "저도 아는 사람이군요." 짧은 한마디에 내 목소리를 알아차렸다. 구릿빛 산악인 얼굴이 차마 나리라고는 상상도 못 했단다. 〈6시 내 고향〉 행정요원이었다. 한 달 전 여행을 떠난다며 그만두던 그녀를 부러워하던 생각이 났다.

곧 풍성한 식탁이 차려졌다. 하지만 맥주 한 잔 같이 못하는 아쉬움이 있었다. 한국 식당이 주류 판매 허가를 받지 못했단다. 일처럼, 여행처럼 열흘 이상 함께하면서 술 한 번 안 찾은 대한민국 40대 중반 남성들이 대단하게 여겨졌다. 잠깐 나갔다 온 아까 그 젊은 처자가 다시 왔다.

손에 긴 맥주 한 캔이 들려 있었다. "한 모금씩 드세요." P선배 가방에서 그녀의 용돈이 흘러나왔다. 곰파 축제의 사자 얼굴을 포기하고 훌륭한 심야만찬을 얻었다. 포기의 선물이 무척 마음에 들었다. 풍성한 식탁을 차려준 부사장이 마침 생일이란다. 뭐 줄 게 없나 찾아보니 H가 가져온 내 책《마음 말하기 연습》이 있었다. 선물로 주었더니 사인까지 해달란다. '당신의 삶을 응원합니다.'

내일 아침 비행기를 생각하며 떠나기 전 머물렀던 호텔에 들어섰다. 다행히 방이 있었다. 체크인에 앞서 뜨거운 물이 나오는지 물었다. 우리에게 마지막 샤워를 허락하지 않은 그날이 떠올랐기 때문이었다. 나온 단다. 얼마 만의 샤워인데, 포기할 수는 없었다. 묵은 짐을 풀고 갈아입을 속옷을 찾는데 누가 문을 두드렸다. 텐진이다. 반가운 마음에 와락 안았다. H는 나보다 열 배는 오래 안았다. 장인이 위독해서 내일 아침 비행기로 아내가 델리로 떠나게 되어 일을 하다가 급히 돌아왔단다. 자신은 아내의 일을 정리하고 내일 오후에 떠난단다. 로비로 내려가 남은 이야기를 한참 주고받았다. 그는 진심으로 우리를 걱정했다. 말끝에 한국에 가고 싶은 속내도 비췄지만 진심을 오해할 정도는 아니었다. 남은 작별을 내일 새벽 공항으로 미루고 그는 총총걸음으로 떠났다.

열흘 만의 샤워였다. 따뜻한 물이 주는 기쁨을 누렸다. 아무리 샴푸를 부어도 머리에 거품이 안 생겼다. 다섯 번쯤 감았을까? 그래도 가렵지 않고 잘 버틴 게 용하다. 속옷은 닳고 닳아 구멍이 났다. 얼굴은 거뭇하고 팔도 새까맣다. 마치 흰 속살 반소매 옷을 입은 것처럼 팔뚝 아래만 탔다. 다리도 양말 선과 반바지 선을 따라 남의 살이 됐다. 이렇게 오랜 시간 수염을 길러보기도 퍽 오랜만이다. 제법 괜찮은 산악인이 거울 안에 들어 있다.

나르시시즘에서 벗어나 샤워를 마치고 나오니 H가 짐 꾸러미 하나를 챙겨났다. 협찬 받은 옷 일체를 텐진에게 준단다. 운동화도, 배낭도 뭐든지 텐진에게 주고 싶단다. H가 욕실에 들어가 있는 동안 나는 인도 영화를 배경음악으로 하고 스르르 잠이 들었다. 들개 짖는 소리도, 아잔 소리도, 나의 과거도, 방광도, 대장도, 오늘 밤은 아무도 내 단잠을 깨우지 못했다. 꿈마저도 나의 달콤한 마지막 밤을 그냥 지켜봤다. 라다크가 내게 준 마지막 선물이었다.

98

빨간 생각의자는 여전히 그 자리에 있었다. 파란 하늘도 여전했다. 오늘도 누군가 길게 삐져나온 철근에 양말을 꽂아놓았다. 잠시 빨간 의자에 앉아 멍하니 파란 하늘을 구경했다. 왼편의 체다 곰파도 여전하고, 저 멀리 보이는 6천 미터 설산, 스톡 캉그리도 한결같다. 라다크 하늘을 다시 볼 수 있을까 생각하니 마음 한편이 뭉클했다. 모처럼 로마서 8장을 외워보았다. 마포대교를 건너며 외우던 그 말씀이 오늘은 끝까지 외워진다. 히말라야 산중에서는 통 외워지지 않았다. 늘 익숙한 구절들이 도무지 떠오르지 않았다. 고산증세였으리라. 3,500 고지만 내려와도 뇌의 기능은 제대로 돌아가고 있었다. 상황에 순응하는 삶은 제자리로 돌아오는 결과를 낳았다.

인생은 아침에 집을 떠나 저녁에 집으로 돌아오는 긴 여정이라더니. 그 여정은 내 마음대로 똑같이 흘러가지는 않았다. 내 마음의 계획이 내게 주어진 상황보다 반드시 좋으리라는 보장은 없다. 물론 상황이 내 뜻보다 항상 좋지도 않다. 내가 바꿀 수 없는 것이라면 그냥 따라갈 때 또다른 내 길이 보일 것이다. 상황을 바꿀 수 없다면 내 마음을 바꾸는 것이 지혜이리라.

이른 새벽부터 호텔 마당이 분주하다. 아흐레 전 우리는 긴 여정을 앞두고 있었다. 우리는 지금 더 긴 여정을 앞두고 있다. 나는 보름간의

2014 여름 프로젝트를 뒤로하고 이제 내 인생의 새로운 여정을 출발하련다. 내 뜻대로 되지는 않을 것이다. 지금까지 인생에서 내 뜻대로 된 것이 얼마나 있을까? 어린 나이에 어머니가 돌아가셨고, 청년 시절 아버지가 쓰러지셨다. 사람들이 배신했고, 좋아하는 일터에서 밀려나기도 했다. 하지만 상황을 따라갔더니 또 남은 인생이 살아졌다. 쓰러진 자리에 머문 적은 없었다. 등 떠밀려서라도 그 자리를 떠났다. 아무리 좋은 자리도 계속 남아 있지는 말아야 한다. 여행자의 허기는 다음 도시가 채워준다.

텐진이 아침부터 배웅을 나왔다. H가 어제 챙긴 배낭을 건넨다. 그의 얼굴에 감사가 가득하다. 자신도 곧 아내를 데리고 공항으로 간단다. H가 우르겐에게 모자를 줄 수 없겠냐고 묻는다. 어젯밤에 이미 줬다고 답했다. 하지만 그의 머리는 여전히 허전했다. H가 모자를 왜 안 썼느냐고 물었다. 그는 시장에 내다 팔 거라고 의연하게 답했다. 나는 H를 그냥 쳐다봤다.

밤바는 오지 않았다. 하긴 굳이 헬퍼가 올 이유는 없었다. 어제도 밤바가 마음에 밟혔다. 한국에서 공부하고 있을 고3 아들의 얼굴과 겹쳐 보였다. 여정 내내 성실한 그의 성품이 고스란히 드러났다. 레에 도착해서 숙소 화장실 앞에서 그와 마주쳤다. 얼른 20불짜리 한 장을 꺼내 손에 쥐여줬다. 크게 놀라는 눈치였다. 몇 살이냐고 물어봤지만 영어를 못 알아들었다. 애썼다고 이야기하며 한 번 안아줬다. 한참을 눈을 떼지 못하고 뒷걸음질 쳤다. 앙모 부장과 롭상 사장은 P선배와 마무리되지 않은 문제를 말하고 있다. 만남과 헤어짐은 시간이 주장한다지만 그 느낌이 한결같기란 참 어렵다. 시계 없이도 오랜 시간 참 잘도 버텼다. 이제 좀 늦어져도 초조하지 않았다. 내가 시간을 지배하고 있다.

공항 가는 길, 가랑비가 뿌렸다. 도착할 때도 그랬던 기억이 오래전 동화책에서 읽은 이야기 같았다. 이제 라다크를 떠난다. 텐진이 다시 왔다. 그사이 H의 빨간 운동화로 갈아 신었다. 그와 세 번째 작별을 했다. 깊은 포옹이 이어졌다.

"두 위 해브 넥스트?"

그가 말했다.

"아이 호프 소우. 생큐 포 에브리싱 유 해브 빈 던 포 어스."

우리에게 '다음'이 있을까? 공항은 분주했다. 다른 기다림이 시작됐다. 비행기 출발시각이 지연됐단다. P선배가 텐진이 왜 H의 신발을 신고 있냐고 물었다. 모든 협찬품을 다 줬다고 답했다. 우리가 떠나기 전 레에서 장을 봤던 마트가 그의 아버지 거란다. 아내는 큰 기념품 가게를 갖고 있고, 델리에도 집이 있단다. 나는 H의 얼굴을 쳐다봤다. 그래서 텐진이 마트 어디에 뭐가 있는지 다 알고 있었구나. 왠지 그에게서 풍기던 여유의 이유를 알게 된 것 같아 신비감은 사라졌다. 출발시각이 다시 더 늦춰졌다. 이유는 말하지 않았다. 아무도. 우리도 그 이유를 물으러 가지 않았다.

대기실에 한국인 일행이 보였다. 산을 타는 청소년들이란다. 한 산악인이 미래 산악인 육성을 위해서 청소년들과 고산 등반을 한단다. 라다크에 있는 6천 미터 고봉을 오르고 간단다. 대단하다. 그들의 도전이 자극이 됐다. 옆에 있는 영국 할머니는 라다크에 다섯 번째란다. 좋았냐고 물으시기에 정말 좋았다고 답했다. 또 올 거냐고 물었다. 아직 모르겠다고 했더니 자신도 그랬었다며 분명 또 올 거란다. 이제 비행기를 탄단다. 소리 없이 비행기에 올라탔다.

꽤 시간이 지났지만 떠나지 않는다. 기계결함으로 지연된단다. 이번에는 앉혀놓고 기다리란다. 아무도 뭐라 하지 않는다. 뒷자리 Y사장 옆에 앉은 라다크 할머니가 뭔가 묻는 모양인데 못 알아 듣나 보다. 그 할머니가 초겔리의 어머니를 닮았다. 세 시간이 흘렀다. 다시 내리란다. 수리작업이 오래 걸릴 것 같단다. 내리려고 막 일어섰다. 그때 또 됐단다. 간단다. 환한 미소를 머금은 인도 아저씨가 기장실로 들어갔다. 더 미덥지 않았지만 기다림의 보상은 무사히 델리에 도착하는 것으로 주어지리라. 비행기가 떠났다. 기다린 대가라며 생색내는 승무원에게 음료와 과자를 받았다. 상황에 순응하는 것은 나를 위한 것일까? 내 인생에는 앞으로 어떤 일이 펼쳐질까? 여행자의 허기를 잠으로 채웠다. 곧 꿈결에 안내방송이 들렸다.

"에어인디아를 이용해주신 승객여러분께 안내 말씀 드립니다. 본 비행기는 잠시 후 델리공항에 도착할 예정입니다. 등받이를 세워주시고 안전벨트를 매주시기 바랍니다. 오늘 본의 아니게 불편을 끼쳐드린 점 진심으로 사과 드리며, 저희 에어인디아를 이용해주신 승객 여러분께 다시 한 번 감사의 말씀을 드립니다. 델리에서도 행복한 시간 보내시기 바랍니다."

진짜 고맙다. 나를 무사히 데려다줘서.

99

나는 지금 물 위에 누워 있다. 하늘을 천장 삼아 손은 물을 헤치고, 발은 물을 차 밀고 있다. 나는 머리 위 방향으로 진행한다. 물속에서 음악이 들린다. 물 밖에서 듣던 음악의 반주 느낌이다. 물속에는 음향 채널 2만 켜놓은 모양이다. 하늘은 여전히 파랗다. 구름은 여전히 흘러간다. 나도 구름을 따라 물위를 흐른다. 물에 내 몸을 맡긴다. 마음은 하늘에 맡긴다. 이렇게 편안할 수가 없다. 생각에게 침묵하라고 명령했다. 시계는 사라지라고 지시했다. 말은 더 이상 필요 없다. 당분간 이렇게 있기로 했다. 몸은 물에 맡기고, 마음은 하늘에 맡긴 채 말이다. 아마 물을 떠나면 몸은 땅에 맡겨야 할 것이다. 아무리 멍 때리고 바라봐도 라다크의 하늘은 아무것도 가르쳐주지 않았다. 그래서 더욱 마음에 들었다. 나에게 아무런 잔소리도 하지 않은 그 하늘에게 나를 맡기기로 했다.

내가 걸어갈 때 길이 되고, 살아갈 때 삶이 된다는 것을 나는 알고 있다. 구름은 자신을 하늘에게 맡기고 흘러간다. 나무는 자신을 산에게 맡겼고, 파도는 자신을 바다에게 맡겼다. 양은 목동에게 자신을 맡겼다. 험한 바위산을 넘었더니 쉴 만한 물가, 푸른 초장이 눈앞에 보인다. 참 좋다. 나는 지금 오후 3시에 있다. 무언가를 새로 시작하기에는 늦고, 하던 일을 포기하기에는 이르다. 나는 책을 펼쳐들고 커피를 마신다. 햇살도 파랗다. 인생에 나를 맡긴다.

그때 나는 하나님께서 하시는 모든 일, 곧 해 아래에서 일어나는 일들을 사람이 알 수 없다는 것을 알았다. 아무리 애써도 사람은 알 수 없다. 지혜로운 사람이 자기는 안다고 주장해도 실은 그도 그것을 알 능력이 없는 것이다. (솔로몬의 말)

서울에서 살아가다

해발고도 45m

시계를 지배하는 남자

100

상담자 : 지난번에 주신 책, 잘 읽었습니다. 참 좋았습니다. 바쁘실 텐데 언제 또 그런 작업을 하셨나요?

내담자 : 아…… 네, 감사합니다. 특별히 시간 내서 한 건 아니고요. 틈틈이 수첩에 적어놨던 걸 정리한 것뿐입니다. 책을 낼까 말까 고민 많이 했는데. 글쎄 아직 잘한 건지 아닌지 잘 모르겠습니다.

상담자 : 저는 책 중에 '인생' 이야기가 많이 와 닿더군요.

내담자 : 아…… 네……, 그 부분은 원래 쓰려고 했던 것이 아니에요. 출판사에 원고 다 넘기고 마지막 편집 작업 중이었는데. 출판사 대표가 삶의 이야기가 들어 있는 글 몇 편만 있으면 좋겠다고 하더군요. 그래서 급히 30분 만에 짧은 글 15꼭지를 써 내려갔습니다. 어쩌면 가감 없이 쓴 인생 이야기겠지요. 예전에는 이런 이야기를 남 앞에서 한 적이 없는데. 나중에 다시 읽어보고 저도 많이 놀랐습니다.

상담자 : 아, 그러셨군요. 인생 이야기에 아무래도 부모님 이야기가 많더군요. 첫 기억부터 해서 어머니, 아버지 이야기가 인생의 많은 부분을 사로잡고 있었던 모양이에요.

내담자 : 저도 이번에 그걸 알았습니다. 그러고 보니 어머니도 화재사고로 일을 그만두시면서 마음이 많이 아프셨을 것이고, 결국 암에 걸리셨고, 아버지도 중풍으로 6년을 누워 계셨고, 저는 늘 간병을 하며 살았던 것 같네요.

상담자 : 저도 그런 생각을 했는데요. 아마 그래서 일상생활에서도 자신의 삶의 정체성을 누군가를 보살피고 봉양하는 역할로 규명하셨던 것 같아요. 직장에서나 가정에서나 주로 누군가를 도우면서 사신 거잖아요. 전에 말씀하신 '복도상담사'라는 별명도 그래서 얻으신 거고요.

내담자 : 그러고 보니 그러네요. 저는 누군가에게 도움을 받으려고 하지 않았던 것 같아요. 이번에 하던 일에서 물러나면서도 저는 위로 받거나 도움 받는 데 참 서툴다는 생각을 했어요. 누군가를 위로하고 도우면 도왔지, 제가 위로 받는 건 참 어색하더군요. 그러다 보니 화나고 억울한 일도 잘 해소를 못 했던 것 아닐까요?

상담자 : 아마 자신을 아픈 부모님의 아들로만 생각하고 있는지도 모르겠네요. 이제는 아들의 자리에서 벗어나셔도 됩니다. 아버지의 자리로 들어서세요. 어쩌면 이번에 책에 그런 고백을 하신 것이 비로소 부모님을 하늘로 올려 보내는 일종의 의식이 아니었을까 싶네요.

내담자 : 저도 제가 책에 그런 내용을 쓰게 될 줄은 몰랐어요. 그러고 보니 그런 의미가 있을 수 있겠군요.

상담자 : 책을 읽으면서 유난히 자주 반복되고 기억에 많이 남는 단어가 있어요. '나무'하고 '검은색', 그리고 '주다'라는 동사더군요. 글쎄 이런 얘기 어떨지 모르겠지만. 그동안 수도사의 인생을 살아오신 것 같아요. 나무처럼 언제나 그 자리에서 다른 사람에게 많은 것을 제공하고, 검은 옷 안에 자신을 숨기고 절제하는 삶이요. 분명히 열심히 살아오신 것 맞고, 주어진 환경에서 최선을 다하긴 하셨는데요. 아마도 어머니와 아버지의 죽음을 편하게 받아들이지 못하는 데서 온 것이 아닌가 싶기

도 하고요. 죄책감이나 의무감 같은 것을 가지실 필요는 없어요. 절대 잘못하신 것 없거든요.

내담자 : 그렇군요. 새로운 관점이네요. 저는 검은 옷을 정말 좋아하거든요. 주변에서 비슷한 얘기도 많이 들었고요. 이제 그러면 어떤 틀 안에서 나와야 된다는 얘기군요. 안 그래도 요즘 그런 생각을 많이 했네요. 새로운 삶의 방식이랄까? 말씀하신 대로 이제 부모님을 하늘로 올려 보내드리고, 아들의 모습에서 벗어나야 할 때가 되었나 봅니다. 제가 매일 걸어서 출근하거든요. 한 40분 정도 마포대교와 여의도 공원을 걷는데, 그때 생각을 좀 해봐야겠어요. 저의 두 번째 인생의 삶의 자세에 대해서요. 고맙습니다. 이번에 도움을 많이 받았네요. 감사합니다.

상담자 : 별말씀을요. 저도 많이 배웠습니다. 지금까지 아주 멋진 삶을 살아오셨습니다. 그런데 분명히 더 멋진 두 번째 인생을 사실 겁니다. 저도 응원하겠습니다. 참,《마음 말하기 연습》 책도 많이 팔리길 기도하겠습니다.

내담자 : 정말 감사합니다. 이제 좀 편안해지네요.

0

다시 0이 됐다. 1부터 100은 나의 2014년 뜨거운 여름의 난수표였다. 이제 나는 다시 빈 마음으로 일상으로 돌아왔다. 세상은 하나도 바뀌지 않았다.

불편과 행복은 상반된 가치다. 하지만 공존한다. 불편한 행복. 라다크 여행이 그랬다. 별 일곱 개 호텔에 내 돈을 내고 머문다면 역시 불편한 행복이리라. 호텔은 마음이 불편한 몸의 행복이고, 라다크는 몸이 불편한 마음의 행복이다.

'재밌게 봤어요.' '엄청 힘드셨겠네요.' '체력이 대단하신가 봐요.'

방송이 나가고 많은 사람들이 격려해줬다. 격려가 힘이 됐다. 나는 결코 속이지 않았다.

피디들과 작가들은 1백 시간의 촬영분량을 1시간 40분으로 줄이는 엄청난 예술을 했다. 방송이 나가는 동안 〈세상을 품다〉는 편성표에서 사망과 부활을 오고 갔다.

레에서 내가 보낸 엽서가 도착했단다. H는 코팅을 해 들고 나타났다. 다음 날 내게도 H가 보낸 엽서가 도착했다. 딱 다섯줄 적혀 있다. 기적이란다. 해외우편 성공률이 3퍼센트라는데.

세 사람의 피디들은 나의 여름 프로젝트의 훌륭한 출연자였다. 그들과 관련된 재미있는 이야기가 더 많았지만 그들의 사생활 보호를 위해 눈물을 머금고 말할 수가 없었다.

다리에 쥐가 나면서 넘어져 생긴 상처는 감염으로 인한 염증이 생겨 봉와직염이 됐다. 결국 보름 동안 항생제를 먹고, 두 달 동안 다리 안에 뭐가 있는 것 같은 이물감에 시달렸다.

인천공항에 내리자마자 예배를 드리고 있을 아내에게 문자를 보냈다. 아들에게 전화를 걸었다. 받지 않았다. 곧 문자가 왔다.

'아빠 왔구나. 환영. 고생하셨네요. 나는 학원.'

아, 아무 일도 없구나. 내 걱정은 쓸데없는 96퍼센트였군.

나는 라다크에 다녀왔다. 일처럼, 여행처럼.

언제나 떠날 준비를 하는 내 사무실 책상 위에는 아무것도 없다.

기억은 나이 든 형제라는 루소의 말처럼
라다크의 기억은 나와 함께 늙어갈 것이다.

라다크, 일처럼 여행처럼

1판 1쇄 인쇄 2015년 1월 20일
1판 1쇄 발행 2015년 1월 30일

지은이 | 김재원
펴낸이 | 김이금
펴낸곳 | 도서출판 푸르메
등록 | 2006년 3월 22일(제318-2006-33호)
주소 | 445-825 경기도 화성시 향남읍 행정중앙2로 64, 1103동 1103호(제일오투그란데)
전화 | 02-334-4285~6
팩스 | 02-334-4284
E-mail | prume88@hanmail.net
인쇄 · 제본 | 한영문화사

ISBN 978-89-92650-92-2 03980